AutoCAD 2013 中文版

室内装潢设计标准教程

徐 刚 编著

科学出版社

北京

内 容 简 介

本书以单元住宅楼和别墅室内装潢设计为例，全面介绍室内装潢 CAD 设计方法。

全书共 14 章，主要内容包括室内设计基本理论，AutoCAD 2013 入门，二维绘图命令，基本绘图工具，文本、表格和尺寸标注，编辑命令，图块及其属性，设计中心与工具选项板，图形的输出，住宅平面图，住宅顶棚图，住宅楼地面装饰图，住宅立面图和某别墅室内设计图的绘制等。

本书配套多媒体光盘包含大部分实例的源文件和效果图、实例操作过程的 AVI 文件，以帮助读者更加形象直观、轻松自在地学习本书。

本书内容既翔实、细致，又丰富、典型，可以作为室内装潢设计制图初学者的入门教材，以及大中专院校 AutoCAD 室内设计课程的教材，也可供室内装潢设计技术人员参考使用。

图书在版编目（CIP）数据

AutoCAD 2013 中文版室内装潢设计标准教程/ 徐刚
编著. —北京：科学出版社，2013.2
 ISBN 978-7-03-036689-4

Ⅰ．①A… Ⅱ．①徐… Ⅲ．①室内装饰设计－计算机辅助设计－AutoCAD 软件－教材 Ⅳ．①TU238-39

中国版本图书馆 CIP 数据核字（2013）第 026820 号

责任编辑：何立兵 王 颖 / 责任校对：杨慧芳
责任印刷：华 程 / 封面设计：杨 英

科 学 出 版 社 出版
北京东黄城根北街 16 号
邮政编码：100717
http://www.sciencep.com
北京市鑫山源印刷有限公司
中国科技出版传媒股份有限公司新世纪书局发行 各地新华书店经销

*

2014 年 1 月 第 一 版　　开本：787×1092 1/16
2014 年 1 月第一次印刷　　印张：26 1/4
字数：638 000

定价：49.80 元（含 1CD 价格）
（如有印装质量问题，我社负责调换）

前　言

　　室内（INTERIOR）是指建筑物的内部空间，而室内设计（INTERIOR DESIGN）就是对建筑物的内部空间进行环境和艺术设计。室内设计作为独立的综合性学科，从 20 世纪 60 年代初开始，在世界范围内出现室内设计概念，强调室内空间装饰的功能性，追求造型单纯化，并考虑经济、实用和耐久。室内装饰设计是建筑的内部空间环境设计，与人的生活关系最为密切。室内设计水平高低直接反映着居住与工作环境质量的好与坏。现代室内设计是根据建筑空间的使用性质和所处环境，运用物质技术手段和艺术处理手法，从内部把握空间，设计其形状和大小。为了满足人们在室内环境中舒适地生活和活动，要整体考虑环境和用具的布置设施。室内设计的根本目的在于创造满足物质与精神两方面需求的空间环境，因此具有物质功能和精神功能的两重性，在满足物质功能合理的基础上，更重要的是要满足精神功能的要求，要创造风格、意境和情趣来满足人的审美要求。

　　随着时代的进步，计算机辅助设计（CAD）得到飞速发展，技术有了巨大的突破，已由传统的专业化、单一化的操作方式，逐渐向简单明了的可视化、多元化的方向飞跃，以满足设计者在 CAD 设计过程中尽情发挥个性设计理念和创新灵感、表现个人创作风格的新需求。其中最为出色的 CAD 设计软件之一是美国 Autodesk 公司的 AutoCAD，在 20 多年的发展中，它相继进行了 20 次升级，每次升级都带来了功能的大幅提升。近几年来，随着电子和网络技术的飞速发展，AutoCAD 也加快了更新的步伐，继 2011 年推出 AutoCAD 2012 后，在 2012 年又推出了 AutoCAD 2013。

　　AutoCAD 不仅具有强大的二维平面绘图功能，而且具有出色的、灵活可靠的三维建模功能，是进行室内装饰图形设计最为有力的工具与途径之一。使用 AutoCAD 绘制建筑室内装饰图形，不仅可以利用人机交互界面实时地进行修改，快速地把各人的意见反映到设计中去，而且可以感受修改后的效果，从多个角度进行观察，是室内装饰设计的得力工具。

　　全书共 14 章，以单元住宅楼和别墅室内装潢设计为例，全面介绍室内装潢 CAD 设计方法。全书所述的知识和案例内容既翔实、细致，又丰富、典型，论述内容主要包括：室内设计基本理论，AutoCAD 2013 入门，二维绘图命令，基本绘图工具，文本、表格和尺寸标注，编辑命令，图块及其属性，设计中心与工具选项板，图形的输出，住宅平面图、住宅顶棚图、住宅楼地面装饰图、住宅立面图和某别墅室内设计图的绘制等。

　　本书可以作为室内装潢设计制图初学者的入门教材，也可作为室内装潢设计技术人员的参考工具书。

　　本书配套多媒体光盘包含所有实例的源文件和效果图、典型实例操作过程的 AVI 文件，以及上机实验的视频教学，以帮助读者更加形象直观、轻松自在地学习本书。

　　本书由河南大学艺术学院的徐刚老师主编，Autodesk 公司中国认证考试中心首席专家胡仁喜博士审核。刘昌丽、王宏、王文平、康士廷、王敏、李瑞、李广荣、王艳池、周冰、李鹏、孟清华、王培合、郑长松、王义发、路纯红、阳平华、王渊峰、张俊生等为本书的编写提供了大量帮助，在此表示感谢。

　　由于时间仓促，加上编者水平有限，书中不足之处在所难免，望广大读者登录 www.sjzsanweishuwu.com 或发送邮件到 win760520@126.com 批评指正，编者将不胜感激。

编　者
2013 年 10 月

目　录

目　录

室内设计基本概念

本章介绍了关于室内设计的基本概念和基本理论。在掌握了基本概念的基础上，才能理解和领会室内设计布置图中的内容和安排方法，更好地学习室内设计的知识。

内容要点

♦ 室内设计概述和原理
♦ 室内设计制图的内容、要求及规范

1.1 概述

1.1.1 室内设计的意义

所谓设计，通常是指人们通过调查研究、分析综合、头脑加工，发挥自己的创造性，做出某种有特定功能的系统、成品或生产某种产品的构思过程，具有高度的精确性、先进性和科学性。经过严格检测，达到预期合格标准后，即可依据此设计蓝本，进入系统建立或产品生产的实践阶段，最终达到该项系统的建成或产品生产的目的。

随着当代社会的飞速发展，生活水平的提高，人们对于居住环境的要求也越来越高。随着品位不断提高，建筑室内设计越来越被人们重视，也迎来了自身发展的最好时机。人们对建筑结构内部的要求逐渐向形态多样化、实用功能多极化和内部构造复杂化的方向发展。室内设计是美学与功能的结合，在室内空间的"整合"和"再造"方面发挥了巨大的作用。

1.1.2 当前我国室内设计状况

我国室内设计行业正蓬勃发展，但还存在一定的问题，值得广大设计人员重视，以促进行业健康发展。

（1）人们对于室内设计的重要性不够重视。随着社会的发展，社会的分工越来越细，越来越明确。建筑业也应如此，过去由建筑设计师总揽的情况已不适应现阶段建筑行业的发展。而许多建筑业内人士并没有认识到这一点，认为建筑室内设计是可有可无的行业，没有给予足够的重视。但是随着人们对建筑结构内部使用功能、视觉要求的不断提高，建筑设计和室内设计的分离是不可避免的。因此室内设计人员要有足够的信心，并积极摄取相关方面的知识，丰富自己的创意，提高设计水平。

（2）室内设计管理机制不健全。由于我国室内设计尚处于发展阶段，相应的管理体制、规范、法规不够健全，未形成体系，设计人员从业过程中缺乏依据，管理不规范，导致许多问题现今还不能有效解决。

（3）我国室内设计人员素质良莠不齐，总体设计质量不高。目前我国室内建筑师不断增加，但并非全部受过专门教育，有些并不具备室内建筑师学历，设计水平偏低。许多略懂美术、不懂建筑的人滥竽充数，影响了设计质量的提高。同时，我国相关主管部门尚未建立完善的管理体制和法规规范，致使设计过程的监督、设计作品分类、文件编制不规范，也是我国室内设计质量偏低的重要原因之一。

（4）我国室内设计行业并没有形成良好的学术氛围，对外交流和借鉴也相当不足，大家都满足于现状。同时为了适应工程工期的需要，建筑设计、结构设计及室内设计缩短设计时间，不能做到精心设计，导致设计水平下降，作品参差不齐。

第1章

室内设计基本概念

本章介绍了关于室内设计的基本概念和基本理论。在掌握了基本概念的基础上，才能理解和领会室内设计布置图中的内容和安排方法，更好地学习室内设计的知识。

内容要点

- ◆ 室内设计概述和原理
- ◆ 室内设计制图的内容、要求及规范

1.1 概述

1.1.1 室内设计的意义

所谓设计，通常是指人们通过调查研究、分析综合、头脑加工，发挥自己的创造性，做出某种有特定功能的系统、成品或生产某种产品的构思过程，具有高度的精确性、先进性和科学性。经过严格检测，达到预期合格标准后，即可依据此设计蓝本，进入系统建立或产品生产的实践阶段，最终达到该项系统的建成或产品生产的目的。

随着当代社会的飞速发展，生活水平的提高，人们对于居住环境的要求也越来越高。随着品位不断提高，建筑室内设计越来越被人们重视，也迎来了自身发展的最好时机。人们对建筑结构内部的要求逐渐向形态多样化、实用功能多极化和内部构造复杂化的方向发展。室内设计是美学与功能的结合，在室内空间的"整合"和"再造"方面发挥了巨大的作用。

1.1.2 当前我国室内设计状况

我国室内设计行业正蓬勃发展，但还存在一定的问题，值得广大设计人员重视，以促进行业健康发展。

（1）人们对于室内设计的重要性不够重视。随着社会的发展，社会的分工越来越细，越来越明确。建筑业也应如此，过去由建筑设计师总揽的情况已不适应现阶段建筑行业的发展。而许多建筑业内人士并没有认识到这一点，认为建筑室内设计是可有可无的行业，没有给予足够的重视。但是随着人们对建筑结构内部使用功能、视觉要求的不断提高，建筑设计和室内设计的分离是不可避免的。因此室内设计人员要有足够的信心，并积极摄取相关方面的知识，丰富自己的创意，提高设计水平。

（2）室内设计管理机制不健全。由于我国室内设计尚处于发展阶段，相应的管理体制、规范、法规不够健全，未形成体系，设计人员从业过程中缺乏依据，管理不规范，导致许多问题现今还不能有效解决。

（3）我国室内设计人员素质良莠不齐，总体设计质量不高。目前我国室内建筑师不断增加，但并非全部受过专门教育，有些并不具备室内建筑师学历，设计水平偏低。许多略懂美术、不懂建筑的人滥竽充数，影响了设计质量的提高。同时，我国相关主管部门尚未建立完善的管理体制和法规规范，致使设计过程的监督、设计作品分类、文件编制不规范，也是我国室内设计质量偏低的重要原因之一。

（4）我国室内设计行业并没有形成良好的学术氛围，对外交流和借鉴也相当不足，大家都满足于现状。同时为了适应工程工期的需要，建筑设计、结构设计及室内设计缩短设计时间，不能做到精心设计，导致设计水平下降，作品参差不齐。

1.2 室内设计原理

1.2.1 概述

在进行室内设计的过程中，要始终以使建筑的使用功能和精神功能都达到理想要求、创建完美统一的使用空间为目标。室内设计原理是指导室内建筑师进行室内设计时最重要的理论技术依据。

室内设计原理包括以下3个部分。

- 设计主体——人。
- 设计构思。
- 创造理想室内空间。

人是室内设计的主体。室内空间创造的目的首先是满足人的生理需求，其次是心理因素的要求。两者区分主次，但是密不可分，缺一不可。因此室内设计原理的基础就是围绕人的活动规律制定出的理论，其内容包括空间使用功能的确定、人的活动流线分析、室内功能区分和虚拟界定及人体尺寸等。

设计构思，是室内设计活动中的灵魂。一套好的建筑室内设计，应该是通过使用有效的设计构思方法得到的。好的构思，能够给设计提供丰富的创意和无限的生机。构思的阶段包括初始阶段、深化阶段、设计方案的调整，以及对空间创造境界升华时的各种处理规则和手法。

创造理想室内空间，是一种以严格科学技术建立的完备使用功能，兼有高度审美法则创造的诗化意境。它的标准有以下两个。

- 对于使用者，它应该是使用功能和精神功能达到了完美统一的理想生活环境。
- 对于空间本身，它应该是形、体、质高度统一的有机空间构成。

1.2.2 室内设计主体——人

人的活动决定了室内设计的目的和意义，人是室内环境的使用者和创造者。有了人，才区分出了室内和室外。

- 人的活动规律之一是在动态和静态间交替进行的：动态-静态-动态-静态。
- 人的活动规律之二是个人活动-多人活动交叉进行。

人们在室内空间活动时，按照一般的活动规律，可以将活动空间分为3种功能区：静态功能区、动态功能区、静动双重功能区。

根据人们的具体活动行为，又可以更加详细地划分。例如，静态功能区划分为睡眠区、休息区、学习办公区，如图1-1所示；动态功能区划分为运动区、大厅，如图1-2所示；静动双重功能区分为会客区、车站候车室、生产车间，等等，如图1-3所示。

同时，要明确使用空间的性质。空间性质通常是由其使用功能决定的。虽然许多空间中设置了其他使用功能的设施，但要明确其主要的使用功能。如在起居室内设置酒吧台、视听区等，但其主要功能仍然是起居室。

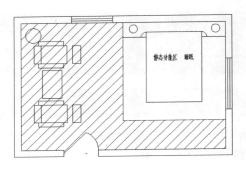

图1-1　静态功能区

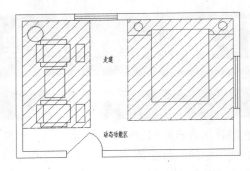

图1-2　动态功能区

空间流线分析是室内设计中的重要步骤，其目的是为了：

- ◆ 明确空间主体——人的活动规律和使用功能的参数，如数量、体积、常用位置等。
- ◆ 明确设备、物品的运行规律、摆放位置、数量、体积等。
- ◆ 分析各种活动因素的平行、互动、交叉关系。
- ◆ 经过以上3部分分析，提出初步设计思路和设想。

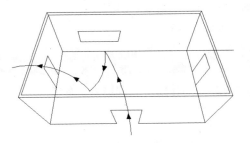

图1-3　静动双重功能区

空间流线分析从构成情况分为水平流线和垂直流线；从使用状况上，可以分为单人流线和多人流线；从流线性质上，可以分为单一功能流线和多功能流线；流线交叉可以形成室内空间厅、场。如某单人流线分析如图1-4所示，某大厅多人流线平面图如图1-5所示。

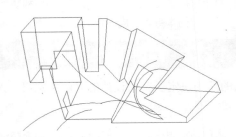

图1-4　单人水平流线图

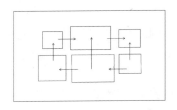

图1-5　多人水平流线图

功能流线组合形式分为中心型、自由型、对称型、簇型和线型等，如图1-6所示。

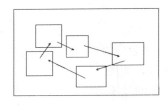

中心型

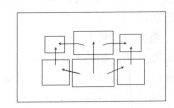

自由型

对称型

图1-6　功能流线组合形式

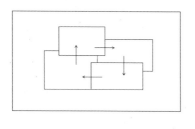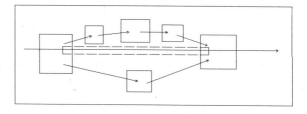

簇型   线型

图1-6 功能流线组合形式（续）

1.2.3 室内设计构思

1. 初始阶段

室内设计的构思在设计过程中起着举足轻重的作用。因此在设计初始阶段，就要进行一系列的构思设计，以便使后续工作能够有效、完美地进行。构思的初始阶段主要包括以下几个内容。

（1）空间性质和使用功能

室内设计是在建筑主体完成后的原型空间内进行。因此，室内设计的首要工作就是要认定原型空间的使用功能，也就是原型空间的使用性质。

（2）流线分析和组织

当原型空间认定之后，构思第一步是做流线分析和组织，包括水平流线和垂直流线。流线可能是单一流线，也可能是多种流线。

（3）功能分区图式化

空间流线组织之后，即进行功能分区图式化布置，进一步接近平面布局设计。

（4）图式选择

选择最佳图式布局作为平面设计的最终依据。

（5）平面初步组合

经过前面几个步骤操作，最后形成了空间平面组合的形式，留待进一步深化。

2. 深化阶段

经过初始阶段的室内设计构成了最初构思方案，在此基础上进行构思深化阶段的设计。深化阶段的构思内容和步骤如图1-7所示。

结构技术对室内设计构思的影响，主要表现在两个方面：一是原型空间墙体结构方式，二是原型空间屋盖结构方式。

墙体结构方式，关系到室内设计内部空间改造的饰面采用的方法和材料。基本的原型空间墙体结构方式有以下4种。

- ◆ 板柱墙。
- ◆ 砌块墙。
- ◆ 柱间墙。

♦ 轻隔断墙。

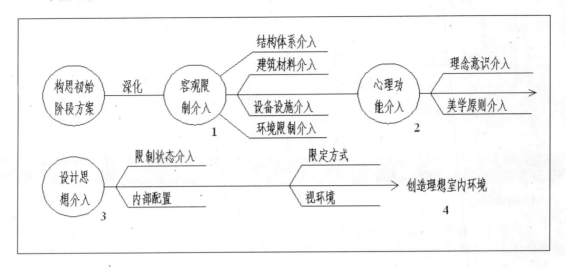

图1-7 室内设计构思深化阶段的内容与步骤

屋盖结构的原型屋顶（屋盖）结构关系到室内设计的顶棚做法。屋盖结构主要分为：

♦ 构架结构体系。

♦ 梁板结构体系。

♦ 大跨度结构体系。

♦ 异型结构体系。

另外，室内设计要考虑建筑所用材料对设计内涵和色彩、光影、情趣的影响；室内外露管道和布线的处理；通风条件、采光条件、噪声和空气、温度的影响等。

随着人们对室内设计要求的提高，还要结合个人喜好，定好室内设计的基调。人们对室内的格调要求一般有以下3种类型。

♦ 现代新潮观念。

♦ 怀旧情调观念。

♦ 随意舒适观念（折中型）。

1.2.4 创造理想室内空间

经过前面两个构思阶段的设计，已形成较完美的设计方案。创建室内空间的第一个标准就是要使其具备形态、体量、质量，即形、体、质3个方面的统一协调。而第二个标准是使用功能和精神功能的统一。如在住宅的书房中除了布置写字台、书柜外，还布置了绿化等装饰物，使室内空间在满足了书房的使用功能的同时，也活跃了气氛、净化了空气，满足了人们的精神需要。

一个完美的室内设计作品，是经过初始构思阶段和深化构思阶段，最后又通过设计师对各种因素和功能的协调平衡创造出来的。要提高室内设计的水平，就要综合利用各个领域的知识和深入的构思设计。最终室内设计方案形成最基本的图纸方案，一般包括设计平面图、设计剖面图和室内透视图。

1.3 室内设计制图的内容

一套完整的室内设计图一般包括平面图、顶棚图、立面图、构造详图和透视图。下面简述各种图样的概念及内容。

1.3.1 室内平面图

室内平面图是以平行于地面的切面在距地面1.5mm左右的位置将上部切去而形成的正投影图。室内平面图应表达的内容有：

- ◆ 墙体、隔断及门窗、各空间大小及布局、家具陈设、人流交通路线、室内绿化等；若不单独绘制地面材料平面图，则还应该在平面图中表示地面材料。
- ◆ 标注各房间尺寸、家具陈设尺寸及布局尺寸，对于复杂的公共建筑，则应标注轴线编号。
- ◆ 注明地面材料名称及规格。
- ◆ 注明房间名称、家具名称。
- ◆ 注明室内地坪标高。
- ◆ 注明详图索引符号、图例及立面内视符号。
- ◆ 注明图名和比例。
- ◆ 若需要辅助文字说明的平面图，还要注明文字说明、统计表格等。

1.3.2 室内顶棚图

室内顶棚图是根据顶棚在其下方假想的水平镜面上的正投影绘制而成的镜像投影图。顶棚图中应表达的内容有：

- ◆ 顶棚的造型及材料说明。
- ◆ 顶棚灯具和电器的图例、名称规格等说明。
- ◆ 顶棚造型尺寸标注、灯具、电器的安装位置标注。
- ◆ 顶棚标高标注。
- ◆ 顶棚细部做法的说明。
- ◆ 详图索引符号、图名、比例等。

1.3.3 室内立面图

以平行于室内墙面的切面将前面部分切去后，剩余部分的正投影图即室内立面图。立面图的主要内容有：

- ◆ 墙面造型、材质及家具陈设在立面上的正投影图。
- ◆ 门窗立面及其他装饰元素立面。
- ◆ 立面各组成部分尺寸、地坪吊顶标高。
- ◆ 材料名称及细部做法说明。

♦ 详图索引符号、图名、比例等。

1.3.4 构造详图

为了放大个别设计内容和细部做法，多以剖面图的方式表达局部剖开后的情况，这就是构造详图，它应表达的内容有：

♦ 以剖面图的方法绘制出各材料断面、构配件断面及其相互关系。
♦ 用细线表示出剖视方向上看到的部位轮廓及相互关系。
♦ 标出材料断面图例。
♦ 用指引线标出构造层次的材料名称及做法。
♦ 标出其他构造做法。
♦ 标注各部分尺寸。
♦ 标注详图编号和比例。

1.3.5 透视图

透视图是根据透视原理在平面上绘制出能够反映三维空间效果的图形，它与人的视觉空间感受相似。室内设计常用的绘制方法有一点透视、两点透视（成角透视）、鸟瞰图3种。

透视图可以人工绘制，也可以应用计算机绘制，它能直观表达设计思想和效果，故也称作效果图或表现图，是一个完整的设计方案不可缺少的部分。鉴于本书重点是介绍应用AutoCAD 2013绘制二维图形，因此本书中不包含这部分内容。

1.4 室内设计制图的要求及规范

1.4.1 图幅、图标及会签栏

1. 图幅

即图面的大小。根据国家规范的规定，按图面的长和宽确定图幅的等级。室内设计常用的图幅有A0（也称0号图幅，其余类推）、A1、A2、A3及A4，每种图幅的长宽尺寸如表1-1所示，表中的尺寸代号意义如图1-8和图1-9所示。

表1-1 图幅标准（单位：mm）

尺寸代号 \ 图幅代号	A0	A1	A2	A3	A4
b×l	841×1189	594×841	420×594	297×420	210×297
c	10			5	
a	25				

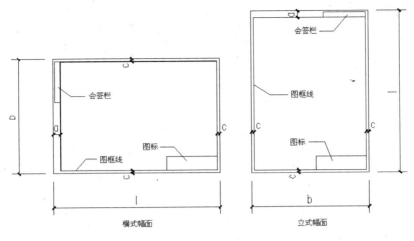

图1-8 A0~A3图幅格式

2. 图标

即图纸的图标栏。它包括设计单位名称、工程名称、签字区、图名区及图号区等内容。一般图标格式如图1-10所示，如今不少设计单位采用个性化的图标格式，但是仍必须包括这几项内容。

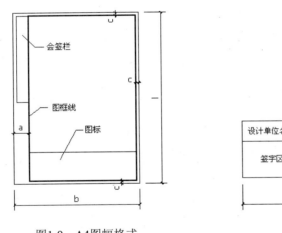

图1-9 A4图幅格式

图1-10 图标格式

3. 会签栏

会签栏是为各工种负责人审核后签名用的表格，它包括专业、姓名、日期等内容，具体根据需要设置，如图1-11所示为其中一种格式。对于不需要会签的图样，可以不设此栏。

图1-11 会签栏格式

1.4.2　线型要求

室内设计图主要由各种线条构成，不同的线型表示不同的对象和不同的部位，代表着不同的含义。为了使图面能够清晰、准确、美观地表达设计思想，工程实践中采用了一套常用的线型，并规定了它们的使用范围，如表1-2所示。在AutoCAD 2013中，可以通过"图层"中"线型"、"线宽"的设置来选定所需线型。

表1-2　常用线型

名称		线型	线宽	适用范围
实线	粗		b	建筑平面图、剖面图、构造详图的被剖切截面的轮廓线；建筑立面图、室内立面图外轮廓线；图框线
	中		0.5b	室内设计图中被剖切的次要构件的轮廓线；室内平面图、顶棚图、立面图、家具三视图中构配件的轮廓线等
	细		≤0.25b	尺寸线、图例线、索引符号、地面材料线及其他细部刻画用线
虚线	中		0.5b	主要用于构造详图中不可见的实物轮廓
	细		≤0.25b	其他不可见的次要实物轮廓线
点画线	细		≤0.25b	轴线、构配件的中心线、对称线等
折断线	细	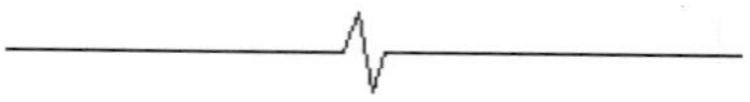	≤0.25b	画图样时的断开界限
波浪线	细	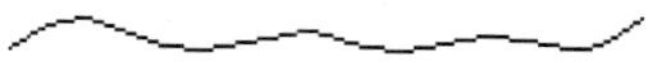	≤0.25b	构造层次的断开界线，有时也表示省略画出时的断开界限

说明：标准实线宽度b=0.4~0.8mm。

1.4.3　尺寸标注

在对室内设计图进行标注时，应注意下面一些标注原则。

♦ 尺寸标注应力求准确、清晰、美观、大方。同一张图样中，标注风格应保持一致。

♦ 尺寸线应尽量标注在图样轮廓线以外，从内到外依次标注从小到大的尺寸，不能将大尺寸标在内，而小尺寸标在外，如图1-12所示。

♦ 最内一道尺寸线与图样轮廓线之间的距离不应小于10mm，两道尺寸线之间的距离一般为7~10mm。

♦ 尺寸界线朝向图样的端头距图样轮廓的距离应≥2mm，不宜直接与之相连。

♦ 在图线拥挤的地方，应合理安排尺寸线的位置，但不宜与图线、文字及符号相交；可以考虑将轮廓线用作尺寸界线，但不能作为尺寸线。

♦ 对于连续相同的尺寸，可以采用"均分"或"(EQ)"字样代替，如图1-13所示。

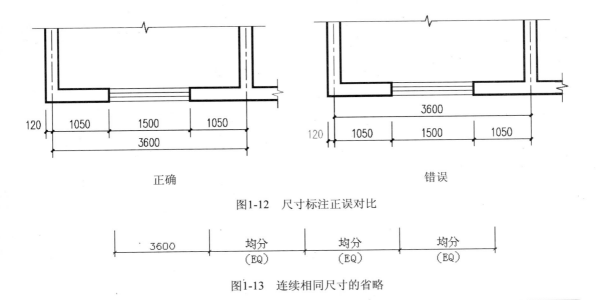

图1-12 尺寸标注正误对比

图1-13 连续相同尺寸的省略

1.4.4 文字说明

在一幅完整的图样中，用图线方式表现得不充分和无法用图线表示的地方，就需要进行文字说明，如材料名称、构配件名称、构造做法、统计表及图名等。文字说明是图样内容的重要组成部分，制图规范对文字说明中的字体、字的大小、字体字号搭配等方面作了一些具体规定。

（1）一般原则：字体端正，排列整齐，清晰准确，美观大方，避免过于个性化的文字标注。

（2）字体：一般标注推荐采用仿宋字，标题可以用楷体、隶书、黑体字等。例如：

仿宋：室内设计（小四）室内设计（四号）室内设计（二号）

黑体：**室内设计（四号）室内设计（小二）**

楷体：室内设计（四号）室内设计（二号）

隶书：**室内设计（三号）室内设计（一号）**

字母、数字及符号：**0123456789abcdefghijk％　＠** 或

0123456789abcdefghijk％＠

（3）字的大小：标注的文字高度要适中。同一类型的文字采用同一大小的字。较大的字用于较概括性的说明内容，较小的字用于较细致的说明内容。

（4）字体及字号的搭配注意体现层次感。

1.4.5 常用图示标志

1. 详图索引符号及详图符号

室内平、立、剖面图中，在需要另设详图表示的部位，标注一个索引符号，以表明该详图的位置，这个索引符号就是详图索引符号。详图索引符号采用细实线绘制，圆圈直径为10mm。如图1-14所示，图中（d）、（e）、（f）、（g）用于索引剖面详图；当详图就在本张图样上时，采用如图1-14（a）所示的形式；详图不在本张图样上时，采用如图1-14（b）、（c）、（d）、（e）、（f）、（g）所示的形式。

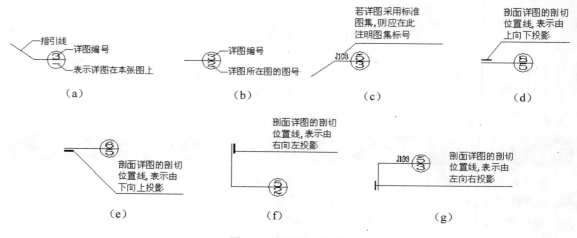

图1-14 详图索引符号

详图符号即详图的编号，用粗实线绘制，圆圈直径为14mm，如图1-15所示。

图1-15 详图符号

2. 引出线

由图样引出一条或多条线段指向文字说明，该线段就是引出线。引出线与水平方向的夹角一般采用0°、30°、45°、60°、90°，常见的引出线形式如图1-16所示。图1-16的（a）、（b）、（c）、（d）为普通引出线，（e）、（f）、（g）、（h）为多层构造引出线。使用多层构造引出线时，应注意构造分层的顺序要与文字说明的分层顺序一致。文字说明可以放在引出线的端头，如图1-16（a）～（h）所示，也可以放在引出线水平段之上，如图1-16（i）所示。

3. 内视符号

在房屋建筑中，一个特定的室内空间领域总存在竖向分隔（隔断或墙体）。因此，根据具体情况，就有可能绘制一个或多个立面图来表达隔断、墙体及家具、构配件的设计情况。内视符号标注在平面图中，包含视点位置、方向和编号3个信息，建立平面图和室内立面图之间的联系。内视符号的形式如图1-17所示，图中立面图编号可以用英文字母或阿拉伯数字表示，黑色的箭头指向表示立面的方向：（a）为单向内视符号；（b）为双向内视符号；（c）为四向内视符号，A、B、C、D顺时针标注。

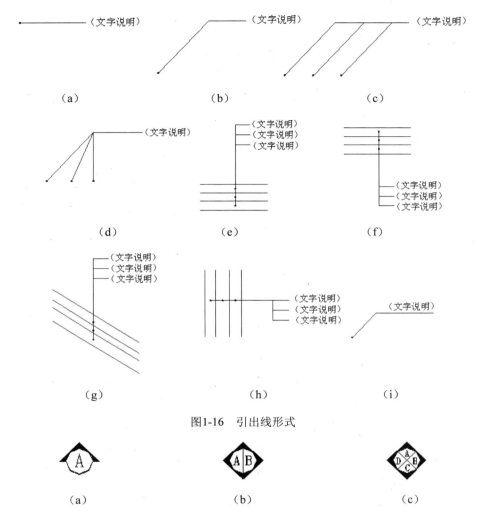

图1-16 引出线形式

图1-17 内视符号

为了方便读者查阅，其他常用符号及其意义，如表1-3所示。

表1-3 室内设计图常用符号图例

符号	说明	符号	说明
3.600 3.600	标高符号，线上数字为标高值，单位为m，下面一种在标注位置比较拥挤时采用	i=5%	表示坡度
1　　　1	标注剖切位置的符号，标数字的方向为投影方向，"1"与剖面图的编号"1—1"对应	2　　　2	标注绘制断面图的位置，标数字的方向为投影方向，"2"与断面图的编号"1—2"对应

（续表）

符号	说明	符号	说明
	对称符号，在对称图形的中轴位置画此符号，可以省画另一半图形		指北针
	楼板开方孔	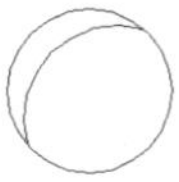	楼板开圆孔
@	表示重复出现的固定间隔，如"双向木格栅@500"	Φ	表示直径，如Φ30
平面图1：100	图名及比例	1 1：5	索引详图名及比例
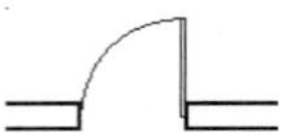	单扇平开门	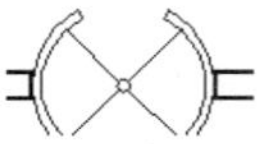	旋转门
	双扇平开门	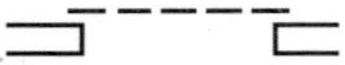	卷帘门
	子母门		单扇推拉门
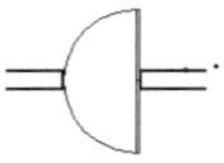	单扇弹簧门		双扇推拉门
	四扇推拉门		折叠门
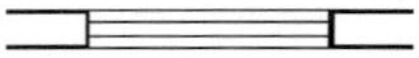	窗	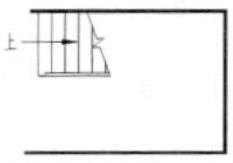	首层楼梯
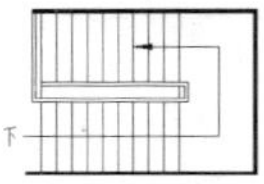	顶层楼梯	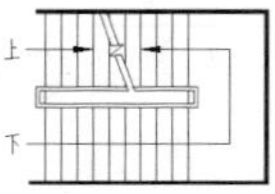	中间层楼梯

1.4.6 常用材料符号

室内设计图中经常应用材料图例来表示材料，在无法用图例表示的地方，也采用文字说明。为了方便读者，将常用的图例汇集，如表1-4所示。

表1-4　常用材料图例

材料图例	说明	材料图例	说明
	自然土壤		夯实土壤
	毛石砌体		普通砖
	石材		砂、灰土
	空心砖		松散材料
	混凝土		钢筋混凝土
	多孔材料		金属
	矿渣、炉渣		玻璃
	纤维材料		防水材料上下两种，根据绘图比例大小选用
	木材		液体，须注明液体名称

1.4.7　常用绘图比例

下面列出常用绘图比例，读者根据实际情况灵活使用。

◆　平面图：可采用的绘图比例有1∶50、1∶100等。
◆　立面图：可采用的绘图比例有1∶20、1∶30、1∶50、1∶100等。
◆　顶棚图：可采用的绘图比例有1∶50、1∶100等。
◆　构造详图：可采用的绘图比例有1∶1、1∶2、1∶5、1∶10、1∶20等。

1.5　室内装饰设计手法

室内设计要美化环境是毋庸置疑的，但如何达到美化的目的，有不同的手法。

1. 现代室内设计手法

该手法即是在满足功能要求的情况下，利用材料、色彩、质感、光影等有序的布置来创造美。

2. 空间分割手法

组织和划分平面与空间，这是室内设计的一个主要手法。利用该设计手法，巧妙地布置平面和利用空间，有时可以突破原有的建筑平面、空间的限制，满足室内需要。在另一种情况下，设计又能使室内空间流通、平面灵活多变。

3. 民族特色手法

在表达民族特色方面，应通过设计使室内充满民族韵味，而不是民族符号、语言的堆砌。

4. 其他设计手法

如突出主题、人流导向、制造气氛等，都是室内设计的手法。

· 说明

"他山之石，可以攻玉。"多看、多交流，有助于提高设计水平和鉴赏能力。

第2章

AutoCAD 2013入门

在本章中，我们将开始循序渐进地学习AutoCAD 2013绘图的有关基本知识，了解如何设置图形的系统参数、样板图，熟悉建立新的图形文件、打开已有文件的方法等，为后面的系统学习做好准备。

内容要点

- ◆ 操作界面
- ◆ 文件管理
- ◆ 基本操作

2.1 操作界面

AutoCAD 2013的操作界面是显示、编辑图形的区域。启动AutoCAD 2013后的默认界面如图2-1所示。这个界面是AutoCAD 2009 以后出现的新界面风格，为了便于学习和使用过AutoCAD 2013及以前版本的用户学习本书，我们采用AutoCAD经典风格的界面。

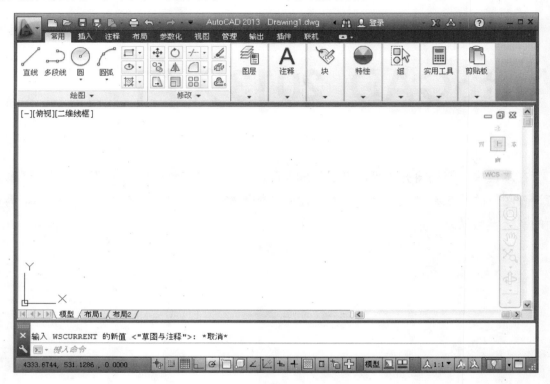

图2-1　默认界面

具体的界面转换方法是：单击界面右下角的"切换工作空间"按钮，打开"工作空间"选择菜单，从中选择"AutoCAD经典"选项，如图2-2所示。系统转换到"AutoCAD经典"界面，如图2-3所示。

图2-2　工作空间转换

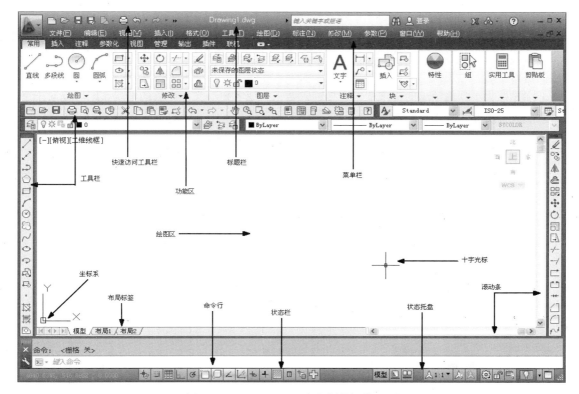

图2-3   AutoCAD 2013中文版的操作界面

一个完整的"AutoCAD经典"操作界面包括标题栏、绘图区、十字光标、菜单栏、工具栏、坐标系图标、命令行、状态栏、布局选项卡、滚动条、状态托盘、快速访问工具栏和交互信息工具栏等。

2.1.1   标题栏

在AutoCAD 2013中文版绘图窗口的最上端是标题栏。在标题栏中，显示了系统当前正在运行的应用程序（AutoCAD 2013和用户正在使用的图形文件名）。用户第一次启动AutoCAD时，在绘图窗口的标题栏中，将显示在启动时创建并打开的图形文件的名称Drawing1.dwg，如图2-4所示。

图2-4   启动AutoCAD时的标题栏

2.1.2   绘图区

绘图区是指标题栏下方的大片空白区域。绘图区是用户使用AutoCAD 2013绘制图形的区域，一幅设计图的主要工作都是在绘图区域中完成的。

在绘图区中，还有一个作用类似光标的十字线，其交点反映了光标在当前坐标系中的位置。在AutoCAD 2013中，将该十字线称为光标，AutoCAD 2013通过光标显示当前点的位置。十字线的方向与当前用户坐标系的X轴、Y轴方向平行，十字线的长度系统预设为屏幕大小的5%。

1. 修改图形窗口中十字光标的大小

光标的长度系统预设为屏幕大小的5%，用户也可以根据绘图的实际需要更改其大小。方法为：在绘图窗口中选择"工具"菜单中的"选项"命令，将打开"选项"对话框。打开"显示"选项卡，在"十字光标大小"选项组的文本框中直接输入数值，或者拖动文本框后的滑块，即可以对十字光标的大小进行调整，如图2-5所示。

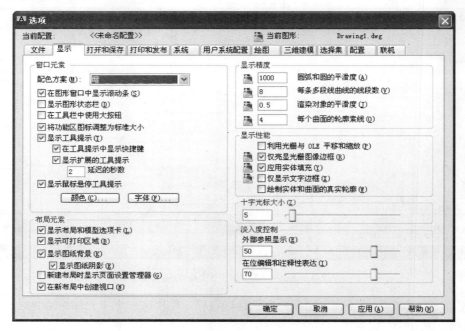

图2-5　"显示"选项卡

此外，还可以通过设置系统变量CURSORSIZE的值，实现对其大小的更改，方法如下。

```
命令：CURSORSIZE✓
输入 CURSORSIZE 的新值 <5>：
```

在提示下输入新值即可。系统默认值为5%。

2. 修改绘图窗口的颜色

在默认情况下，AutoCAD 2013的绘图窗口是黑色背景、白色线条。这不符合绝大多数用户的习惯，因此修改绘图窗口颜色是大多数用户都需要进行的操作。

修改绘图窗口颜色的步骤为：

（1）在如图2-5所示的选项卡中单击"窗口元素"选项组中的"颜色"按钮，将打开如图2-6所示的"图形窗口颜色"对话框。

（2）单击"图形窗口颜色"对话框中"颜色"下三角按钮，在打开的下拉列表框中选择需要的窗口颜色，然后单击"应用并关闭"按钮，此时AutoCAD 2013的绘图窗口变成了窗口背景色。通常按视觉习惯选择白色为窗口颜色。

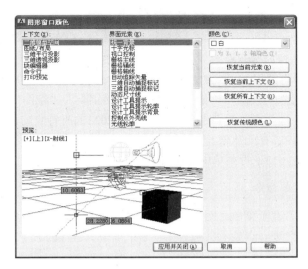

图2-6　"图形窗口颜色"对话框

2.1.3　坐标系图标

在绘图区域的左下角，有一个直线图标，称之为坐标系图标，表示用户绘图时正使用的坐标系形式。坐标系图标的作用是为点的坐标确定一个参照系。根据工作需要，用户可以选择将其关闭。方法是选择菜单命令"视图"→"显示"→"UCS图标"→"开"，如图2-7所示。

图2-7　"视图"菜单

2.1.4 菜单栏

在AutoCAD 2013绘图窗口标题栏的下方，是AutoCAD 2013的菜单栏。同其他Windows程序一样，AutoCAD 2013的菜单也是下拉形式的，并在其中包含子菜单。AutoCAD 2013的菜单栏中包含12个菜单："文件"、"编辑"、"视图"、"插入"、"格式"、"工具"、"绘图"、"标注"、"修改"、"参数"、"窗口"和"帮助"，这些菜单几乎包含了AutoCAD 2013的所有绘图命令，后面的章节将围绕这些菜单展开讲述，具体内容在此从略。

一般来讲，AutoCAD 2013下拉菜单中的命令有以下3种。

1. 带有小三角形的菜单命令

这种类型的命令后面带有子菜单。例如，单击菜单栏中的"绘图"菜单，指向其下拉菜单中的"圆弧"命令，屏幕上就会进一步显示出"圆弧"子菜单中所包含的命令，如图2-8所示。

2. 打开对话框的菜单命令

这种类型的命令后面带有省略号。例如，单击菜单栏中的"格式"菜单，选择其下拉菜单中的"表格样式"命令，如图2-9所示，屏幕上就会打开对应的"表格样式"对话框，如图2-10所示。

图2-8　带有子菜单的菜单命令

图2-9　激活相应对话框的菜单命令

3. 直接操作的菜单命令

这种类型的命令将直接进行相应的绘图或其他操作。例如，选择"视图"菜单中的"重画"命令，系统将直接对屏幕图形进行重生成，如图2-11所示。

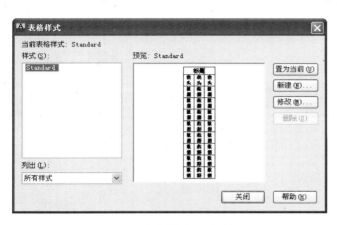

图2-10 "表格样式"对话框

图2-11 直接执行菜单命令

2.1.5 工具栏

工具栏是一组图标型工具的集合。把光标移动到某个图标上稍停片刻,即在该图标一侧显示相应的工具提示,同时在状态栏中显示对应的说明和命令名。此时单击图标,也可以启动相应命令。

在默认情况下,可以见到如图2-12所示的绘图区顶部的"标准"工具栏、"样式"工具栏、"特性"工具栏、"图层"工具栏和如图2-13所示的位于绘图区左侧的"绘制"工具栏、右侧的"修改"工具栏和"绘图次序"工具栏。

图2-12 "标准"、"样式"、"特性"和"图层"工具栏

图2-13 "绘制"、"修改"和"绘图次序"工具栏

将光标放在任一工具栏的非标题区右击,系统会自动打开单独的工具栏选项卡,如图2-14所示。单击某一个未在界面显示的工具栏名,系统自动在界面上打开该工具栏。

工具栏可以在绘图区"浮动",如图2-15所示。此时显示该工具栏标题,并可以关闭该工具栏。用鼠标可以拖动"浮动"工具栏到图形区边界,使它变为"固定"工具栏,此时该工具栏标题隐藏。也可以把"固定"工具栏拖出,使它成为"浮动"工具栏。

图2-14　工具栏选项卡　　　　　　　　　　　　图2-15　浮动工具栏

在有些图标的右下角带有一个小三角,在这类图标上按住鼠标左键,会打开相应的工具栏。按住鼠标左键并将光标移动到某一图标上然后松手,该图标就为当前图标,如图2-16所示。

图2-16　打开工具栏

2.1.6　命令行窗口

命令行窗口是输入命令名和显示命令提示的区域,默认的命令行窗口布局在绘图区下方,是若干文本行,如图2-17所示。对命令窗口,有以下几点需要说明。

(1)移动拆分条,可以扩大或缩小命令窗口。

（2）可以拖动命令窗口，布局在屏幕上的其他位置。默认布局在图形窗口的下方。

（3）对当前命令窗口中输入的内容，可以按F2键用文本编辑的方法进行编辑，如图2-18所示。AutoCAD 2013文本窗口和命令窗口相似，它可以显示当前进程中命令的输入和执行过程，在执行AutoCAD 2013某些命令时，它会自动切换到文本窗口，列出有关信息。

（4）AutoCAD 2013通过命令窗口，反馈各种信息，包括出错信息。因此，用户要时刻关注在命令窗口中出现的信息。

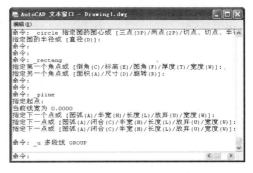

图2-17　命令行窗口　　　　　　　　　　　　　　　图2-18　文本窗口

2.1.7　布局选项卡

AutoCAD 2013系统默认设定一个模型空间布局选项卡和"布局1"、"布局2"两个图纸空间布局选项卡。在这里有两个概念需要解释一下。

1．布局

布局是系统为绘图设置的一种环境，包括图纸大小、尺寸单位、角度设定、数值精确度等，在系统预设的3个选项卡中，这些环境变量都按默认设置。用户根据实际需要可以改变这些变量的值。比如，默认的尺寸单位是米制的毫米，如果绘制图形的单位是英制的英寸，就可以改变尺寸单位的设置。用户也可以根据需要设置符合自己要求的新选项卡。

2．模型

AutoCAD 2013的空间分模型空间和图纸空间。模型空间是我们通常绘图的环境，而在图纸空间中，用户可以创建叫做"浮动视口"的区域，以不同视图显示所绘图形。用户可以在图纸空间中调整浮动视口并决定所包含视图的缩放比例。如果选择图纸空间，则用户可以打印任意布局的视图。

AutoCAD 2013系统默认打开模型空间，用户可以单击选择需要的布局。

2.1.8　状态栏

状态栏在屏幕的底部，左端显示绘图区中光标定位点的坐标X、Y、Z，在右侧依次有"推断约束"、"捕捉模式"、"栅格显示"、"正交模式"、"极轴追踪"、"对象捕捉"、"三维对象捕捉"、"对象捕捉追踪"、"允许/禁止动态UCS"、"动态输入"、"显示/隐藏线宽"、"显示/隐藏透明度"、"快捷特性"、"选择循环"和"注释监视器"15个功能开关按钮，如图2-19所示。单击这些按钮，可以实现相应功能的开关。

图2-19　状态栏

2.1.9　滚动条

在AutoCAD 2013绘图窗口中，窗口的下方和右侧还提供了用来浏览图形的水平和竖直方向的滚动条。用户通过在滚动条中单击或拖动滚动条中的滚动块，可以在绘图窗口中按水平或竖直两个方向浏览图形。

2.1.10　状态托盘

状态托盘包括一些常见的显示工具和注释工具，包括模型空间与布局空间转换工具，如图2-20所示。通过这些按钮，可以控制图形或绘图区的状态。

"模型或图纸空间"按钮：在模型空间与图纸空间之间进行转换。

"快速查看布局"按钮：快速查看当前图形的布局。

"快速查看图形"按钮：快速查看当前图形在模型空间的图形位置。

"注释比例"按钮：单击"注释比例"右侧的下三角按钮，将弹出"注释比例"下拉列表，如图2-21所示，可以根据需要选择适当的注释比例。

图2-20　状态托盘工具

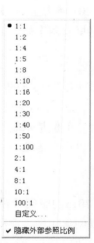

图2-21　"注释比例"列表

"注释可见性"按钮：当图标亮时表示显示所有比例的注释性对象；当图标变暗时表示仅显示当前比例的注释性对象。

"自动添加注释"按钮：注释比例更改时，自动将比例添加到注释对象中。

"切换工作空间"按钮：进行工作空间的转换。

"锁定"按钮：控制是否锁定工具栏或图形窗口在图形界面上的位置。

"硬件加速"按钮：单击该按钮，菜单如图2-22所示。选择"性能调节器"，在打开的如图2-23所示对话框中可以控制三维显示性能。

"隔离对象"按钮：将对象进行隔离或隐藏。

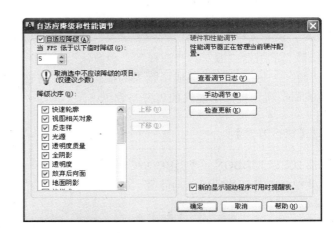

图2-22   硬件加速菜单   图2-23   "自适应降级和性能调节"对话框

"应用程序状态栏菜单"按钮：单击该下三角按钮，弹出如图2-24所示的菜单。可以选择打开或锁定相关选项位置。

"全屏显示"按钮：利用该按钮可以隐藏Windows窗口中的标题栏、工具栏和选项板等界面元素，使AutoCAD的绘图窗口全屏显示，如图2-25所示。

图2-24   状态栏菜单   图2-25   全屏显示

2.1.11   快速访问工具栏和交互信息工具栏

1. 快速访问工具栏

该工具栏包括"新建"、"打开"、"保存"、"另存为"、"Cloud选项"、"放弃"、"重做"和"打印"8个最常用的工具。用户也可以单击本工具栏后面的下三角按钮，设置需要的常用工具。

2. 交互信息工具栏

该工具栏包括"搜索"、Autodesk 360、"Autodesk Exchange 应用程序"、"保持连接"和"帮助"5个常用的数据交互访问工具。

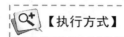 2.1.12 功能区

包括"常用"、"插入"、"注释"、"参数化"、"视图"、"管理"和"输出"、"插件"和"联机"9个功能区，每个功能区集成了相关的操作工具，方便了用户的使用。用户可以单击功能区选项后面的□按钮，控制功能区的展开与收缩。

【执行方式】

命令行：RIBBON（或RIBBONCLOSE）
菜单：工具→选项板→功能区

2.2 配置绘图系统

由于每台计算机所使用的显示器、输入设备和输出设备的类型不同，用户喜好的风格及计算机的目录设置也是不同的，所以每台计算机都是独特的。一般来讲，使用AutoCAD 2013的默认配置就可以绘图。但为了使用用户的定点设备或打印机，以及提高绘图的效率，AutoCAD 2013建议用户在开始作图前先进行必要的配置。

图2-26 右键快捷菜单

【执行方式】

命令行：PREFERENCES
菜单：工具→选项
右键快捷菜单：选项（在绘图区任意空白处右击，将弹出快捷菜单，其中包括一些最常用的命令，如图2-26所示。）

【操作步骤】

执行上述命令后，系统自动打开"选项"对话框。用户可以在该对话框中选择有关选项对系统进行配置。下面只就其中主要的几个选项卡做一下说明，其他配置选项在后面用到时再做具体说明。

 2.2.1 显示配置

"选项"对话框中的第2个选项卡为"显示"选项卡，该选项卡控制AutoCAD 2013窗口的外观。该选项卡设定屏幕菜单和滚动条显示与否、固定命令行窗口中文字行数、AutoCAD 2013的版面布局设置、各实体的显示分辨率，以及AutoCAD 2013运行时的其他各项性能参数等。前面已经讲述了屏幕菜单设定、屏幕颜色、光标大小等知识，其余有关选项的设置，读者可以参照"帮助"文件学习。

在设置实体显示分辨率时，请务必记住，显示质量越高，即分辨率越高，计算机计算的时间越长，所以千万不要将其设置太高。显示质量设定在一个合理的程度上是很重要的。

2.2.2　系统配置

"选项"对话框中的第5个选项卡为"系统"选项卡，如图2-27所示。该选项卡用来设置AutoCAD 2013系统的有关特性。

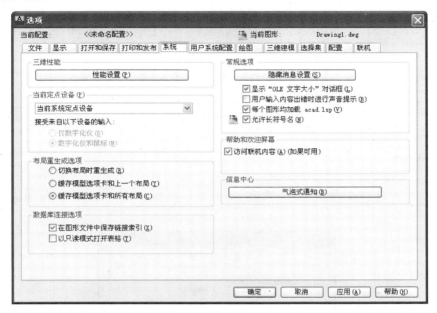

图2-27　"系统"选项卡

（1）"三维性能"选项组

设定当前3D图形的显示特性，可以选择系统提供的3D图形显示特性配置，也可以单击"性能设置"按钮自行设置该特性。

（2）"当前定点设备"选项组

安装及配置定点设备，如数字化仪和鼠标。具体如何配置和安装，请参照定点设备的用户手册。

（3）"常规选项"选项组

确定是否选择系统配置的相关基本选项。

（4）"布局重生成选项"选项组

确定切换布局时是否重生成缓存模型选项卡和布局。其中有3个选项。

- ◆　切换布局时重生成：选中此选项，每次切换选项卡都会重生成图形。
- ◆　缓存模型选型卡和上一个布局：选中此选项，对于当前"模型"选项卡和当前的上一个布局选项卡，将显示列表保存到内存，并且在两个选项卡之间切换时禁止重生成。对于所有其他的布局选项卡，切换它们时仍然进行重生成。
- ◆　缓存模型选项卡和所有布局：选中此选项，第一次切换到每个选项卡时重生成图形。对于绘图任务中的其余选项卡，显示列表保存到内存，切换到这些选项卡时禁止重生成。

（5）"数据库连接选项"选项组

确定数据库连接的方式。

2.3 设置绘图环境

2.3.1 绘图单位设置

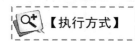【执行方式】

命令行: DDUNITS (或UNITS)

菜单: 格式→单位

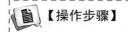【操作步骤】

执行上述命令后,系统打开"图形单位"对话框,如图2-28所示。该对话框用于定义单位和角度格式。

图2-28 "图形单位"对话框

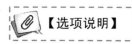【选项说明】

1. "长度"选项组

指定测量长度的当前单位及当前单位的精度。

2. "角度"选项组

指定测量角度的当前单位、精度及旋转方向,默认方向为逆时针。

3. "插入时的缩放单位"选项组

控制使用工具选项板(如 DesignCenter或 i-drop)拖入当前图形的块的测量单位。如果块或图形创建时使用的单位与该选项指定的单位不同，则在插入这些块或图形时，将其按比例缩放。插入比例是源块或图形使用的单位与目标图形使用的单位之比。如果插入块时不按指定单位缩放，请选择"无单位"选项。

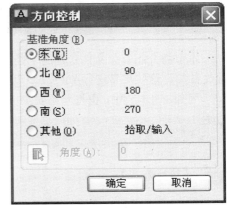

图2-29　"方向控制"对话框

4. "输出样例"选项组

显示当前输出的样例值。

5. "光源"选项组

用于指定光源强度的单位。

6. "方向"按钮

单击该按钮，系统打开"方向控制"对话框，如图2-29所示。可以在该对话框中进行方向控制设置。

2.3.2 图形边界设置

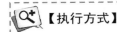【执行方式】

命令行：LIMITS
菜单：格式→图形界限

【操作步骤】

```
命令：LIMITS✓
重新设置模型空间界限：
指定左下角点或 [开(ON)/关(OFF)]..<0.0000,0.0000>：
                        (输入图形界限左下角的坐标后按Enter键)
指定右上角点 <420.0000,297.0000>：(输入图形界限右上角的坐标后按Enter键)
```

【选项说明】

1. 开（ON）

使图形界限有效。系统将在图形界限以外拾取的点视为无效。

2. 关（OFF）

使图形界限无效。用户可以在图形界限以外拾取点或实体。

3. 动态输入角点坐标

动态输入功能可以直接在屏幕上输入角点坐标。输入横坐标值后，按下"，"键，接着输入纵坐标值，如图2-30所示。也可以按光标位置直接单击确定角点位置。

图2-30　动态输入

2.4 文件管理

本节将介绍有关文件管理的一些基本操作方法，包括新建文件、打开已有文件、保存文件、删除文件等，这些都是进行AutoCAD 2013操作最基础的知识。

另外，在本节中，也将介绍安全口令和数字签名等涉及文件管理操作的知识，请读者注意体会。

2.4.1 新建文件

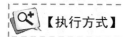

命令行：NEW

菜单：文件→新建

工具栏：标准→新建 🗋

执行上述命令后，系统打开如图2-31所示的"选择样板"对话框，在"文件类型"下拉列表框中有3种格式的图形样板，扩展名分别是.dwt、.dwg、.dws。

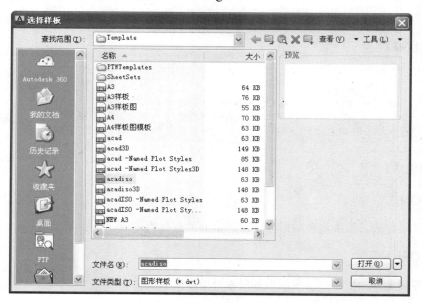

图2-31　"选择样板"对话框

在每种图形样板文件中，系统根据绘图任务的要求进行统一的图形设置，如绘图单位类型和精度要求、绘图界限、捕捉、网格与正交设置、图层、图框和标题栏、尺寸及文本格式、线型和线宽等。

使用图形样板文件开始绘图的优点在于：在完成绘图任务时，不但可以保持图形设置的一致性，而且可以大大提高工作效率。用户也可以根据自己的需要设置新的样板文件。

一般情况下，.dwt格式文件是标准的样板文件，通常将一些规定的标准性的样板文件设置成.dwt格式文件；.dwg格式文件是普通的样板文件；而.dws格式文件是包含标准图层、标注样式、线型和文字样式的样板文件。

快速创建图形功能，是开始创建新图形的最快捷方法。具体操作方法如下。

【执行方式】

命令行：QNEW

工具栏：标准→新建□

【操作步骤】

执行上述命令后，系统立即从所选的图形样板创建新图形，而不显示任何对话框或提示。

在运行快速创建图形功能之前必须进行如下设置。

01 将FILEDIA系统变量设置为1；将STARTUP系统变量设置为0，方法如下。

```
命令：FILEDIA↙
输入 FILEDIA 的新值 <1>：↙
命令：STARTUP↙
输入 STARTUP 的新值 <0>：↙
```

02 选择菜单栏中的"工具"→"选项"命令，在打开的对话框中选择默认图形样板文件。方法是在"文件"选项卡下，单击标记为"样板设置"的节点，然后选择需要的样板文件路径，如图2-32所示。

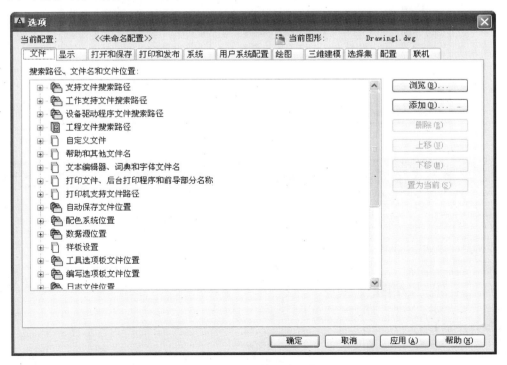

图2-32　"文件"选项卡

2.4.2 打开文件

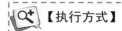**【执行方式】**

命令行：OPEN
菜单：文件→打开
工具栏：标准→打开📂

**【操作步骤】**

执行上述命令后，系统打开如图2-33所示的"选择文件"对话框，在"文件类型"列表框中用户可以选择.dwg、.dwt、.dxf和.dws格式的文件。.dxf格式文件是用文本形式存储的图形文件，能够被其他程序读取，许多第三方应用软件都支持.dxf格式。

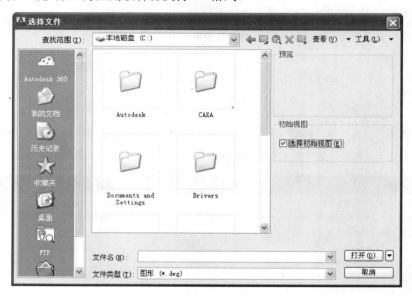

图2-33 "选择文件"对话框

2.4.3 保存文件

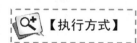**【执行方式】**

命令名：QSAVE或SAVE
菜单：文件→保存
工具栏：标准→保存💾

**【操作步骤】**

执行上述命令后，若文件已命名，则AutoCAD 2013自动保存；若文件未命名（即为默认名drawing1.dwg），则系统打开"图形另存为"对话框，用户可以命名保存。在"保存于"下拉列表框

中，以指定保存文件的路径；在"文件类型"下拉列表框中，可以指定保存文件的类型。

为了防止因意外操作或计算机系统故障导致正在绘制的图形文件丢失，可以对当前图形文件设置自动保存。设置自动保存的步骤如下。

01 利用系统变量SAVEFILEPATH设置所有"自动保存"文件的位置，如：C：\HU\。

02 利用系统变量SAVEFILE存储"自动保存"文件名。该系统变量储存的文件名文件是只读文件，用户可以从中查询自动保存的文件名。

03 利用系统变量SAVETIME指定在使用"自动保存"时多长时间保存一次图形。

2.4.4 另存为

【执行方式】

命令行：SAVEAS

菜单：文件→另存为

【操作步骤】

执行上述命令后，系统打开如图2-34所示的"图形另存为"对话框，AutoCAD 2013用"另存为"命令保存，并把当前图形更名。

图2-34 "图形另存为"对话框

2.4.5 退出

【执行方式】

命令行：QUIT或EXIT

菜单：文件→退出

按钮：AutoCAD 2013操作界面右上角的"关闭"按钮

【操作步骤】

命令：QUIT✓（或EXIT✓）

执行上述命令后，若用户对图形所作的修改尚未保存，则会出现如图2-35所示的系统警告对话框。选择"是"按钮，系统将保存文件，然后退出；选择"否"按钮，系统将不保存文件。若用户对图形所作的修改已经保存，则直接退出。

图2-35　系统警告对话框

2.4.6　图形修复

【执行方式】

命令行：DRAWINGRECOVERY

菜单：文件→图形实用工具→图形修复管理器

【操作步骤】

命令：DRAWINGRECOVERY✓

执行上述命令后，系统打开如图2-36所示的"图形修复管理器"对话框。打开"备份文件"列表中的文件，可以重新保存，从而进行修复。

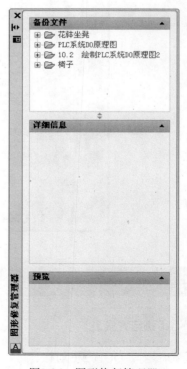

图2-36　图形修复管理器

2.5 基本输入操作

在AutoCAD中，有一些基本的输入操作方法，这些基本方法是进行AutoCAD绘图的必备知识基础，也是深入学习AutoCAD功能的前提。

2.5.1 命令输入方式

AutoCAD 2013交互绘图必须输入必要的指令和参数。有多种命令输入方式（以画直线为例）。

1．在命令窗口输入命令名

命令字符可以不区分大小写。例如，命令：LINE✓，执行该命令时，在命令行提示中经常会出现命令选项。输入绘制直线命令LINE后，命令行中的提示与操作如下。

```
命令：LINE✓
指定第一点：（在屏幕上指定一点或输入一个点的坐标）
指定下一点或〔放弃(U)〕：
```

选项中不带括号的提示为默认选项，因此可以直接输入直线段的起点坐标或在屏幕上指定一点，如果要选择其他选项，则应该首先输入该选项的标识字符，如"放弃"选项的标识字符"U"，然后按系统提示输入数据即可。在命令选项的后面，有时候还带有尖括号，尖括号内的数值为默认数值。

2．在命令窗口输入命令缩写字

如L（Line）、C（Circle）、A（Arc）、Z（Zoom）、R（Redraw）、M（More）、CO（Copy）、PL（Pline）、E（Erase）等。

3．选取"绘图"菜单中"直线"选项

选取该选项后，在状态栏中可以看到对应的命令说明及命令名。

4．选取工具栏中的对应图标

选取该图标后，在状态栏中也可以看到对应的命令说明及命令名。

5．在命令行打开右键快捷菜单

如果在前面刚使用过要输入的命令，可以在命令行打开右键快捷菜单，在"近期使用的命令"子菜单中选择需要的命令，如图2-37所示。"近期使用的命令"子菜单中存储最近使用的6个命令，如果经常重复使用某个6次操作以内的命令，这种方法就比较快速简洁。

图2-37　命令行右键快捷菜单

6．在绘图区右击鼠标

如果用户要重复使用上次使用的命令，可以直接在绘图区右击，系统立即重复执行上次使用的命令。这种方法适用于重复执行某个命令。

2.5.2 命令的重复、撤销、重做

1. 命令的重复

在命令窗口中按Enter键，可以重复调用上一个命令，不管上一个命令是完成了还是被取消了。

2. 命令的撤销

在命令执行的任何时刻，都可以取消和终止命令的执行。

【执行方式】

命令行：UNDO
菜单：编辑→放弃
快捷键：Esc

3. 命令的重做

已被撤销的命令还可以恢复重做。只能恢复撤销的最后一个命令。

【执行方式】

命令行：REDO
菜单：编辑→重做

该命令可以一次执行多重放弃和重做操作。单击 UNDO 或 REDO 图标后的下三角按钮，可以选择要放弃或重做的操作，如图2-38所示。

图2-38　多重放弃或重做

2.5.3 透明命令

在AutoCAD 2013中，有些命令不仅可以直接在命令行中使用，而且还可以在其他命令的执行过程中插入并执行，待该命令执行完毕后，系统继续执行原命令，这种命令称为透明命令。透明命令一般多为修改图形设置或打开辅助绘图工具的命令。

重复、撤销、重做命令的执行方式同样适用于透明命令的执行，如：

```
命令：ARC↙
指定圆弧的起点或 [圆心(C)]：'ZOOM↙（透明使用显示缩放命令ZOOM）
>>（执行ZOOM命令）
正在恢复执行 ARC 命令
指定圆弧的起点或 [圆心(C)]：（继续执行原命令）
```

2.5.4 按键定义

在AutoCAD 2013中，除了可以通过在命令窗口输入命令、单击工具栏图标或选取菜单项来完成相应操作外，还可以使用键盘上的一组功能键或快捷键。通过这些功能键或快捷键，可以快速实现指定功能，如单击F1键，系统调用帮助对话框。

系统使用 AutoCAD 传统标准（Windows 之前）或 Microsoft Windows 标准来解释快捷键。有些功能键或快捷键在AutoCAD 2013的菜单中已经指出，如"粘贴"的快捷键为Ctrl+V，这些只要

用户在使用的过程中多加留意，就会熟练掌握。快捷键的定义见菜单命令后面的说明，如"粘贴(P) Ctrl+V"。

2.5.5　命令执行方式

有的命令有两种执行方式，通过对话框或通过命令行输入命令。如指定使用命令窗口方式，可以在命令名前加短划线来表示，如-LAYER表示用命令行方式执行"图层"命令。而如果在命令行输入LAYER，系统则会自动打开"图层"对话框。

另外，有些命令同时存在命令行、菜单和工具栏3种执行方式，这时如果选择菜单或工具栏方式，命令行会显示该命令，并在前面加一下划线。如通过菜单或工具栏方式执行"直线"命令时，命令行会显示_line，命令的执行过程和结果与命令行方式相同。

2.5.6　坐标系与数据的输入方法

1. 坐标系

AutoCAD采用两种坐标系：世界坐标系（WCS）与用户坐标系。用户刚进入AutoCAD 2013时的坐标系统就是世界坐标系，是固定的坐标系统。世界坐标系也是坐标系统中的基准，绘制图形时多数情况下都是在这个坐标系统下进行的。

【执行方式】

命令行：UCS
菜单：工具→工具栏→AutoCAD→UCS
工具栏：UCS→UCS

AutoCAD有两种视图显示方式：模型空间和图纸空间。模型空间是指单一视图显示法，我们通常使用的都是这种显示方式；图纸空间是指在绘图区域创建图形的多视图。用户可以对其中每一个视图进行单独操作。在默认情况下，当前UCS与WCS重合。图2-39（a）为模型空间下的UCS坐标系图标，通常放在绘图区左下角处；如当前UCS和WCS重合，则出现一个W字，如图2-39（b）所示；也可以指定它放在当前UCS的实际坐标原点位置，此时出现一个十字，如图2-39（c）所示；图2-39（d）为图纸空间下的坐标系图标。

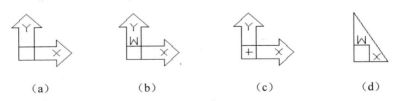

（a）　　　　　　（b）　　　　　　（c）　　　　　　（d）

图2-39　坐标系图标

2. 数据输入方法

在AutoCAD 2013中，点的坐标可以用直角坐标、极坐标、球面坐标和柱面坐标表示，每一种坐标又分别具有两种坐标输入方式：绝对坐标和相对坐标。其中直角坐标和极坐标最为常用，下面主要介绍它们的输入方法。

（1）直角坐标法：用点的X、Y坐标值表示的坐标。

例如：在命令行中输入点的坐标提示下，输入"15,18"，则表示输入了一个X、Y的坐标值分别为"15、18"的点，此为绝对坐标输入方式，表示该点的坐标是相对于当前坐标原点的坐标值，如图2-40（a）所示。如果输入"@10,20"，则为相对坐标输入方式，表示该点的坐标是相对于前一点的坐标值，如图2-40（c）所示。

（2）极坐标法：用长度和角度表示的坐标，只能用来表示二维点的坐标。

在绝对坐标输入方式下，表示为"长度<角度"，如"25<50"，其中长度表示该点到坐标原点的距离，角度为该点至原点的连线与X轴正向的夹角，如图2-40（b）所示。

在相对坐标输入方式下，表示为"@长度<角度"，如"@25<45"，其中长度为该点到前一点的距离，角度为该点至前一点的连线与X轴正向的夹角，如图2-40（d）所示。

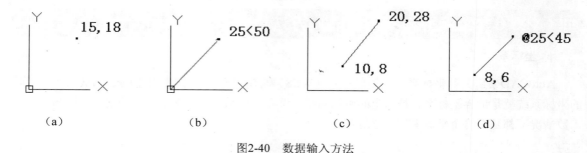

(a)　　　　　　　　(b)　　　　　　　　(c)　　　　　　　　(d)

图2-40　数据输入方法

3. 动态数据输入

单击状态栏上的"动态输入"按钮，系统弹出动态输入功能，可以在屏幕上动态地输入某些参数数据。例如，绘制直线时，在光标附近会动态地显示"指定第一点"提示，后面的坐标框中显示的是光标所在位置，可以输入数据，两个数据之间以逗号隔开，如图2-41所示。指定第一点后，系统动态显示直线的角度，同时要求输入线段长度值，如图2-42所示，其输入效果与"@长度<角度"方式相同。

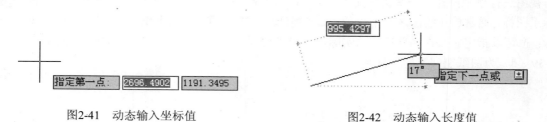

图2-41　动态输入坐标值　　　　　　　　图2-42　动态输入长度值

下面分别讲述点与距离值的输入方法。

（1）点的输入。绘图过程中，常需要输入点的位置，AutoCAD 2013提供了如下几种输入点的方式。

◆　用键盘直接在命令窗口中输入点的坐标。

➢　直角坐标有两种输入方式：X,Y（点的绝对坐标值，例如："100,50"）和@ X,Y（相对于上一点的相对坐标值，例如："@ 50,−30"）。坐标值均相对于当前的用户坐标系。

- 极坐标的输入方式：长度<角度 （其中，长度为该点到坐标原点的距离，角度为原点至该点连线与X轴的正向夹角，例如："20<45"）或@长度<角度（相对于上一点的相对极坐标，例如"@50<−30"）。

- ◆ 用鼠标等定位设备在屏幕上直接取点。
- ◆ 用目标捕捉方式捕捉屏幕上已有图形的特殊点（如端点、中点、中心点、插入点、交点、切点、垂足点等）。
- ◆ 直接距离输入：先用光标拖曳出橡筋线确定方向，然后用键盘输入距离。这样有利于准确控制对象的长度等参数。例如，要绘制一条10mm长的线段，方法如下。

```
命令:LINE ↙
指定第一点：（在屏幕上指定一点）
指定下一点或 [放弃(U)]：
```

这时在屏幕上移动鼠标指明线段的方向，但不要单击鼠标左键确认，然后在命令行输入10，这样就在指定方向上准确地绘制了长度为10mm的线段。

（2）距离值的输入。在AutoCAD命令中，有时需要提供高度、宽度、半径、长度等距离值。AutoCAD 2013提供了两种输入距离值的方式：一种是用键盘在命令窗口中直接输入数值；另一种是在屏幕上拾取两点，以两点的距离值定出所需数值。

2.6 上机实验

实验1　熟悉操作界面

操作提示：

(1) 启动AutoCAD 2013，进入绘图界面。

(2) 调整操作界面大小。

(3) 设置绘图窗口颜色与光标大小。

(4) 尝试同时利用命令行、下拉菜单和工具栏绘制一条线段。

实验2　管理图形文件

操作提示：

(1) 启动AutoCAD 2013，进入绘图界面。

(2) 打开一幅已经保存过的图形。

(3) 进行自动保存设置。

(4) 进行加密设置。

(5) 将图形以新的名称保存。

(6) 尝试在图形上绘制任意图线。

(7) 退出该图形。

(8) 尝试重新打开按新名称保存的原图形。

实验3　数据输入

操作提示：

（1）在命令行执行LINE命令。

（2）输入起点的直角坐标方式下的绝对坐标值。

（3）输入下一点的直角坐标方式下的相对坐标值。

（4）输入下一点的极坐标方式下的绝对坐标值。

（5）输入下一点的极坐标方式下的相对坐标值。

（6）用鼠标直接指定下一点的位置。

（7）按状态栏上的"正交"按钮，用鼠标拉出下一点的方向，在命令行输入一个数值。

（8）按状态栏上的"动态输入"按钮，拖动鼠标，系统会动态显示角度，拖动到选定角度后，在长度文本框输入长度值。

（9）按Enter键结束绘制线段的操作。

第3章

二维绘图命令

二维图形是指在二维平面空间绘制的图形。AutoCAD提供了大量的绘图工具，可以帮助用户完成二维图形的绘制。AutoCAD还提供了许多的二维绘图命令，利用这些命令，可以快速、方便地完成某些图形的绘制。本章主要包括下述内容：点、直线，圆和圆弧、椭圆和椭圆弧，平面图形、图案填充、多段线、样条曲线和多线的绘制与编辑。

内容要点

- ◆ 直线类、圆类、平面图形命令
- ◆ 图案填充
- ◆ 多段线与样条曲线
- ◆ 多线

3.1 直线类命令

3.1.1 点

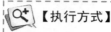 【执行方式】

命令行：POINT
菜单：绘图→点→单点／多点
工具栏：绘图→点。

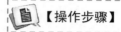 【操作步骤】

命令：POINT✓
指定点：（指定点所在的位置）

 【选项说明】

（1）通过菜单方法操作时（如图3-1所示），"单点"选项表示只输入一个点，"多点"选项表示可以输入多个点。

（2）可以打开状态栏中的"对象捕捉"开关设置点捕捉模式，帮助用户拾取点。

（3）点在图形中的表示样式共有20种。可通过"DDPTYPE"命令或菜单"格式"→"点样式"选项，打开"点样式"对话框来设置，如图3-2所示。

图3-1　"点"子菜单

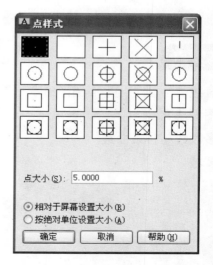

图3-2　"点样式"对话框

3.1.2 直线

 【执行方式】

命令行：LINE

菜单：绘图→直线

工具栏：绘图→直线╱

【操作步骤】

命令：LINE✓
指定第一点：（输入直线段的起点，用鼠标指定点或者给定点的坐标）
指定下一点或［放弃(U)］：
　　　　　（输入直线段的端点，也可以用鼠标指定一定角度后，直接输入直线的长度）
指定下一点或［放弃(U)］：（输入下一直线段的端点，输入选项"U"表示放弃前面的输入；右击或按
Enter键，结束命令）
指定下一点或［闭合(C)/放弃(U)］：（输入下一直线段的端点，或输入C使图形闭合，结束命令）

 【选项说明】

（1）若采用按Enter键响应"指定第一点"提示，系统会把上次绘线（或弧）的终点作为本次操作的起始点。特别地，若上次操作为绘制圆弧，按Enter键响应，会绘出通过圆弧终点的与该圆弧相切的直线段，该线段的长度由鼠标在屏幕上指定的一点与切点之间线段的长度确定。

（2）在"指定下一点"提示下，用户可以指定多个端点，从而绘出多条直线段。每一段直线是一个独立的对象，可以进行单独的编辑操作。

（3）绘制两条以上直线段后，若输入C响应"指定下一点"提示，系统会自动连接起始点和最后一个端点，从而绘出封闭的图形。

（4）若输入U响应提示，则擦除最近一次绘制的直线段。

（5）若设置正交方式（按下状态栏上"正交"按钮），只能绘制水平直线或垂直线段。

（6）若设置动态数据输入方式（按下状态栏上"动态输入"按钮），则可以动态输入坐标或长度值。

 3.1.3 实例——方餐桌

视频文件：讲解视频\第3章\实例－方餐桌.avi

01 单击"绘图"工具栏中的"直线"按钮╱，绘制连续线段。命令行提示与操作如下。

命令：LINE 指定第一点：0,0✓
指定下一点或［放弃(U)］：@1200,0✓
指定下一点或［放弃(U)］：@0,1200✓
指定下一点或［闭合(C)/放弃(U)］：@-1200,0✓
指定下一点或［闭合(C)/放弃(U)］：c✓

绘制的图形如图3-3所示。

02 单击"绘图"工具栏中的"直线"按钮╱，命令行提示与操作如下。

```
命令：_LINE 指定第一点：20,20↙
指定下一点或 [放弃(U)]：@1160,0↙
指定下一点或 [放弃(U)]：@0,1160↙
指定下一点或 [闭合(C)/放弃(U)]：@-1160,0↙
指定下一点或 [闭合(C)/放弃(U)]：c↙
```

如图3-4所示，一个简易的餐桌就绘制完成了。

图3-3 绘制连续线段

图3-4 简易餐桌

03 单击"快速访问"工具栏中的"保存"按钮，保存图形。命令行中的提示与操作如下。

命令：SAVEAS↙ （将绘制完成的图形以"方餐桌.dwg"为文件名保存在指定的路径中）

3.2 圆类图形命令

圆类图形命令主要包括"圆"、"圆弧"、"椭圆"、"椭圆弧"及"圆环"等命令，这几个命令是AutoCAD 2013中最简单的曲线命令。

3.2.1 圆

【执行方式】

命令行：CIRCLE
菜单：绘图→圆
工具栏：绘图→圆

【操作步骤】

```
命令：CIRCLE↙
指定圆的圆心或 [三点(3P)/两点(2P)/切点、切点、半径(T)]：（指定圆心）
指定圆的半径或 [直径(D)]：（直接输入半径数值或用鼠标指定半径长度）
指定圆的直径 <默认值>：（输入直径数值或用鼠标指定直径长度）
```

【选项说明】

1. 三点（3P）

用指定圆周上三点的方法画圆。

2. 两点（2P）

指定直径的两端点画圆。

3. 切点、切点、半径（T）

按先指定两个相切对象，后给出半径的方法画圆。如图3-5所示，（a）～（d）给出了以"相切、相切、半径"方式绘制圆的各种情形（其中加黑的圆为最后绘制的圆）。

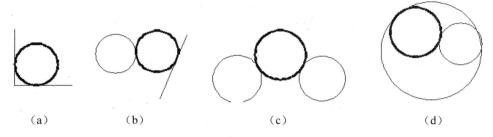

（a）　　　　　（b）　　　　　　　　（c）　　　　　　　　（d）

图3-5　圆与另外两个对象相切的各种情形

选择菜单栏中的"绘图"→"圆"命令，菜单中多了一种"相切、相切、相切"方法。当选择此方式时（如图3-6所示），系统提示如下。

图3-6　绘制圆的菜单方法

```
指定圆上的第一个点：_tan 到：（指定相切的第一个圆弧）
指定圆上的第二个点：_tan 到：（指定相切的第二个圆弧）
指定圆上的第三个点：_tan 到：（指定相切的第三个圆弧）
```

3.2.2　实例——圆餐桌

视频文件：讲解视频\第3章\实例－圆餐桌.avi

01 设置绘图环境。用LIMITS命令设置图幅：297×210。

02 单击"绘图"工具栏中的"圆"按钮⊘，绘制圆。命令行提示与操作如下。

```
命令：CIRCLE↙
指定圆的圆心或 [三点(3P)/两点(2P)/切点、切点、半径(T)]： 100,100↙
指定圆的半径或 [直径(D)]：50↙
```

结果如图3-7所示。

重复"圆"命令，以(100,100)为圆心，绘制半径为40的圆，结果如图3-8所示。

03 单击"快速访问"工具栏中的"保存"按钮🖫，保存图形。命令行提示如下。　　图3-7　绘制圆　图3-8　圆餐桌

> 命令：SAVEAS✓

将绘制完成的图形以"圆餐桌.dwg"为文件名保存在指定的路径中。

3.2.3　圆弧

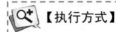【执行方式】

命令行：ARC（A）
菜单：绘图→弧
工具栏：绘图→圆弧✏️

【操作步骤】

> 命令：ARC✓
> 指定圆弧的起点或 [圆心(C)]：（指定起点）
> 指定圆弧的第二点或 [圆心(C)/端点(E)]：（指定第二点）
> 指定圆弧的端点：（指定端点）

【选项说明】

（1）用命令行方式画圆弧时，可以根据系统提示选择不同的选项，具体功能和用"绘制"菜单的"圆弧"子菜单提供的11种方式相似。这11种方式如图3-9（a）～（k）所示。

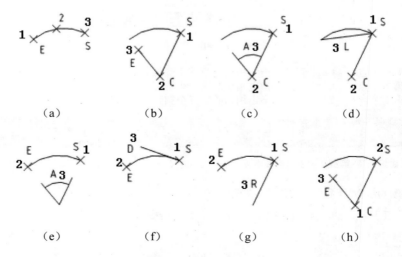

图3-9　11种画圆弧的方法

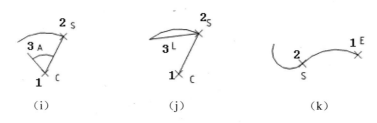

（i）　　　　　　　　　　（j）　　　　　　　　　　（k）

图3-9　11种画圆弧的方法（续）

（2）需要强调的是，"继续"方式绘制的圆弧与上一线段或圆弧相切，继续画圆弧段时，提供端点即可。

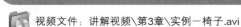

3.2.4　实例——椅子

视频文件：讲解视频\第3章\实例－椅子.avi

01 单击"绘图"工具栏中的"直线"按钮 ，绘制初步轮廓，结果如图3-10所示。

02 单击"绘图"工具栏中的"圆弧"按钮 ，绘制弧线。命令行提示与操作如下。

```
命令：ARC✓
指定圆弧的起点或［圆心（C）］：（用鼠标指定左上方竖线段端点1，如图3-10所示）
指定圆弧的第二点或［圆心（C）/端点（E）］：（用鼠标在上方两竖线段正中间指定一点2）
指定圆弧的端点：（用鼠标指定右上方竖线段端点3）
```

03 单击"绘图"工具栏中的"直线"按钮 ，绘制直线。重复"直线"命令，在圆弧上指定一点为起点，向下绘制另一条竖线段。再以图3-10中1、3两点下面的水平线段的端点为起点各向下适当距离绘制两条竖直线段。同样方法绘制扶手位置另外3段圆弧，如图3-11所示。最后完成的图形如图3-12所示。

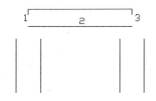 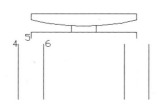 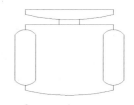

图 3-10　椅子初步轮廓　　　　　图 3-11　绘制过程　　　　　图 3-12　椅子图案

04 保存图形。

```
命令：SAVEAS✓　　（将绘制完成的图形以"椅子.dwg"为文件名保存在指定的路径中）
```

3.2.5　圆环

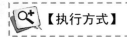
【执行方式】

　　命令行：DONUT
　　菜单：绘图→圆环

【操作步骤】

命令：DONUT↙
指定圆环的内径 <默认值>：（指定圆环内径）
指定圆环的外径 <默认值>： （指定圆环外径）
指定圆环的中心点或 <退出>：（指定圆环的中心点）
指定圆环的中心点或 <退出>：（继续指定圆环的中心点，则继续绘制相同内外径的圆环。

按Enter键、Space键或鼠标右键结束命令，如图3-13（a）所示。

【选项说明】

（1）若指定内径为零，则画出实心填充圆，如图3-13（b）所示。

（2）用命令FILL可以控制圆环是否填充，命令行提示如下。

命令：FILL↙
输入模式 [开(ON)/关(OFF)] <开>：

选择ON表示填充，选择OFF表示不填充，如图3-13（c）所示。

　　　（a）　　　　　　　　　（b）　　　　　　　　　（c）

图3-13　绘制圆环

3.2.6　椭圆与椭圆弧

【执行方式】

命令行：ELLIPSE

菜单：绘图→椭圆→圆弧

工具栏：绘图→椭圆 ⬭ / 椭圆弧 ⬭

【操作步骤】

命令：ELLIPSE↙
指定椭圆的轴端点或 [圆弧(A)/中心点(C)]： （指定轴端点1，如图3-14（a）所示）
指定轴的另一个端点： （指定轴端点2，如图3-14（a）所示）
指定另一条半轴长度或 [旋转(R)]：

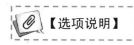 【选项说明】

1. 指定椭圆的轴端点

根据两个端点定义椭圆的第一条轴，它的角度确定了整个椭圆的角度。第一条轴既可定义椭圆的长轴，也可定义短轴。

2. 旋转（R）

通过绕第一条轴旋转圆来创建椭圆，相当于将一个圆绕椭圆轴翻转一个角度后的投影视图。

3. 中心点（C）

通过指定的中心点创建椭圆。

4. 圆弧（A）

该选项用于创建一段椭圆弧，与工具栏"绘制"→"椭圆弧"命令功能相同。其中第一条轴的角度确定了椭圆弧的角度。第一条轴既可定义椭圆弧长轴，也可定义椭圆弧短轴。选择该选项，命令行继续提示：

```
指定椭圆弧的轴端点或 ［中心点(C)］：（指定端点或输入C）
指定轴的另一个端点：（指定另一端点）
指定另一条半轴长度或 ［旋转(R)］：（指定另一条半轴长度或输入R）
指定起点角度或 ［参数(P)］：（指定起始角度或输入P）
指定端点角度或 ［参数(P)/包含角度(I)］：
```

其中各选项含义如下。

（1）角度：指定椭圆弧端点的两种方式之一，光标与椭圆中心点连线的夹角为椭圆端点位置的角度，如图3-14（b）所示。

（2）参数（P）：指定椭圆弧端点的另一种方式，该方式同样是指定椭圆弧端点的角度，但通过以下矢量参数方程式创建椭圆弧：

$$p(u) = c + a \cos(u) + b \sin(u)$$

其中，c是椭圆的中心点，a和b分别是椭圆的长轴和短轴，u为光标与椭圆中心点连线的夹角。

（3）包含角度（I）：定义从起始角度开始的包含角度。

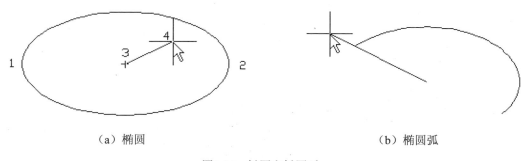

（a）椭圆　　　　　　　　　　　　　　　　（b）椭圆弧

图3-14 椭圆和椭圆弧

3.2.7 实例——洗脸盆

视频文件：讲解视频\第3章\实例－洗脸盆.avi

01 单击"绘图"工具栏中的"直线"按钮，绘制水龙头图形，方法同前，结果如图3-15所示。

02 单击"绘图"工具栏中的"圆"按钮，绘制两个水龙头旋钮，方法同前，结果如图3-16所示。

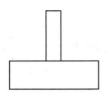
图3-15　绘制水龙头

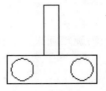
图3-16　绘制旋钮

03 单击"绘图"工具栏中的"椭圆"按钮，绘制脸盆外沿，命令行提示与操作如下。

```
命令：ELLIPSE
指定椭圆的轴端点或 [圆弧(A)/中心点(C)]：（用鼠标指定椭圆轴端点）
指定轴的另一个端点：（用鼠标指定另一端点）
指定另一条半轴长度或 [旋转(R)]：（用鼠标在屏幕上拉出另一半轴长度）
```

结果如图3-17所示。

04 单击"绘图"工具栏中的"椭圆"按钮，绘制脸盆部分内沿，命令行提示与操作如下。

```
命令：_ELLIPSE
指定椭圆的轴端点或 [圆弧(A)/中心点(C)]：A
指定椭圆弧的轴端点或 [中心点(C)]：C✓
指定椭圆弧的中心点：（捕捉上步绘制的椭圆中心点）
指定轴的端点：（适当指定一点）
指定另一条半轴长度或 [旋转(R)]：R✓
指定绕长轴旋转的角度：（用鼠标指定椭圆轴端点）
指定起始角度或 [参数(P)]：（用鼠标拉出起始角度）
指定终止角度或 [参数(P)/包含角度(I)]：（用鼠标拉出终止角度）
```

结果如图3-18所示。

05 单击"绘图"工具栏中的"圆弧"按钮，绘制脸盆内沿其他部分，最终结果如图3-19所示。

图3-17　绘制脸盆外沿

图3-18　绘制脸盆部分内沿

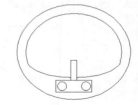
图3-19　浴室洗脸盆图形

06 单击"快速访问"工具栏中的"保存"按钮，保存图形。命令行提示与操作如下。

```
命令：SAVEAS✓（将绘制完成的图形以"洗脸盆.dwg"为文件名保存在指定的路径中）
```

3.3 平面图形命令

::::: 3.3.1 矩形

【执行方式】

命令行：RECTANG（REC）

菜单：绘图→矩形

工具栏：绘图→矩形▭

【操作步骤】

命令：RECTANG✓
指定第一个角点或〔倒角(C)/标高(E)/圆角(F)/厚度(T)/宽度(W)〕：
指定另一个角点或〔面积(A)/尺寸(D)/旋转(R)〕：

【选项说明】

1. 第一个角点

通过指定两个角点确定矩形，如图3-20（a）所示。

2. 倒角（C）

指定倒角距离，绘制带倒角的矩形，如图3-20（b）所示，每一个角点的逆时针和顺时针方向的倒角可以相同，也可以不同，其中第一个倒角距离是指角点逆时针方向倒角距离，第二个倒角距离是指角点顺时针方向倒角距离。

3. 标高（E）

指定矩形标高（Z坐标），即把矩形画在标高为Z、和XOY坐标面平行的平面上，并作为后续矩形的标高值。

4. 圆角（F）

指定圆角半径，绘制带圆角的矩形，如图3-20（c）所示。

5. 厚度（T）

指定矩形的厚度，如图3-20（d）所示。

6. 宽度(（W）

指定线宽，如图3-20（e）所示。

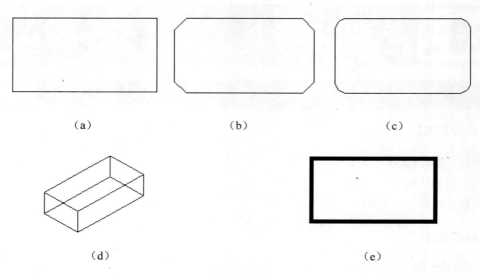

图3-20 绘制矩形

7. 尺寸（D）

使用长和宽创建矩形。第二个指定点将矩形定位在与第一角点相关的4个位置之一内。

8. 面积（A）

指定面积和长或宽创建矩形。选择该项，命令行提示如下。

```
输入以当前单位计算的矩形面积<20.0000>：（输入面积值）
计算矩形标注时依据［长度(L)/宽度(W)］<长度>：（按Enter键或输入W）
输入矩形长度 <4.0000>：（指定长度或宽度）
```

指定长度或宽度后，系统自动计算另一个维度后绘制出矩形。如果矩形被倒角或圆角，则长度或宽度计算中会考虑此设置，如图3-21所示。

9. 旋转（R）

旋转所绘制的矩形的角度。选择该项，命令行提示如下。

```
指定旋转角度或 ［拾取点(P)］<135>：（指定角度）
指定另一个角点或 ［面积(A)/尺寸(D)/旋转(R)］：（指定另一个角点或选择其他选项,如图3-22所示）
```

倒角距离(1,1)
面积：20
长度：6

圆角半径：1.0
面积：20
宽度：6

图3-21 按面积绘制矩形

图3-22 按指定旋转角度创建矩形

3.3.2 实例——办公桌

 视频文件：讲解视频\第3章\实例－办公桌.avi

01 设置图幅。命令行提示与操作如下。

```
命令：LIMITS↙
重新设置模型空间界限：
指定左下角点或 [开(ON)/关(OFF)] <0.0000,0.0000>: 0,0↙
指定右上角点 <420.0000,297.0000>: 297,210↙
```

02 单击"绘图"工具栏中的"直线"按钮，指定坐标点(0,0)、(@150,0)、(@0,70)、(@-150,0)绘制外轮廓线，结果如图3-23所示。

03 单击"绘图"工具栏中的"矩形"按钮，绘制内轮廓线。命令行提示与操作如下。

```
命令：RECTANG↙
指定第一个角点或 [倒角(C)/标高(E)/圆角(F)/厚度(T)/宽度(W)]: 2,2↙
指定另一个角点或 [面积(A)/尺寸(D)/旋转(R)]: @146,66↙
```

结果如图3-24所示。

图3-23 绘制轮廓线　　　　　　　　　　图3-24 办公桌

04 单击"标准"工具栏中的"保存"按钮，保存图形。命令行提示与操作如下。

```
命令：SAVEAS↙ （将绘制完成的图形以"办公桌.dwg"为文件名保存在指定的路径中）
```

3.3.3 多边形

 【执行方式】

命令行：POLYGON
菜单：绘图→多边形
工具栏：绘图→多边形

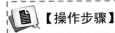 【操作步骤】

```
命令：POLYGON↙
输入侧面数 <4>:（指定多边形的边数，默认值为4）
指定正多边形的中心点或 [边(E)]: （指定中心点）
输入选项 [内接于圆(I)/外切于圆(C)] <I>:（指定是内接于圆或外切于圆，I表示内接，如图3-25
(a)所示，C表示外切，如图3-25 (b)所示）
指定圆的半径:（指定外接圆或内切圆的半径）
```

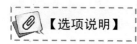【选项说明】

如果选择"边"选项，则只要指定多边形的一条边，系统就会按逆时针方向创建该正多边形，如图3-25（c）所示。

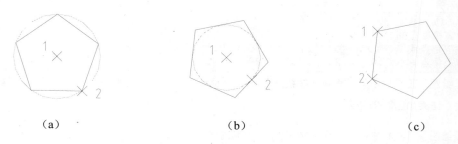

（a）   （b）   （c）

图3-25　画正多边形

3.3.4　实例——公园座椅

视频文件：讲解视频\第3章\实例-公园座椅.avi

01 设置图幅。在命令行中输入LIMITS，命令行提示与操作如下。

```
命令：LIMITS↙
重新设置模型空间界限：
指定左下角点或 [开(ON)/关(OFF)] <0.0000,0.0000>: 0,0↙
指定右上角点 <420.0000,297.0000>: 297,210↙
```

02 单击"绘图"工具栏中的"多边形"按钮⬠，绘制外轮廓线。命令行提示与操作如下。

```
命令：_POLYGON
输入侧面数 <8>: 8↙
指定正多边形的中心点或 [边(E)]: 0,0↙
输入选项 [内接于圆(I)/外切于圆(C)] <I>: C↙
指定圆的半径：100↙
```

结果如图3-26所示。

03 单击"绘图"工具栏中的"多边形"按钮⬠，绘制中心点位(0,0)，半径为90的正八边形作为内轮廓线，结果如图3-27所示。

图3-26　绘制轮廓线图

图3-27　公园座椅

04 单击"标准"工具栏中的"保存"按钮🖫，保存图形。命令行提示与操作如下。

```
命令：SAVEAS↙    （将绘制完成的图形以"公园座椅.dwg"为文件名保存在指定的路径中）
```

3.4 图案填充

当用户需要用一个重复的图案（pattern）填充一个区域时，可以使用BHATCH命令建立一个相关联的填充阴影对象，即所谓的图案填充。

3.4.1 基本概念

1. 图案边界

当进行图案填充时，首先要确定填充图案的边界。定义边界的对象只能是直线、双向射线、单向射线、多段线、样条曲线、圆弧、圆、椭圆、椭圆弧、面域等对象或用这些对象定义的块，而且作为边界的对象在当前屏幕上必须全部可见。

2. 孤岛

在进行图案填充时，我们把位于总填充域内的封闭区域称为孤岛，如图3-28所示。在用BHATCH命令填充时，系统允许用户以选取点的方式确定填充边界，即在希望填充的区域内任意选取一点，系统会自动确定填充边界，同时也确定该边界内的岛。如果用户是以选取对象的方式确定填充边界的，则必须确切地选取这些岛，有关知识将在下一节中介绍。

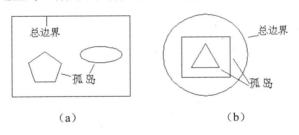

（a） （b）

图3-28 孤岛

3. 填充方式

在进行图案填充时，需要控制填充的范围。AutoCAD 2013用户设置了3种填充方式实现对填充范围的控制。

（1）普通方式：如图3-29（a）所示，该方式从边界开始，由每条填充线或每个填充符号的两端向里画，遇到内部对象与之相交时，填充线或符号断开，直到遇到下一次相交时再继续画。采用这种方式时，要避免剖面线或符号与内部对象的相交次数为奇数。该方式为系统内部的默认方式。

（2）最外层方式：如图3-29（b）所示，该方式从边界向里画剖面符号，只要在边界内部与对象相交，剖面符号由此断开，而不再继续画。

（3）忽略方式：如图3-29（c）所示，该方式忽略边界内的对象，所有内部结构都被剖面符号覆盖。

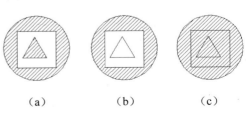

（a） （b） （c）

图3-29 填充方式

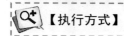

3.4.2 图案填充的操作

【执行方式】

命令行：BHATCH

菜单：绘图→图案填充

工具栏：绘图→图案填充 / 渐变色

【操作步骤】

执行上述命令后，系统打开如图3-30所示的"图案填充和渐变色"对话框，各选项和按钮含义如下。

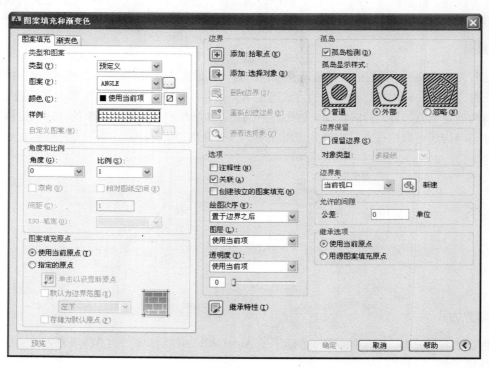

图3-30　"图案填充和渐变色"对话框

1. "图案填充"选项卡

此选项卡下各选项用来确定图案及其参数。单击此选项卡后，其中各选项含义如下。

（1）类型：此选项用于确定填充图案的类型及图案。打开其下拉列表，在该列表中，"用户定义"选项表示用户要临时定义填充图案，与命令行方式中的U选项作用一样；"自定义"选项表示选用ACAD. pat图案文件或其他图案文件（.pat文件）中的图案填充；"预定义"选项表示用AutoCAD标准图案文件（ACAD. pat文件）中的图案填充。

（2）图案：此选项用于确定标准图案文件中的填充图案。在打开的下拉列表中，用户可以从中选取填充图案。选取所需的填充图案后，在"样例"选项后的区域中会显示出该图案。只有用户在"类型"下拉列表框中选择了"预定义"选项，此选项才以正常亮度显示，即允许用户从自己定义的图案文件中选取填充图案。

　　如果设置的图案类型是"预定义"，单击"图案"下拉列表框右侧的 ⌷⌷⌷ 按钮，会打开如图3-31所示的对话框，该对话框中显示出所选类型所具有的图案，用户可以从中确定所需要的图案。

　　（3）颜色：使用填充图案和实体填充的指定颜色替代当前颜色。

　　（4）样例：此选项用来给出一个样本图案。在其右面有一方形图像框，显示出当前用户所选用的填充图案。可以单击该图像，迅速查看或选取已有的填充图案。

　　（5）自定义图案：此下拉列表框用于用户自定义填充图案。只有在"类型"下拉列表框中选用"自定义"选项后，该选项才以正常亮度显示，即允许用户从自己定义的图案文件中选取填充图案。

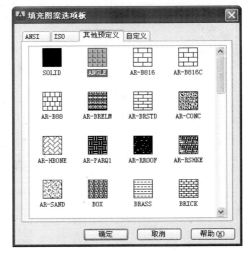

图3-31　图案列表

　　（6）角度：此下拉列表框用于确定填充图案时的旋转角度。每种图案在定义时的旋转角度都为零，用户可以在"角度"文本框内输入所希望的旋转角度值。

　　（7）比例：此下拉列表框用于确定填充图案的比例值。每种图案在定义时的初始比例都为1，用户可以根据需要放大或缩小，方法是在"比例"文本框内输入相应的比例值。

　　（8）双向：用于确定用户临时定义的填充线是一组平行线，还是相互垂直的两组平行线。只有当在"类型"下拉列表框中选用"用户定义"选项，该选项才可以使用。

　　（9）相对图纸空间：确定是否相对于图纸空间单位确定填充图案的比例值。选择此选项，可以按适合于版面布局的比例方便地显示填充图案。该选项仅仅适用于图形版面编排。

　　（10）间距：指定线之间的间距，在"间距"文本框内输入值即可。只有当在"类型"下拉列表框中选用"用户定义"选项，该选项才可以使用。

　　（11）ISO 笔宽：此下拉列表框告诉用户根据所选择的笔宽确定与ISO有关的图案比例。只有选择了已定义的ISO填充图案后，才可以确定它的内容。

　　（12）图案填充原点：控制生成填充图案的起始位置。有些图案填充（如砖块图案）需要与图案填充边界上的一点对齐。默认情况下，所有图案填充原点都对应于当前的 UCS 原点。也可以通过"指定的原点"选项及下面一级的选项重新指定原点。

2. "渐变色"选项卡

　　渐变色是指从一种颜色到另一种颜色的平滑过渡。渐变色能产生光的效果，可以为图形添加视觉效果。单击该选项卡，系统打开如图3-32所示的对话框，其中各选项含义如下。

　　（1）"单色"单选按钮：用单色对所选择对象进行渐变填充。其下面的显示框显示用户所选择的真彩色，单击右边的小方钮，系统打开"选择颜色"对话框，如图3-33所示。该对话框在后面详细介绍，这里不再赘述。

　　（2）"双色"单选按钮：用双色对所选择对象进行渐变填充。填充颜色将从颜色1渐变到颜色2。

颜色1和颜色2的选取与单色选取类似。

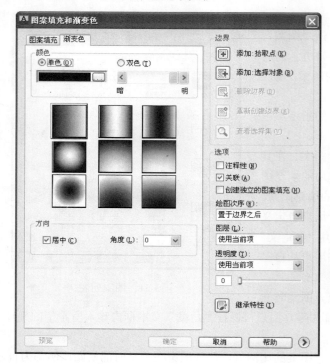

图3-32 "渐变色"选项卡

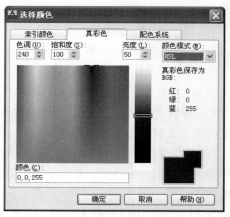

图3-33 "选择颜色"对话框

（3）"渐变方式"样板：在"渐变色"选项卡的下方有9个"渐变方式"样板，分别表示不同的渐变方式，包括线形、球形和抛物线形。

（4）"居中"复选框：该复选框决定渐变填充是否居中。

（5）"角度"下拉列表框：在该下拉列表框中选择角度，此角度为渐变色倾斜的角度。

3．边界

（1）"添加：拾取点"：以选取点的形式自动确定填充区域的边界。在填充的区域内任意单击一点，系统会自动确定出包围该点的封闭填充边界，并且高亮度显示，如图3-34所示。

（a）选择一点

（b）填充区域

（c）填充结果

图3-34 边界确定

（2）"添加：选择对象"：以选取对象的方式确定填充区域的边界。可以根据需要选取构成填充区域的边界。同样，被选择的边界也会以高亮度显示，如图3-35所示。

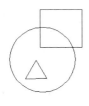

（a）原始图形　　　　　　（b）选取边界对象　　　　　　（c）填充结果

图3-35　选取边界对象

（3）删除边界：从边界定义中删除以前添加的任何对象，如图3-36所示。

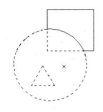 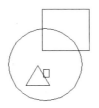 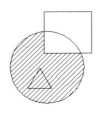

（a）选取边界对象　　　　　　（b）删除边界　　　　　　（c）填充结果

图3-36　废除"岛"后的边界

（4）重新创建边界：围绕选定的图案填充或填充对象创建多段线或面域。

（5）查看选择集：观看填充区域的边界。单击该按钮，系统会临时切换到作图屏幕，将所选择的作为填充边界的对象以高亮方式显示。只有通过"拾取点"按钮或"选择对象"按钮选取了填充边界，"查看选择集"按钮才可以使用。

4.选项

（1）注释性：指定图案填充为注释性。此特性会自动完成缩放注释过程，从而使注释能够以正确的大小在图纸上打印或显示。

（2）关联：此复选框用于确定填充图案与边界的关系。若选择此复选框，那么填充的图案与填充边界保持着关联关系。即图案填充后，当用钳夹（Grips）功能对边界进行拉伸等编辑操作时，系统会根据边界的新位置重新生成填充图案。

（3）创建独立的图案填充：控制当指定了几个独立的闭合边界时，是创建单个图案填充对象，还是创建多个图案填充对象，如图3-37所示。

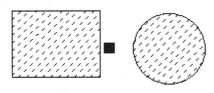 

（a）不独立，选中时是一个整体　　　　　　（b）独立，选中时不是一个整体

图3-37　独立与不独立

（4）绘图次序：指定图案填充的绘图顺序。图案填充可以放在所有其他对象之后、所有其他对象之前、图案填充边界之后或图案填充边界之前。

（5）图层：为指定的图层指定新图案填充对象，替代当前图层。选择"使用当前项"选项可以使用当前图层。

（6）透明度：设定新图案填充或填充的透明度，替代当前对象的透明度。选择"使用当前项"可以使用当前对象的透明度设置。

5. 继承特性

此按钮的作用是继承特性，即选用图中已有的填充图案作为当前的填充图案。

6. 孤岛

（1）孤岛检测：确定是否检测孤岛。

（2）孤岛显示样式：该选项组用于确定图案的填充方式。用户可以从中选取需要的填充方式，默认的填充方式为"普通"。用户也可以在右键快捷菜单中选择填充方式。

7. 边界保留

指定是否将边界保留为对象，并确定应用于这些对象的对象类型是多段线还是面域。

8. 边界集

此选项组用于定义边界集。当单击"添加：拾取点"按钮以根据指定点的方式确定填充区域时，有两种定义边界集的方式：一种是将包围所指定点的最近的有效对象作为填充边界，即"当前视口"选项，该选项是系统的默认方式；另一种方式是用户自己选定一组对象来构造边界，即"现有集合"选项，选定对象通过其后面的"新建"按钮实现，单击该按钮后，系统临时切换到作图屏幕，并提示用户选取作为构造边界集的对象。此时若选取"现有集合"选项，系统会根据用户指定的边界集中的对象来构造一封闭边界。

9. 允许的间隙

设置将对象用作图案填充边界时可以忽略的最大间隙。默认值为0，此值指定对象必须封闭区域而没有间隙。

10. 继承选项

使用"继承选项"创建图案填充时，控制图案填充原点的位置。

3.4.3　编辑填充的图案

利用HATCHEDIT命令，可以编辑已经填充的图案。

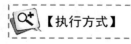【执行方式】

命令行：HATCHEDIT

菜单：修改→对象→图案填充

工具栏：修改II→编辑图案填充

【操作步骤】

执行上述命令后，命令行提示如下。

选择关联填充对象：

选取关联填充物体后，系统打开如图3-38所示的"图案填充编辑"对话框。

在图3-38中，只有正常显示的选项才可以对其进行操作。该对话框中各项的含义与"图案填充和渐变色"对话框中各选项的含义相同。利用该对话框，可以对已经打开的图案进行一系列编辑和修改。

图3-38　"图案填充编辑"对话框

3.4.4　实例——小屋

视频文件：讲解视频\第3章\实例-小屋.avi

01 绘制房屋外框。单击"绘图"工具栏中的"矩形"按钮□，先绘制一个矩形，角点坐标为(210,160)和(400,25)。

单击"绘图"工具栏中的"直线"按钮，坐标为{(210,160)，(@80<45)，(@190<0)，(@135<-90)，(400,25)}。

重复"直线"命令，绘制另一条直线，坐标为{(400,160)，(@80<45)}。

02 绘制窗户。单击"绘图"工具栏中的"矩形"按钮 ⬜，一个矩形的两个角点坐标为(230,125)和(275,90)。另一个矩形的两个角点坐标为(335,125)和(380,90)。

03 绘制门。单击"绘图"工具栏中的"多段线"按钮 ⬣ ，绘制门。命令行提示与操作如下。

```
命令：PL↙
指定起点：288,25↙
当前线宽为 0.0000
指定下一点或 [圆弧(A)/闭合(C)/半宽(H)/长度(L)/放弃(U)/宽度(W)]：288,76↙
指定下一点或 [圆弧(A)/闭合(C)/半宽(H)/长度(L)/放弃(U)/宽度(W)]：A↙
指定圆弧的端点或[角度(A)/圆心(CE)/闭合(CL)/方向(D)/半宽(H)/直线(L)/半径(R)/第二点
(S)/放弃(U)/宽度(W)]：A↙（用给定圆弧的包角方式画圆弧）
指定包含角：-180↙（包含角的值为负，则顺时针画圆弧；反之，则逆时针画圆弧）
指定圆弧的端点或 [圆心(CE)/半径(R)]：322,76↙（给出圆弧端点的坐标值）
指定圆弧的端点或[角度(A)/圆心(CE)/闭合(CL)/方向(D)/半宽(H)/直线(L)/半径(R)/第二点
(S)/放弃(U)/宽度(W)]：1↙
指定下一点或 [圆弧(A)/闭合(C)/半宽(H)/长度(L)/放弃(U)/宽度(W)]：@51<-90↙
指定下一点或 [圆弧(A)/闭合(C)/半宽(H)/长度(L)/放弃(U)/宽度(W)]：↙
```

04 单击"绘图"工具栏中的"图案填充"按钮 ▨，进行填充。命令行提示与操作如下。

```
命令：BHATCH↙（图案填充命令，输入该命令后将出现"图案填充和渐变色"对话框，选择预定义的GRASS
图案，角度为0，比例为1，填充屋顶小草，如图3-39所示）
选择内部点：（单击"拾取点"按钮，用鼠标在屋顶内拾取一点，如图3-40点1所示）
```

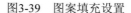

图3-39 图案填充设置

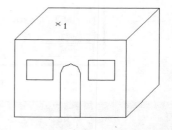

图3-40 拾取点1

返回"图案填充和渐变色"对话框，单击"确定"按钮，系统以选定的图案进行填充。重复"图案填充"命令，选择预定义的ANGLE图案，角度为0，比例为1，拾取如图3-41所示2、3两个位置的点填充窗户。

05 单击"绘图"工具栏中的"图案填充"按钮 ▨，选择预定义的BRSTONE图案，角度为0，比例为0.25，拾取如图3-42所示4位置的点填充小屋前面的砖墙。

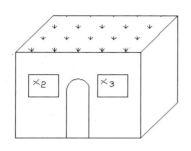

图3-41 拾取点2、点3

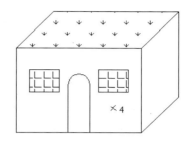

图3-42 拾取点4

06 单击"绘图"工具栏中的"图案填充"按钮，在弹出对话框中选择"渐变色"选项卡，按照图3-43所示进行设置，拾取如图3-44所示5位置的点填充小屋前面的砖墙。最终结果如图3-45所示。

图3-43 "渐变色"选项卡

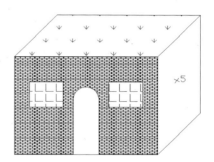

图3-44 拾取点5

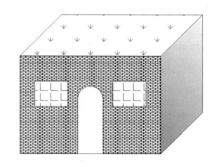

图3-45 田间小屋

07 单击"标准"工具栏中的"保存"按钮，命令行提示与操作如下。

命令：SAVEAS✓ （将绘制完成的图形以"小屋.dwg"为文件名保存在指定的路径中）

3.5 多段线与样条曲线

本节简要讲述多段线和样条曲线绘制方法。

 3.5.1 绘制多段线

多段线是一种由线段和圆弧组合而成的、不同线宽的多线，这种线由于其组合形式多样，线宽可以变化，弥补了直线或圆弧功能的不足，适合绘制各种复杂的图形轮廓，因而得到广泛的应用。

 【执行方式】

命令行：PLINE（PL）
菜单：绘图→多段线
工具栏：绘图→多段线

 【操作步骤】

命令：PLINE↙
指定起点：（指定多段线的起点）
当前线宽为 0.0000
指定下一个点或 [圆弧(A)/半宽(H)/长度(L)/放弃(U)/宽度(W)]：（指定多段线的下一点）

 【选项说明】

多段线主要由连续的、不同宽度的线段或圆弧组成，如果在上述提示中选择"圆弧"选项，则命令行提示：

指定圆弧的端点或[角度(A)/圆心(CE)/方向(D)/半宽(H)/直线(L)/半径(R)/第二个点(S)/放弃(U)/宽度(W)]：

绘制圆弧的方法与"圆弧"命令相似。

3.5.2 实例——酒杯

视频文件：讲解视频\第3章\实例－酒杯.avi

本例绘制如图3-46所示的酒杯图案。

图3-46 酒杯图案

01 单击"绘图"工具栏中的"多段线"按钮，绘制外部轮廓，命令行提示与操作如下。

命令：_PLINE↙

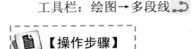

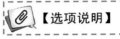

命令：_PLINE↙

```
指定起点: 0,0
当前线宽为 0.0000
指定下一个点或 [圆弧(A)/半宽(H)/长度(L)/放弃(U)/宽度(W)]: A✓
指定圆弧的端点或 [角度(A)/圆心(CE)/方向(D)/半宽(H)/直线(L)/半径(R)/第二个点(S)/
放弃(U)/宽度(W)]: S✓
指定圆弧上的第二个点: -1,5✓
指定圆弧的端点: 0,10✓
指定圆弧的端点或 [角度(A)/圆心(CE)/闭合(CL)/方向(D)/半宽(H)/直线(L)/半径(R)/
第二个点(S)/放弃(U)/宽度(W)]: S✓
指定圆弧上的第二个点: 9,80✓
指定圆弧的端点: 12.5,143✓
指定圆弧的端点或 [角度(A)/圆心(CE)/闭合(CL)/方向(D)/半宽(H)/直线(L)/半径(R)/
第二个点(S)/放弃(U)/宽度(W)]: S✓
指定圆弧上的第二个点: -21.7,161.9✓
指定圆弧的端点: -58.9,173✓
指定圆弧的端点或 [角度(A)/圆心(CE)/闭合(CL)/方向(D)/半宽(H)/直线(L)/半径(R)/
第二个点(S)/放弃(U)/宽度(W)]: S✓
指定圆弧上的第二个点: -61,177.7✓
指定圆弧的端点: -58.3,182✓
指定圆弧的端点或 [角度(A)/圆心(CE)/闭合(CL)/方向(D)/半宽(H)/直线(L)/半径(R)/
第二个点(S)/放弃(U)/宽度(W)]: L✓
指定下一点或 [圆弧(A)/闭合(C)/半宽(H)/长度(L)/放弃(U)/宽度(W)]: 100.5,182✓
指定下一点或 [圆弧(A)/闭合(C)/半宽(H)/长度(L)/放弃(U)/宽度(W)]: A✓
指定圆弧的端点或 [角度(A)/圆心(CE)/闭合(CL)/方向(D)/半宽(H)/直线(L)/半径(R)/
第二个点(S)/放弃(U)/宽度(W)]: S✓
指定圆弧上的第二个点: 102.3,179✓
指定圆弧的端点: 100.5,176✓
指定圆弧的端点或 [角度(A)/圆心(CE)/闭合(CL)/方向(D)/半宽(H)/直线(L)/半径(R)/
第二个点(S)/放弃(U)/宽度(W)]: L✓
指定下一点或 [圆弧(A)/闭合(C)/半宽(H)/长度(L)/放弃(U)/宽度(W)]: 129.7,176✓
指定下一点或 [圆弧(A)/闭合(C)/半宽(H)/长度(L)/放弃(U)/宽度(W)]: 125,186.7✓
指定下一点或 [圆弧(A)/闭合(C)/半宽(H)/长度(L)/放弃(U)/宽度(W)]: 132,190.4✓
指定下一点或 [圆弧(A)/闭合(C)/半宽(H)/长度(L)/放弃(U)/宽度(W)]: A✓
指定圆弧的端点或[角度(A)/圆心(CE)/闭合(CL)/方向(D)/半宽(H)/直线(L)/半径(R)/
第二个点(S)/放弃(U)/宽度(W)]: S✓
指定圆弧上的第二个点: 141.3,149.3✓
指定圆弧的端点: 127,109.8✓
指定圆弧的端点或 [角度(A)/圆心(CE)/闭合(CL)/方向(D)/半宽(H)/直线(L)/半径(R)/
第二个点(S)/放弃(U)/宽度(W)]: S✓
指定圆弧上的第二个点: 110.7,99.8✓
指定圆弧的端点: 91.6,97.5✓
指定圆弧的端点或 [角度(A)/圆心(CE)/闭合(CL)/方向(D)/半宽(H)/直线(L)/半径(R)/
第二个点(S)/放弃(U)/宽度(W)]: S✓
指定圆弧上的第二个点: 93.8,51.2✓
指定圆弧的端点: 110,3.6✓
指定圆弧的端点或 [角度(A)/圆心(CE)/闭合(CL)/方向(D)/半宽(H)/直线(L)/半径(R)/
第二个点(S)/放弃(U)/宽度(W)]: S✓
指定圆弧上的第二个点: 109.4,1.9✓
指定圆弧的端点: 108.3,0✓
指定圆弧的端点或 [角度(A)/圆心(CE)/闭合(CL)/方向(D)/半宽(H)/直线(L)/半径(R)/
第二个点(S)/放弃(U)/宽度(W)]: L✓
指定下一点或 [圆弧(A)/闭合(C)/半宽(H)/长度(L)/放弃(U)/宽度(W)]: C✓
```

绘制结果如图3-47所示。

02 单击"绘图"工具栏中的"多段线"按钮┗⊃，绘制把手，如图3-48所示。命令行提示与操作如下。

```
命令: _PLINE✓
```

```
指定起点: 97.3,169.8↙
当前线宽为 0.0000
指定下一个点或 [圆弧(A)/半宽(H)/长度(L)/放弃(U)/宽度(W)]: 127.6,169.8↙
指定下一点或 [圆弧(A)/闭合(C)/半宽(H)/长度(L)/放弃(U)/宽度(W)]: A↙
指定圆弧的端点或 [角度(A)/圆心(CE)/闭合(CL)/方向(D)/半宽(H)/直线(L)/半径(R)/
第二个点(S)/放弃(U)/宽度(W)]: S↙
指定圆弧上的第二个点: 131,155.3↙
指定圆弧的端点: 130.1,142.2↙
指定圆弧的端点或 [角度(A)/圆心(CE)/闭合(CL)/方向(D)/半宽(H)/直线(L)/半径(R)/
第二个点(S)/放弃(U)/宽度(W)]: S↙
指定圆弧上的第二个点: 119.5,117.9↙
指定圆弧的端点:94.9,107.8
指定圆弧的端点或 [角度(A)/圆心(CE)/闭合(CL)/方向(D)/半宽(H)/直线(L)/半径(R)/
第二个点(S)/放弃(U)/宽度(W)]: S↙
指定圆弧上的第二个点:92.7,107 .8
指定圆弧的端点:90.8,109.1
指定圆弧的端点或 [角度(A)/圆心(CE)/闭合(CL)/方向(D)/半宽(H)/直线(L)/.半径(R)/
第二个点(S)/放弃(U)/宽度(W)]: S↙
指定圆弧上的第二个点:88.3,136.3
指定圆弧的端点:91.4,163.3
指定圆弧的端点或 [角度(A)/圆心(CE)/闭合(CL)/方向(D)/半宽(H)/直线(L)/半径(R)/
第二个点(S)/放弃(U)/宽度(W)]: S↙
指定圆弧上的第二个点:93,167.8
指定圆弧的端点:97.3,169.8
指定圆弧的端点或 [角度(A)/圆心(CE)/闭合(CL)/方向(D)/半宽(H)/直线(L)/半径(R)/
第二个点(S)/放弃(U)/宽度(W)]: ↙
```

03 用户可以根据自己的喜好，在酒杯上加上自己喜欢的图案，如图3-49所示。

图 3-47　绘制外部轮廓　　　　图 3-48　绘制把手　　　　图 3-49　酒杯

3.5.3　绘制样条曲线

　　AutoCAD 使用一种称为非一致有理B样条（NURBS）曲线的特殊样条曲线类型。NURBS 曲线在控制点之间产生一条光滑的曲线，如图3-50所示。样条曲线可 以用于创建形状不规则的曲线，例如为地理信息系统（GIS）应用或汽车设计绘制轮廓线。

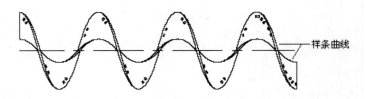

图3-50　样条曲线

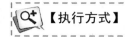

【执行方式】

命令行：SPLINE

菜单：绘图→样条曲线

工具栏：绘图→样条曲线

【操作步骤】

```
命令：SPLINE↙
当前设置：方式=拟合　节点=弦
指定第一个点或［方式(M)/节点(K)/对象(O)］：（指定样条曲线的起点）
输入下一个点或［起点切向(T)/公差(L)］：（输入下一个点）
输入下一个点或［端点相切(T)/公差(L)/放弃(U)］：（输入下一个点）
输入下一个点或［端点相切(T)/公差(L)/放弃(U)/闭合(C)］：
```

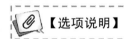

【选项说明】

1. 方式（M）

控制是使用拟合点还是使用控制点来创建样条曲线，选项会因选择使用拟合点创建样条曲线还是使用控制点创建样条曲线而异。

- ◆ 拟合（F）：通过指定拟合点来绘制样条曲线。更改"方式"选项，将更新SPLMETHOD系统变量。
- ◆ 控制点（CV）：通过指定控制点来绘制样条曲线。如果要创建与三维 NURBS 曲面配合使用的几何图形，此方法为首选方法。更改"方式"选项，将更新SPLMETHOD系统变量。

2. 节点（K）

指定节点参数化，它会影响曲线在通过拟合点时的形状（SPLKNOTS 系统变量）。

- ◆ 弦：使用代表编辑点在曲线上位置的十进制数点进行编号。
- ◆ 平方根：根据连续节点间弦长的平方根对编辑点进行编号。
- ◆ 统一：使用连续的整数对编辑点进行编号。

3. 对象（O）

将二维或三维的二次或三次样条曲线拟合多段线转换为等价的样条曲线，然后根据 DELOBJ 系统变量的设置删除该多段线。

4. 起点切向（T）

定义样条曲线的第一点和最后一点的切向。

如果在样条曲线的两端都指定切向，可以输入一个点或者使用"切点"和"垂足"对象捕捉模式，使样条曲线与已有的对象相切或垂直。如果按Enter键，系统将计算默认切向。

5. 公差（L）

指定距样条曲线必须经过的指定拟合点的距离。公差应用于除起点和端点外的所有拟合点。

6. 端点相切（T）

停止基于切向创建曲线，可以通过指定拟合点继续创建样条曲线，选择"端点相切"后，将提示指定最后一个输入拟合点的最后一个切点。

7. 放弃（U）

删除最后一个指定点。

8. 闭合（C）

通过将最后一个点定义为与第一个点重合并使其在连接处相切，闭合样条曲线。可以指定一点来定义切向矢量，或者使用"切点"和"垂足"对象捕捉模式使样条曲线与现有对象相切或垂直。

⬤ 3.5.4 实例——雨伞

📁 视频文件：讲解视频\第3章\实例－雨伞.avi

本例绘制如图3-51所示的雨伞图形。

01 单击"绘图"工具栏中的"圆弧"按钮，绘制伞的外框，命令行提示与操作如下。

```
命令：ARC✓
指定圆弧的起点或 [圆心(C)]：C✓
指定圆弧的圆心：(在屏幕上指定圆心)
指定圆弧的起点：(在屏幕上圆心位置右边指定圆弧的起点)
指定圆弧的端点或[角度(A)/弦长(L)]：A✓
指定包含角：180✓ (注意角度的逆时针转向)
```

图3-51 雨伞

02 单击"绘图"工具栏中的"样条曲线"按钮，绘制伞的底边，命令行提示与操作如下。

```
命令：SPLINE✓
指定第一个点或 [方式(M)/节点(K)/对象(O)]：(指定样条曲线的起点)
输入下一个点或 [起点切向(T)/公差(L)]：(输入下一个点)
输入下一个点或 [端点相切(T)/公差(L)/放弃(U)/闭合(C)]：(指定样条曲线的下一个点)
输入下一个点或 [端点相切(T)/公差(L)/放弃(U)/闭合(C)]：(指定样条曲线的下一个点)
输入下一个点或 [端点相切(T)/公差(L)/放弃(U)/闭合(C)]：(指定样条曲线的下一个点)
输入下一个点或 [端点相切(T)/公差(L)/放弃(U)/闭合(C)]：(指定样条曲线的下一个点)
输入下一个点或 [端点相切(T)/公差(L)/放弃(U)/闭合(C)]：(指定样条曲线的下一个点)
输入下一个点或 [端点相切(T)/公差(L)/放弃(U)/闭合(C)]：✓
指定起点切向：(指定一点并右击确认)
指定端点切向：(指定一点并右击确认)
```

03 单击"绘图"工具栏中的"圆弧"按钮，绘制伞面，命令行提示与操作如下。

```
命令：ARC✓
指定圆弧的起点或 [圆心(C)]：(指定圆弧的起点)
指定圆弧的第二个点或[圆心(C)/端点(E)]：(指定圆弧的第二个点)
指定圆弧的端点：(指定圆弧的端点)
```

图3-52 绘制伞面

重复"圆弧"命令，绘制另外4段圆弧，结果如图3-52所示。

04 单击"绘图"工具栏中的"多段线"按钮，绘制伞顶和伞把，命令行提示与操作如下。

```
命令：PLINE↙
指定起点：（指定伞顶起点）
当前线宽为 3.0000
指定下一个点或 [圆弧(A)/半宽(H)/长度(L)/放弃(U)/宽度(W)]：W↙
指定起点宽度 <3.0000>:4↙
指定端点宽度 <4.0000>:2↙
指定下一个点或 [圆弧(A)/半宽(H)/长度(L)/放弃(U)/宽度(W)]：（指定伞顶终点）
指定下一点或 [圆弧(A)/闭合(C)/半宽(H)/长度(L)/放弃(U)/宽度(W)]:U↙（觉得位置不合适,取消）
指定下一个点或 [圆弧(A)/半宽(H)/长度(L)/放弃(U)/宽度(W)]：（重新指定伞顶终点）
指定下一点或 [圆弧(A)/闭合(C)/半宽(H)/长度(L)/放弃(U)/宽度(W)]：（右击确认）
命令：PLINE↙
指定起点：（指定伞把起点）
当前线宽为2.0000
指定下一个点或 [圆弧(A)/半宽(H)/长度(L)/放弃(U)/宽度(W)]：H↙
指定起点半宽 <1.0000>: 1.5↙
指定端点半宽 <1.5000>: ↙
指定下一个点或 [圆弧(A)/半宽(H)/长度(L)/放弃(U)/宽度(W)]：（指定下一点）
指定下一点或 [圆弧(A)/闭合(C)/半宽(H)/长度(L)/放弃(U)/宽度(W)]:A↙
指定圆弧的端点或 [角度(A)/圆心(CE)/闭合(CL)/方向(D)/半宽(H)/直线(L)/半径(R)/
第二个点(S)/放弃(U)/宽度(W)]：（指定圆弧的端点）
指定圆弧的端点或 [角度(A)/圆心(CE)/闭合(CL)/方向(D)/半宽(H)/直线(L)/半径(R)/
第二个点(S)/放弃(U)/宽度(W)]：（右击确认）
```

最终绘制的图形如图3-51所示。

3.6 多线

多线是一种复合线，由连续的直线段复合组成。这种线的一个突出优点是能够提高绘图效率，保证图线之间的统一性。

3.6.1 绘制多线

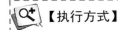【执行方式】

命令行：MLINE
菜单：绘图→多线

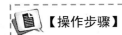【操作步骤】

```
命令：MLINE↙
当前设置：对正 = 上，比例 = 20.00，样式 = STANDARD
指定起点或 [对正(J)/比例(S)/样式(ST)]：（指定起点）
指定下一点：（指定下一点）
指定下一点或 [放弃(U)]：（继续指定下一点绘制线段。输入U，则放弃前一段的绘制；右击或按Enter
键，结束命令）
指定下一点或 [闭合(C)/放弃(U)]：（继续指定下一点绘制线段。输入C，则闭合线段，结束命令）
```

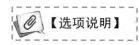

1. 对正（J）

该选项用于给定绘制多线的基准。共有3种对正类型："上"、"无"和"下"。其中，"上"表示以多线上侧的线为基准，依此类推。

2. 比例（S）

选择该项，要求用户设置平行线的间距。输入值为零时，平行线重合；值为负时，多线的排列倒置。

3. 样式（ST）

该选项用于设置当前使用的多线样式。

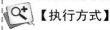

3.6.2　编辑多线

【执行方式】

命令行：MLEDIT
菜单：修改→对象→多线

【操作步骤】

执行上述命令后，打开"多线编辑工具"对话框，如图3-53所示。

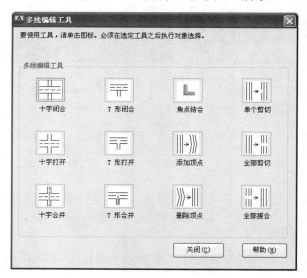

图3-53　"多线编辑工具"对话框

利用该对话框，可以创建或修改多线的模式。对话框中分4列显示了示例图形。其中，第一列管理十字交叉形式的多线，第二列管理T形多线，第三列管理拐角接合点和节点，第四列管理多线被剪切或连接的形式。

单击某个示例图形，就可以调用该项编辑功能。

下面以"十字打开"为例介绍多线编辑方法，把选择的两条多线进行打开交叉。选择该选项后，出现如下提示。

选择第一条多线：（选择第一条多线）
选择第二条多线：（选择第二条多线）

选择完毕后，第二条多线被第一条多线横断交叉。命令行继续提示：

选择第一条多线：

可以继续选择多线进行操作。选择"放弃"选项，会撤销前次操作。操作过程和执行结果如图3-54所示。

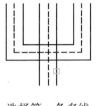 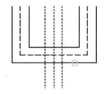 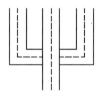

选择第一条多线　　　　　　选择第二条多线　　　　　　执行结果

图3-54　多线编辑过程

3.6.3　实例——墙体

 视频文件：讲解视频\第3章\实例－墙体.avi

01 单击"绘图"工具栏中的"构造线"按钮，绘制出一条水平构造线和一条竖直构造线，组成"十"字构造线，如图3-55所示。继续绘制辅助线，命令行提示与操作如下。

命令：XLINE✓
指定点或 [水平(H)/垂直(V)/角度(A)/二等分(B)/偏移(O)]：O✓
指定偏移距离或 [通过(T)] <通过>：3120
选择直线对象：（选择刚绘制的水平构造线）
指定向哪侧偏移：（向上偏移）
选择直线对象：

用相同方法，将偏移得到的水平构造线依次向上偏移5100、1800和3000，绘制的水平构造线如图3-56所示。用同样方法绘制垂直构造线，向右依次偏移3900、1800、2100和4500，结果如图3-57所示。

 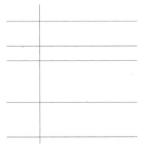 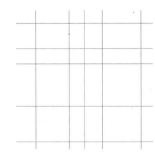

图3-55　十字构造线　　　图3-56　水平方向的主要辅助线　　图3-57　居室的辅助线网格

02 选择菜单栏中的"格式"→"多线样式"命令，系统打开"多线样式"对话框，在该对话框中单击"新建"按钮，系统打开"创建新的多线样式"对话框，在该对话框的"新样式名"文本框中键入"墙体线"，单击"继续"按钮，系统打开新建多线样式对话框，进行如图3-58所示的设置。

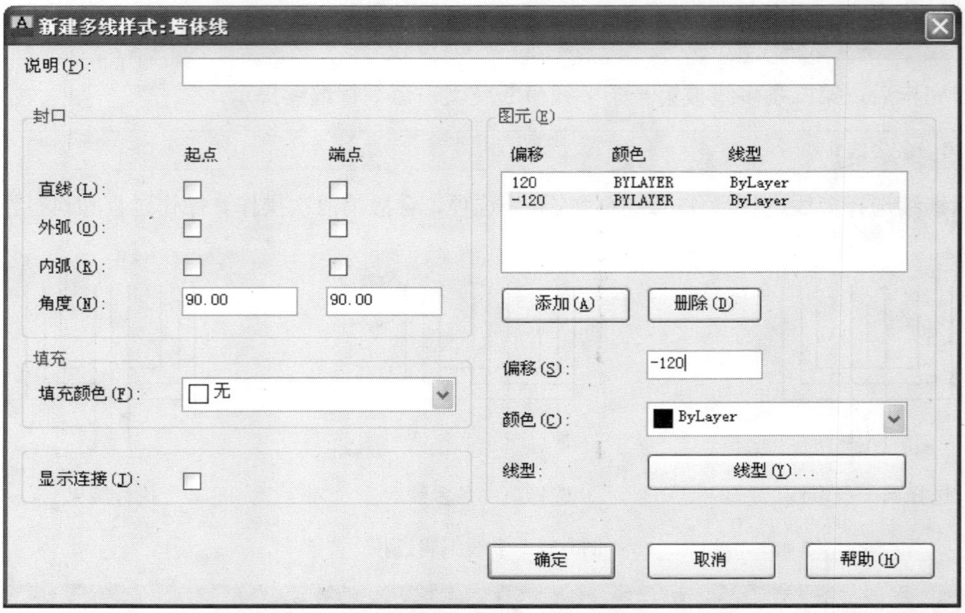

图3-58　设置多线样式

03 选择菜单栏中的"绘图"→"多线"命令，绘制多线墙体。命令行提示与操作如下。

```
命令: MLINE✓
当前设置: 对正 = 上，比例 = 20.00，样式 = STANDARD
指定起点或 [对正(J)/比例(S)/样式(ST)]: S✓
输入多线比例 <20.00>: 1✓
当前设置: 对正 = 上，比例 = 1.00，样式 = STANDARD
指定起点或 [对正(J)/比例(S)/样式(ST)]: J✓
输入对正类型 [上(T)/无(Z)/下(B)] <上>: Z✓
当前设置: 对正 = 无，比例 = 1.00，样式 = STANDARD
指定起点或 [对正(J)/比例(S)/样式(ST)]: (在绘制的辅助线交点上指定一点)
指定下一点: (在绘制的辅助线交点上指定下一点)
指定下一点或 [放弃(U)]: (在绘制的辅助线交点上指定下一点)
指定下一点或 [闭合(C)/放弃(U)]: (在绘制的辅助线交点上指定下一点)
指定下一点或 [闭合(C)/放弃(U)]: C✓
```

用相同方法根据辅助线网格绘制多线，绘制结果如图3-59所示。

04 选择菜单栏中的"修改"→"对象"→"多线"命令，系统打开"多线编辑工具"对话框，如图3-60所示。单击其中的"T形合并"图标，命令行提示与操作如下。

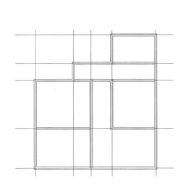

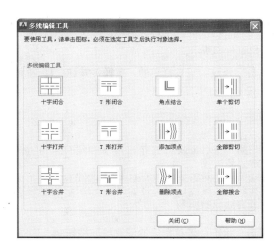

图3-59　全部多线绘制结果　　　　　　　　图3-60　"多线编辑工具"对话框

命令：MLEDIT↙
选择第一条多线：（选择多线）
选择第二条多线：（选择多线）
选择第一条多线或［放弃(U)］：（选择多线）
选择第一条多线或［放弃(U)］：↙

用同样方法继续进行多线编辑，编辑的最终结果如图3-61所示。

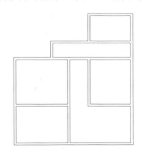

图3-61　墙体

05 单击"标准"工具栏中的"保存"按钮🔒，保存图形。命令行提示与操作如下。

命令：SAVEAS↙　　（将绘制完成的图形以"墙体.dwg"为文件名保存在指定的路径中）

3.7 . 综合实例——小便器

光盘路径 ┊ 视频文件：讲解视频\第3章\综合实例-小便器.avi

本例绘制如图3-62所示的小便器。首先利用"直线"命令绘制小便池的大体轮廓，然后利用"圆角"命令对其倒圆角，最后利用直线和多段线绘制水龙头。

01 单击"绘图"工具栏中的"矩形"按钮▭，指定坐标点{(0,0),(400,1000)}绘制矩形。重复"矩形"命令，绘制另外3个矩形，角点坐标分别为{(0,150)，(45,1000)}、{(45,150),(355,950)}、{(355,150),(400,1000)}，绘制结果如图3-63所示。

02 单击"修改"工具栏中的"圆角"按钮◻，圆角半径设为40，将中间的矩形进行圆角处理。命令行提示与操作如下。

```
命令：_FILLET
当前设置：模式 = 修剪，半径 =0.0000
选择第一个对象或 [放弃(U)/多段线(P)/半径(R)/修剪(T)/多个(M)]：R✓
指定圆角半径：40
选择第一个对象或 [放弃(U)/多段线(P)/半径(R)/修剪(T)/多个(M)]：P✓
选择二维多段线：（选择如图3-63所示的矩形）
4 条直线已被圆角
```

03 单击"绘图"工具栏中的"直线"按钮╱，指定角点坐标{(45,150),(355,150)}绘制直线。命令行提示与操作如下。

```
命令：_line
指定第一点：45,150✓
指定下一点或 [放弃(U)]：355,150✓
指定下一点或 [放弃(U)]：✓
```

绘制结果如图3-64所示。

图3-62　小便器

图 3-63　绘制矩形

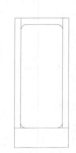

图 3-64　圆角处理

04 单击"绘图"工具栏中的"直线"按钮╱，指定坐标点(187.5,1000),(189.5,1010),(210.5,1000)绘制直线。

05 单击"绘图"工具栏中的"矩形"按钮▢，指定坐标点{(192,1010),(207 .5,1110)}绘制矩形。重复"矩形"命令，绘制另两个矩形，角点坐标分别为{(172.5,1160)，(227.5,1170)}、{(190,1170)，(210,1180)}。

06 单击"绘图"工具栏中的"多段线"按钮◟，绘制多段线。命令行提示与操作如下。

```
命令：_PLINE✓
指定起点：177.5,1160✓
当前线宽为 0.0000
指定下一个点或 [圆弧(A)/半宽(H)/长度(L)/放弃(U)/宽度(W)]：177.5,1131✓
指定下一点或 [圆弧(A)/闭合(C)/半宽(H)/长度(L)/放弃(U)/宽度(W)]：A✓
指定圆弧的端点或[角度(A)/圆心(CE)/闭合(CL)/方向(D)/半宽(H)/直线(L)/半径(R)/
第二个点(S)/放弃(U)/宽度(W)]：@45,0✓
```

指定圆弧的端点或 [角度(A)/圆心(CE)/闭合(CL)/方向(D)/半宽(H)/直线(L)/半径(R)/
第二个点(S)/放弃(U)/宽度(W)]: L✓
指定下一点或 [圆弧(A)/闭合(C)/半宽(H)/长度(L)/放弃(U)/宽度(W)]: 222.5,1160✓
指定下一点或 [圆弧(A)/闭合(C)/半宽(H)/长度(L)/放弃(U)/宽度(W)]: ✓

07 可单击"绘图"工具栏中的"圆"按钮 ⊘,绘制圆。命令行提示与操作如下。

命令:CIRCLE 指定圆的圆心或 [三点(3P)/两点(2P)/切点、切点、半径(T)]: 200,1120✓
指定圆的半径或 [直径(D)] <0.0000>: 10✓

绘制结果如图3-62所示。

3.8 上机实验

实验1 绘制椅子平面图

绘制如图3-65所示的椅子平面图。

图3-65 椅子平面图

 操作提示:

(1) 利用"圆"命令绘制椅座。
(2) 利用"圆弧"和"直线"命令绘制椅子平面图。

实验2 绘制浴盆

绘制如图3-66所示的浴盆。

图3-66 浴盆

 操作提示:

利用"多段线"命令绘制浴盆。

第4章

基本绘图工具

　　AutoCAD 2013提供了图层工具，对每个图层规定其颜色和线型，并把具有相同特征的图形对象放在同一图层上绘制，绘图时不用分别设置对象的线型和颜色，这样不仅方便绘图，而且存储图形时只需存储其几何数据和所在图层，既节省了存储空间，又可以提高工作效率。为了快捷、准确地绘制图形，AutoCAD 2013还提供了多种必要的和辅助的绘图工具，如工具栏、对象选择工具、对象捕捉工具、栅格和正交模式等。利用这些工具，可以方便、迅速、准确地实现图形的绘制和编辑，不仅可以提高工作效率，而且能更好地保证图形的质量。

内容要点

- ◆ 图层设计
- ◆ 精确定位工具和对象捕捉工具
- ◆ 对象约束
- ◆ 缩放与平移

4.1 图层设计

图层的概念类似投影片，将不同属性的对象分别画在不同的投影片（图层）上。例如将图形的主要线段、中心线、尺寸标注等分别画在不同的图层上，每个图层可以设定不同的线型、线条颜色，然后把不同的图层堆栈在一起成为一张完整的视图，如此可使视图层次分明、有条理，方便图形对象的编辑与管理。一个完整的图形，就是它所包含的所有图层上的对象叠加在一起，如图4-1所示。

在用图层功能绘图之前，首先要对图层的各项特性进行设置，包括建立和命名图层、设置当前图层、设置图层的颜色和线型，以及图层是否关闭、是否冻结、是否锁定和图层删除等。本节主要对图层的这些相关操作进行介绍。

图4-1 图层效果

4.1.1 设置图层

AutoCAD 2013提供了详细直观的"图层特性管理器"对话框，用户可以方便地通过对该对话框中的各选项及其二级对话框进行设置，从而实现建立新图层、设置图层颜色及线型等各种操作。

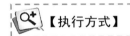【执行方式】

命令行：LAYER
菜单：格式→图层
工具栏：图层→图层特性管理器

【操作步骤】

命令：LAYER✓

系统打开如图 4-2 所示的"图层特性管理器"对话框。

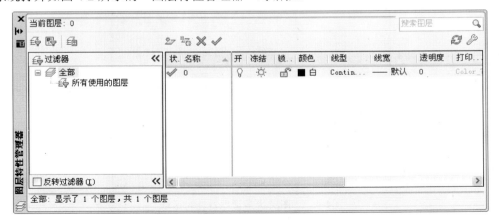

图4-2 "图层特性管理器"对话框

【选项说明】

（1）"新建特性过滤器"按钮 ：显示"图层过滤器特性"对话框，如图4-3所示。从中可以基于一个或多个图层特性创建图层过滤器。

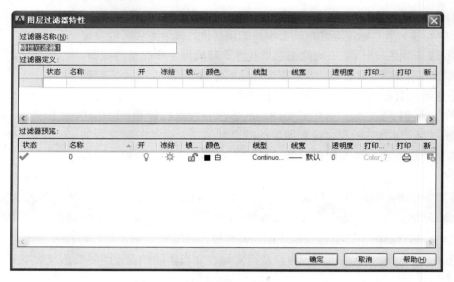

图4-3　"图层过滤器特性"对话框

（2）"新建组过滤器"按钮 ：创建一个图层过滤器，其中包含用户选定并添加到该过滤器的图层。

（3）"图层状态管理器"按钮 ：显示"图层状态管理器"对话框，如图4-4所示。从中可以将图层的当前特性设置保存到命名图层状态中，以后可以再恢复这些设置。

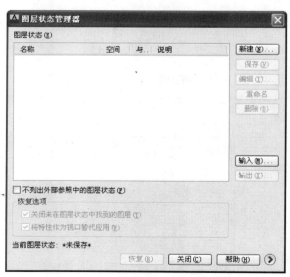

图4-4　"图层状态管理器"对话框

（4）"新建图层"按钮 ：建立新图层。单击此按钮，图层列表中出现一个新的图层名字"图层1",用户可使用此名字,也可改名。要想同时产生多个图层,可选中一个图层名后,输入多个名字,各名字之间以逗号分隔。图层的名字可以包含字母、数字、空格和特殊符号,AutoCAD 2013支持长达255个字符的图层名字。新的图层继承了建立新图层时所选中的已有图层的所有特性(颜色、线型、ON/OFF状态等)。如果新建图层时没有图层被选中,则新图层具有默认的设置。

(5)"删除图层"按钮✖：删除所选图层。在图层列表中选中某一图层,然后单击此按钮,则把该层删除。

(6)"置为当前"按钮✔：设置当前图层。在图层列表中选中某一图层,然后单击此按钮,则把该层设置为当前层,并在"当前图层"栏中显示其名字。当前图层的名字存储在系统变量CLAYER中。另外,双击图层名,也可把该层设置为当前层。

(7)"搜索图层"文本框：输入字符时,按名称快速过滤图层列表。关闭图层特性管理器时,并不保存此过滤器。

(8)"反向过滤器"复选框：打开此复选框,显示所有不满足选定图层特性过滤器中条件的图层。

(9)图层列表区：显示已有的图层及其特性。要修改某一图层的某一特性,单击它所对应的图标即可。右击空白区域或利用快捷菜单,可快速选中所有图层。列表区中各列的含义如下。

① 名称：显示满足条件的图层的名字。如果要对某层进行修改,首先要选中该层,使其反相显示。

② 状态转换图标：在"图层特性管理器"对话框的"名称"栏后有一行图标。移动指针到图标上,单击鼠标左键可以打开或关闭该图标所代表的功能,或从详细数据区中勾选或取消勾选关闭(💡/💡)、锁定(🔓/🔒)、在所有视口内冻结(☼/❄)及不打印(🖨/🖨)等项目,各图标功能说明如表4-1所示。

表4-1 各图标功能

图示	名称	功能说明
💡/💡	打开/关闭	将图层设定为打开或关闭状态。当呈现关闭状态时,该图层上的所有对象将隐藏不显示,只有打开状态的图层会在屏幕上显示或由打印机中打印出来。因此,绘制复杂的视图时,先将不编辑的图层暂时关闭,可降低图形的复杂性。图4-5(a)和图4-5(b)分别表示文字标注图层打开和关闭的情形
☼/❄	解冻/冻结	将图层设定为解冻或冻结状态。当图层呈现冻结状态时,该图层上的对象均不会显示在屏幕上或由打印机打出,而且不会执行"重画"(REGEN)、"缩放"(ROOM)、"平移"(PAN)等命令的操作,因此若将视图中不编辑的图层暂时冻结,可以加快执行绘图编辑的速度。而💡/💡(打开/关闭)功能只是单纯将对象隐藏,因此并不会加快执行速度
🔓/🔒	解锁/锁定	将图层设定为解锁或锁定状态。被锁定的图层,仍然显示在画面上,但不能用编辑命令修改被锁定的对象,只能绘制新的对象,如此可以防止重要的图形被误修改
🖨/🖨	打印/不打印	设定该图层是否可以打印

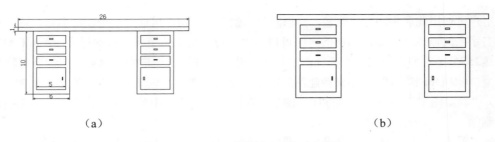

（a）　　　　　　　　　　　　　　（b）

图4-5　打开或关闭文字标注图层

③ 颜色：显示和改变图层的颜色。如果要改变某一层的颜色，单击其对应的颜色图标，系统打开如图4-6所示的"选择颜色"对话框，用户可以从中选取需要的颜色。

④ 线型：显示和修改图层的线型。如果要修改某一层的线型，单击该层的"线型"项，打开"选择线型"对话框，如图4-7所示，其中列出了当前可用的线型，用户可以从中选取。

图4-6　"选择颜色"对话框

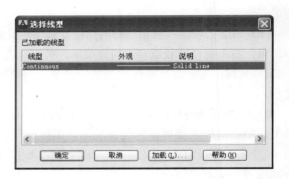

图4-7　"选择线型"对话框

⑤ 线宽：显示和修改图层的线宽。如果要修改某一层的线宽，单击该层的"线宽"项，打开"线宽"对话框，如图4-8所示。其中，"线宽"列表框显示可以选用的线宽值，包括一些绘图中经常用到的线宽，用户可以从中选取需要的线宽。"旧的"显示行显示前面赋予图层的线宽。当建立一个新图层时，采用默认线宽（其值为0.01in，即0.25 mm），默认线宽的值由系统变量LWDEFAULT设置。"新的"显示行显示赋予图层的新的线宽。

⑥ 打印样式：修改图层的打印样式。所谓打印样式，是指打印图形时各项属性的设置。

AutoCAD 2013提供了一个"特性"工具栏，如图4-9所示。用户能够控制和使用工具栏上的工具图标快速地查看和改变所选对象的图层、颜色、线型和线宽等特性。

图4-8　"线宽"对话框

图4-9　"特性"工具栏

"特性"工具栏上的图层颜色、线型、线宽和打印样式的控制增强了查看和编辑对象属性的命令。在绘图屏幕上选择任何对象，都将在工具栏上自动显示它所在图层、颜色、线型等属性。下面把"特性"工具栏各部分的功能简单说明一下。

- ◆ "颜色控制"下拉列表框：单击右侧的向下箭头，打开一个下拉列表，用户可以从中选择当前颜色，如果选择"选择颜色"选项，系统打开"选择颜色"对话框，以选择其他颜色。修改当前颜色之后，不论在哪个图层上绘图，都采用这种颜色，但对各个图层的颜色设置没有影响。

- ◆ "线型控制"下拉列表框：单击右侧的向下箭头，打开一个下拉列表，用户可从中选择某一线型使之成为当前线型。修改当前线型之后，不论在哪个图层上绘图，都采用这种线型，但对各个图层的线型设置没有影响。

- ◆ "线宽"下拉列表框：单击右侧的向下箭头，打开一个下拉列表，用户可以从中选择一个线宽，使之成为当前线宽。修改当前线宽之后，不论在哪个图层上绘图，都采用这种线宽，但对各个图层的线宽设置没有影响。

- ◆ "打印类型控制"下拉列表框：单击右侧的向下箭头，打开一个下拉列表，用户可以从中选择一种打印样式，使之成为当前打印样式。

4.1.2 图层的线型

在国家标准GB/T 4457.4-1984中，对机械制图图样中使用的各种图线的名称、线型、线宽及在图样中的应用作了规定（如表1-2所示）。图线分为粗、细两种，粗线的宽度b应按图样的大小和图形的复杂程度，在0.5~2mm之间选择，细线的宽度约为b/2。

打开"图层特性管理器"对话框，如图4-2所示。在图层列表的"线型"项下单击线型名，系统打开"选择线型"对话框，如图4-7所示。对话框中选项含义如下。

（1）"已加载的线型"列表框：显示在当前绘图中加载的线型，可供用户选用，列表框中的"外观"选项下显示出线型的形式。

（2）"加载"按钮：单击此按钮，打开"加载或重载线型"对话框，如图4-10所示。用户可以通过此对话框加载线型，并把它添加到"线型"列表中，不过加载的线型必须在线型库（LIN）文件中定义过。标准线型都保存在acad.lin文件中。

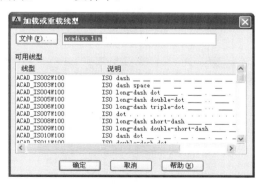

图4-10 "加载或重载线型"对话框

设置图层线型的方法如下。

```
命令：LINETYPE
```

执行上述命令后，系统打开"线型管理器"对话框，如图4-11所示。该对话框与前面讲述的相关知识相同，不再赘述。

图4-11　"线型管理器"对话框

4.1.3　颜色的设置

AutoCAD 2013绘制的图形对象都具有一定的颜色。为使绘制的图形清晰明了，可以把同一类的图形对象用相同的颜色绘制，而不同类的对象具有不同的颜色。为此，需要适当地对颜色进行设置。AutoCAD 2013允许用户为图层设置颜色，为新建的图形对象设置当前颜色，还可以改变已有图形对象的颜色。

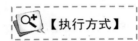【执行方式】

命令行：COLOR
菜单：格式→颜色

【操作步骤】

命令：COLOR✓

单击相应的菜单项或在命令行执行COLOR命令后，系统打开如图4-6所示的"选择颜色"对话框。也可在图层操作中打开此对话框，具体方法前面已讲述。

4.1.4　实例——三环旗

视频文件：讲解视频\第4章\实例－三环旗.avi

本例绘制如图4-12所示的三环旗。

图4-12　三环旗

01 单击"图层"工具栏中的"图层特性管理器"按钮，打开"图层特性管理器"对话框，如图4-13所示。

单击"新建"按钮，创建新图层。新图层的特性将继承0图层或已选择的某一图层的特性。新图层的默认名为"图层1"，显示在中间的图层列表中，将其更名为"旗尖"。用同样方法建立"旗杆"层、"旗面"层和"三环"层。这样就建立了4个新图层。选中"旗尖"层，单击"颜色"下的色块形图标，将打开"选择颜色"对话框，如图4-14所示。选择灰色色块，单击"确定"按钮后，回到"图层特性管理器"对话框，此时"旗尖"层的颜色变为灰色。

图4-13　"图层特性管理器"对话框

图4-14　"选择颜色"对话框

选中"旗杆"层，用同样的方法将颜色改为红色，单击"线宽"项下的线宽值，将打开"线宽"对话框，如图4-15所示，选中"0.4mm"的线宽，单击"确定"按钮后，回到"图层特性管理器"对话框。用同样的方法将"旗面"层的颜色设置为黑色，线宽设置为默认值；将"三环"层的颜色设置为蓝色。整体设置如下。

◆　旗尖层：线型为Continous，颜色为8，线宽为默认值。

◆　旗杆层：线型为Continous，颜色为红色，线宽为0.4mm。

◆　旗面层：线型为Continous，颜色为白色，线宽为默认值。

◆　三环层：线型为Continous，颜色为蓝色，线宽为默认值。

设置完成的"图层特性管理器"对话框如图4-16所示。

图4-15　"线宽"对话框

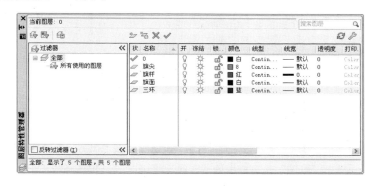

图4-16　"图层特性管理器"对话框

02 单击"绘图"工具栏中的"直线"按钮，在绘图窗口中右击。指定一点，拖动鼠标到合适位置，单击指定另一点，画出一条倾斜直线，作为辅助线。

03 单击"图层"工具栏中的"图层特性管理器"按钮，在打开的"图层特性管理器"对话框中选择"旗尖"层，单击"当前"按钮，即把它设置为当前层以绘制灰色的旗尖。

04 单击"标准"工具栏中的"实时缩放"按钮 ⊕，指定一个窗口，把窗口内的图形放大到全屏，在指定窗口的左上角点拖动鼠标，出现一个动态窗口。单击指定窗口的右下角点，对图形进行缩放。

05 单击"绘图"工具栏中的"多段线"按钮 ⌐ऀ，按下状态栏上"对象捕捉"按钮。将光标移至直线上，单击一点，指定起始宽度为0，终止宽度为8。捕捉直线上另一点，绘制多段线。

06 单击"修改"工具栏中的"镜像"按钮 ⚊，选择所画的多段线，捕捉端点，在垂直于直线方向上指定第二点，镜像绘制的多段线，如图4-17所示。

07 将"旗杆"图层设置为当前图层，打开线宽显示。

08 单击"绘图"工具栏中的"直线"按钮 ✎，捕捉所画旗尖的端点。将光标移至直线上，单击一点，绘制旗杆。绘制完此步后的图形如图4-18所示。

图4-17 灰色的旗尖

图4-18 绘制红色的旗杆后的图形

09 将"旗面"图层设置为当前图层，单击"绘图"工具栏中的"多段线"按钮 ⌐ऀ，绘制黑色的旗面。命令行中的提示与操作如下。

```
命令：PL↙
指定起点：(捕捉所画旗杆的端点)
当前线宽为 0.0000
指定下一点或 [圆弧(A)/闭合(C)/半宽(H)/长度(L)/放弃(U)/宽度(W)]:A↙
指定圆弧的端点或[角度(A)/圆心(CE)/闭合(CL)/方向(D)/半宽(H)/直线(L)/半径(R)/
第二点(S)/放弃(U)/宽度(W)]:S↙
指定圆弧的第二点：(单击一点，指定圆弧的第二点)
指定圆弧的端点：(单击一点，指定圆弧的端点)
指定圆弧的端点或[角度(A)/圆心(CE)/闭合(CL)/方向(D)/半宽(H)/直线(L)/半径(R)/
第二点(S)/放弃(U)/宽度(W)]:(单击一点，指定圆弧的端点)
指定圆弧的端点或[角度(A)/圆心(CE)/闭合(CL)/方向(D)/半宽(H)/直线(L)/半径(R)/
第二点(S)/放弃(U)/宽度(W)]:
```

单击"修改"工具栏中的"复制"按钮 ⊙ⵑ，复制出另一条旗面边线。

单击"绘图"工具栏中的"直线"按钮 ✎，捕捉所画旗面上边的端点和旗面下边的端点。绘制黑色的旗面后的图形如图4-19所示。

10 将"三环"图层设置为当前图层。选择菜单栏中的"绘图"→"圆环"命令，圆环内径为30，圆环外径为40，绘制3个蓝色的圆环。

11 将绘制的3个圆环分别修改为3种不同的颜色。单击第2个圆环。

图4-19 绘制黑色的旗面后的图形

命令：DDMODIFY✓ （或者单击"标准"工具栏中的▣图标，下同）

按Enter键后，系统打开"特性"选项板，如图4-20所示，其中列出了该圆环所在的图层、颜色、线型、线宽等基本特性及其几何特性。单击"颜色"选项，在表示颜色的色块后出现一个▾按钮。单击此按钮，打开"颜色"下拉列表框，从中选择"洋红"选项，如图4-21所示。连续按两次Esc键退出。用同样的方法，将另一个圆环的颜色修改为绿色。

图4-20 "特性"选项板

图4-21 单击"颜色"选项

12 单击"修改"工具栏中的"删除"按钮✐，删除辅助线。最终绘制的结果如图4-12所示。

4.2 精确定位工具

精确定位工具是指能够帮助用户快速准确地定位某些特殊点（如端点、中点、圆心等）和特殊位置（如水平位置、垂直位置）的工具，包括"推断约束"、"捕捉模式"、"栅格显示"、"正交模式"、"极轴追踪"、"对象捕捉"、"三维对象捕捉"、"对象捕捉追踪"、"允许/禁止动态UCS"、"动态输入"、"显示/隐藏线宽"、"显示/隐藏透明度"、"快捷特性"、"选择循环"和"注释监视器"15个功能开关按钮。这些工具主要集中在状态栏上，如图4-22所示。

图4-22 状态栏

4.2.1 捕捉工具

为了准确地在屏幕上捕捉点，AutoCAD 2013提供了捕捉工具，可以在屏幕上生成一个隐含的栅格（捕捉栅格），这个栅格能够捕捉光标，约束它只能落在栅格的某一个节点上，使用户能够高精确度地捕捉和选择这个栅格上的点。本节介绍捕捉栅格的参数设置方法。

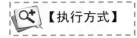【执行方式】

菜单：工具→绘图设置

状态栏：▦（仅限于打开与关闭）

快捷键：F9（仅限于打开与关闭）

【操作步骤】

执行上述命令后，系统打开"草图设置"对话框，其中的"捕捉和栅格"选项卡，如图4-23所示。

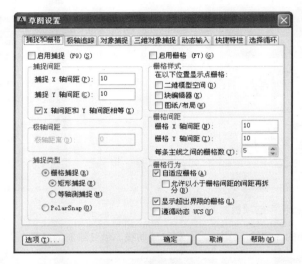

图4-23　"捕捉和栅格"选项卡

【项目说明】

1．"启用捕捉"复选框

控制捕捉功能的开关，与F9键或状态栏上的"捕捉"按钮功能相同。

2．"捕捉间距"选项组

设置捕捉各参数。其中，"捕捉X轴间距"与"捕捉Y轴间距"文本框用以确定捕捉栅格点在水平和垂直两个方向上的间距。

3．"捕捉类型"选项组

确定捕捉类型，包括"栅格捕捉" 和PolarSnap这两种方式。"栅格捕捉"方式是指按正交位置捕捉点，又分为"矩形捕捉"和"等轴测捕捉"两种方式。在"矩形捕捉"方式下，捕捉栅格是标准的矩形；在"等轴测捕捉"方式下，捕捉栅格和光标十字线不再互相垂直，而是成绘制等轴测图时的特定角度，这种方式对于绘制等轴测图是十分方便的。Polarsnap方式下，如果启用了"捕捉"

模式并在极轴追踪打开的情况下指定点,光标将沿在"极轴追踪"选项卡上相对于极轴追踪起点设置的极轴对齐角度进行捕捉。

4."极轴间距"选项组

该选项组只有在选择PolarSnap类型时才可用,用户可以在"极轴距离"文本框中输入距离值;也可以通过命令行执行SNAP命令设置捕捉有关参数。

4.2.2 栅格工具

用户可以应用显示栅格工具使绘图区域上出现可见的网格。它是一个形象的画图工具,就像传统的坐标纸一样。本节介绍控制栅格的显示及设置栅格参数的方法。

【执行方式】

菜单:工具→绘图设置
状态栏:▦(仅限于打开与关闭)
快捷键:F7(仅限于打开与关闭)

【操作步骤】

执行上述命令后,系统打开"草图设置"对话框,其中的"捕捉和栅格"选项卡如图4-23所示。"启用栅格"复选框控制是否显示栅格。"栅格X轴间距"和"栅格Y轴间距"文本框用来设置栅格在水平与垂直方向的间距,如果"栅格X轴间距"和"栅格Y轴间距"设置为0,则系统会自动将捕捉栅格间距应用于栅格,且其原点和角度总是与捕捉栅格的原点和角度相同。还可以通过GRID命令在命令行设置栅格间距,这里不再赘述。

4.2.3 正交模式

在用AutoCAD 2013绘图的过程当中,经常需要绘制水平直线和垂直直线。但是用鼠标拾取线段的端点时,很难保证两个点严格沿水平或垂直方向。为此,AutoCAD 2013提供了正交功能。当启用正交模式时,画线或移动对象时只能沿水平方向或垂直方向移动光标,因此只能画平行于坐标轴的正交线段。

【执行方式】

命令行:ORTHO
状态栏:▙

【操作步骤】

命令:ORTHO↙
输入模式 [开(ON)/关(OFF)] <开>:(设置开或关)

4.3 对象捕捉工具

在利用AutoCAD 2013画图时，经常要用到一些特殊的点，如圆心、切点、线段或圆弧的端点、中点，等等。但是如果用鼠标拾取的话，要准确地找到这些点是十分困难的。为此，AutoCAD 2013提供了对象捕捉工具，通过这些工具可以轻易找到这些点。

4.3.1 特殊位置点捕捉

在绘图时，有时需要指定一些特殊位置的点，如表 4-2 所示。可以通过对象捕捉功能来捕捉这些点。

表4-2　特殊位置点捕捉

捕捉模式	功能
临时追踪点	建立临时追踪点
两点之间的中点	捕捉两个独立点之间的中点
自	建立一个临时参考点，作为指出后继点的基点
点过滤器	由坐标选择点
端点	线段或圆弧的端点
中点	线段或圆弧的中点
交点	线、圆弧或圆等的交点
外观交点	图形对象在视图平面上的交点
延长线	指定对象的尺寸界线
圆心	圆或圆弧的圆心
象限点	距光标最近的圆或圆弧上可见部分的象限点，即圆周上0°、90°、180°、270° 位置上的点
切点	最后生成的一个点到选中的圆或圆弧上引切线的切点位置
垂足	在线段、圆、圆弧或它们的延长线上捕捉一个点，使之与最后生成的点的连线与该线段、圆或圆弧正交
平行线	绘制与指定对象平行的图形对象
节点	捕捉用POINT或DIVIDE等命令生成的点
插入点	文本对象和图块的插入点
最近点	离拾取点最近的线段、圆、圆弧等对象上的点
无	关闭对象捕捉模式
对象捕捉设置	设置对象捕捉

AutoCAD 2013提供了命令行、工具栏和右键快捷菜单3种执行特殊点对象捕捉的方法。

1. 命令行方式

绘图中，当在命令行中提示输入一点时，输入相应特殊位置点命令（如表4-2所示），然后根据提示操作即可。

2. 工具栏方式

使用如图4-24所示的"对象捕捉"工具栏，可以使用户更方便地实现捕捉点的目的。当命令行提示输入一点时，从"对象捕捉"工具栏上单击相应的按钮。当把鼠标放在某一图标上时，会显示出该图标功能的提示，然后根据提示操作即可。

3. 快捷菜单方式

快捷菜单可以通过同时按下Shift键和鼠标右键来激活，菜单中列出了AutoCAD 2013提供的对象捕捉模式，如图4-25所示。操作方法与工具栏相似，只要在系统提示输入点时单击快捷菜单上相应的菜单项，然后按提示操作即可。

图4-24 "对象捕捉"工具栏   图4-25 对象捕捉快捷菜单

 ### 4.3.2 实例——线段

视频文件：讲解视频\第4章\实例－线段.avi

从图4-26（a）中线段的中点到圆的圆心画一条线段。

单击"绘图"工具栏中的"直线"按钮，绘制中点到圆的圆心的线段。命令行中的提示与操作如下。

```
命令：LINE↙
指定第一点：MID↙
于：{把十字光标放在线段上，如图4-26（b）所示，在线段的中点处出现一个三角形的中点捕捉标记，
单击鼠标左键，拾取该点}
指定下一点或［放弃(U)］:CEN↙
于：{把十字光标放在圆上，如图4-26（c）所示，在圆心处出现一个圆形的圆心捕捉标记，单击鼠标左
键拾取该点}
指定下一点或［放弃(U)］: ↙
```

结果如图 4-26（d）所示。

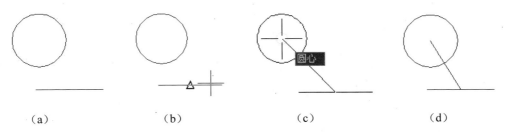

（a）   （b）   （c）   （d）

图4-26 利用对象捕捉工具绘制线

4.3.3　设置对象捕捉

在用AutoCAD 2013绘图之前，可以根据需要事先运行一些对象捕捉模式，绘图时系统能自动捕捉这些特殊点，从而加快绘图速度，提高绘图质量。

【执行方式】

命令行：DDOSNAP

菜单：工具→绘图设置

工具栏：对象捕捉→对象捕捉设置 🎛️

状态栏：对象捕捉（仅限于打开与关闭功能）

快捷键：F3（仅限于打开与关闭功能）

右键快捷菜单：对象捕捉设置（如图4-25所示）

【操作步骤】

命令：DDOSNAP↙

执行上述命令后，系统打开"草图设置"对话框，切换到"对象捕捉"选项卡，如图 4-27 所示。利用此选项卡，可以设置对象捕捉方式。

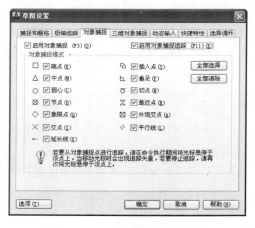

图4-27　"对象捕捉"选项卡

【选项说明】

（1）"启用对象捕捉"复选框用于打开或关闭对象捕捉方式。当选中此复选框时，在"对象捕捉模式"选项组中选中的捕捉模式处于激活状态。

（2）"启用对象捕捉追踪"复选框用于打开或关闭自动追踪功能。

（3）"对象捕捉模式"选项组中列出了各种捕捉模式，选中某个复选框，则该模式被激活。单击"全部清除"按钮，则所有模式均被清除。单击"全部选择"按钮，则所有模式均被选中。

另外，在对话框的左下角有一个"选项"按钮，单击它可以打开"选项"对话框的"绘图"选项卡。利用该选项卡，可以决定捕捉模式的各项设置。

⚏ 4.3.4　实例——花朵

📁 视频文件：讲解视频\第4章\实例-花朵.avi

01 选择菜单栏中的"工具"→"绘图设置"命令，在"草图设置"对话框中选择"对象捕捉"选项卡，如图4-28所示。单击"全部选择"按钮，选择所有的对象捕捉模式，确认后退出。

02 单击"绘图"工具栏中的"圆"按钮 ⊘，绘制花蕊，如图4-29所示。

03 单击"绘图"工具栏中的"多边形"按钮 ⬠，单击状态栏上的"对象捕捉"按钮，打开对象捕捉功能，捕捉圆心，绘制内接于圆的正五边形。绘制结果如图4-30所示。

04 单击"绘图"工具栏中的"圆弧"按钮 ⌒，捕捉最上斜边的中点为起点，最上顶点为第二点，左上斜边中点为端点绘制花朵，绘制结果如图4-31所示。用同样方法绘制另外四段圆弧，结果如图4-32所示。

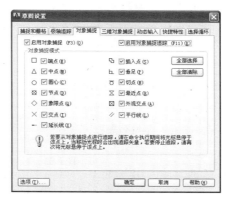

图4-28　"草图设置"对话框

图4-29　捕捉圆心　　　图4-30　绘制正五边形　　　图4-31　绘制一段圆弧　　　图4-32　绘制所有圆弧

最后删除正五边形，结果如图4-33所示。

05 单击"绘图"工具栏中的"多段线"按钮 ⌐⌐，绘制花枝。命令行中的提示与操作如下。

```
命令：-PLINE
指定起点：(捕捉圆弧右下角的交点)
当前线宽为 0.0000
指定下一个点或 [圆弧(A)/半宽(H)/长度(L)/ 放弃(U)/宽度(W)]：W↙
指定起点宽度<0.0000>：4↙
指定端点宽度 <4.0000>：↙
指定下一个点或 [圆弧(A)/半宽(H)/长度(L)/放弃(U)/宽度(W)]：A↙
指定圆弧的端点或[角度(A)/圆心(CE)/方向(D)/半宽(H)/直线(L)/半径(R)/第二个点(S)/
放弃(U)/宽度(W)]：S↙
指定圆弧上的第二个点：(指定第二点)
```

指定圆弧的端点：（指定第三点）
    指定圆弧的端点或[角度(A)/圆心(CE)/闭合(CL)/方向(D)/半宽(H)/直线(L)/半径(R)/
第二个点(S)/放弃(U)/宽度(W)]：↙（完成花枝绘制）

06 单击"绘图"工具栏中的"多段线"按钮 ⌐⌐⌐，绘制花叶。命令行中的提示与操作如下。

命令： _PLINE
    指定起点：（捕捉花枝上一点）
    当前线宽为 4.0000
    指定下一个点或 [圆弧(A)/半宽(H)/长度(L)/放弃(U)/宽度(W)]：H↙
    指定起点半宽 <2.0000>：12↙
    指定端点半宽 <12.0000>：3↙
    指定下一个点或 [圆弧(A)/半宽(H)/长度(L)/放弃(U)/宽度(W)]：A↙
    指定圆弧的端点或[角度(A)/圆心(CE)/方向(D)/半宽(H)/直线(L)/半径(R)/第二个点(S)/
放弃(U)/宽度(W)]：S↙
    指定圆弧上的第二个点：（指定第二点）
    指定圆弧的端点：（指定第三点）
    指定圆弧的端点或[角度(A)/圆心(CE)/闭合(CL)/方向(D)/半宽(H)/直线(L)/半径(R)/
第二个点(S)/放弃(U)/宽度(W)]：↙

重复执行"多段线"命令，绘制另外两片叶子，结果
如图4-34所示。

07 选择枝叶，枝叶上显示夹点标志。在一个夹点上右击，
打开右键快捷菜单，选择其中的"特性"命令，如图4-35
所示。系统打开"特性"选项板，在"颜色"下拉列表框
中选择"绿"选项，如图4-36所示。

08 用同样方法修改花朵颜色为红色，花蕊颜色为洋红色，
最终结果如图4-37所示。

图4-33 绘制花朵   图4-34 绘制出花朵图案

图 4-35 右键快捷菜单

图 4-36 修改枝叶颜色

图 4-37 花朵

4.4 对象约束

约束能够用于精确地控制草图中的对象。草图约束有两种类型：尺寸约束和几何约束。

- ◆ 几何约束建立起草图对象的几何特性（如要求某一直线具有固定长度），或者两个或更多草图对象的关系类型（如要求两条直线垂直或平行，或几个弧具有相同的半径）。在图形区，用户可以使用"参数化"选项卡内的"全部显示"、"全部隐藏"或"显示"来显示有关信息，并显示代表这些约束的直观标记（如图4-38所示的水平标记 ═ 和共线标记 ╱）。

- ◆ 尺寸约束建立起草图对象的大小（如直线的长度、圆弧的半径等）或者两个对象之间的关系（如两点之间的距离）。如图4-39所示为一个带有尺寸约束的示例。本节重点讲述"几何"约束的相关功能。

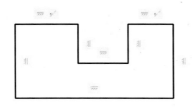

图4-38 "几何约束"示意图

图4-39 "尺寸约束"示意图

4.4.1 建立几何约束

使用几何约束，可以指定草图对象必须遵守的条件，或是草图对象之间必须维持的关系。几何面板及"几何约束"工具栏如图4-40所示，其主要几何约束选项功能如表4-3所示。

图4-40 "几何"面板及"几何约束"工具栏

表4-3 几何约束选项功能

约束模式	功能
重合	约束两个点使其重合，或者约束一个点使其位于曲线（或曲线的延长线）上。可以使对象上的约束点与某个对象重合，也可以使其与另一对象上的约束点重合
共线	使两条或多条直线段沿同一直线方向
同心	将两个圆弧、圆或椭圆约束到同一个中心点。结果与将重合约束应用于曲线的中心点所产生的结果相同
固定	将几何约束应用于一对对象时，选择对象的顺序及选择每个对象的点可能会影响对象彼此间的放置方式
平行	使选定的直线位于彼此平行的位置。平行约束在两个对象之间应用

（续表）

约束模式	功能
垂直	使选定的直线位于彼此垂直的位置。垂直约束在两个对象之间应用
水平	使直线或点位于与当前坐标系的 X 轴平行的位置。默认选择类型为对象
竖直	使直线或点位于与当前坐标系的 Y 轴平行的位置
相切	将两条曲线约束为保持彼此相切或其延长线保持彼此相切。相切约束在两个对象之间应用
平滑	将样条曲线约束为连续，并与其他样条曲线、直线、圆弧或多段线保持 G2 连续性
对称	使选定对象受对称约束，相对于选定直线对称
相等	将选定圆弧和圆的尺寸重新调整为半径相同，或将选定直线的尺寸重新调整为长度相同

绘图中可以指定二维对象或对象上的点之间的几何约束。之后编辑受约束的几何图形时，将保留约束。因此，通过使用几何约束，可以在图形中包括设计要求。

4.4.2　几何约束设置

在用AutoCAD 2013绘图时，可以控制约束栏的显示。使用"约束设置"对话框，如图4-41所示，可以控制约束栏上显示或隐藏的几何约束类型。可以单独或全局显示/隐藏几何约束和约束栏。可以执行以下操作。

♦　显示（或隐藏）几何约束。
♦　全部显示所有几何约束。
♦　全部隐藏所有几何约束。

【执行方式】

命令行：CONSTRAINTSETTINGS（CSETTINGS）
菜单：参数→约束设置
功能区：参数化→几何→对话框启动器
工具栏：参数化→约束设置

【操作步骤】

命令：CONSTRAINTSETTINGS✓

执行上述命令后，系统打开"约束设置"对话框。在该对话框中，切换到"几何"选项卡，如图4-41所示。利用此选项卡，可以控制约束栏上约束类型的显示。

【选项说明】

（1）"推断几何约束"复选框：创建和编辑几何图形时推断几何约束。
（2）"约束栏显示设置"选项组：此选项组控制图形编辑器中是否为对象显示约束栏或约束点标记。例如，可以为水平约束和竖直约束隐藏约束栏的显示。

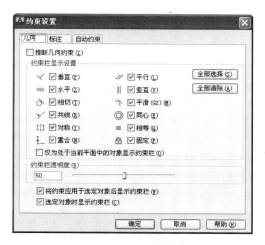

图4-41 "几何"选项卡

（3）"全部选择"按钮：选择所有几何约束类型。

（4）"全部清除"按钮：清除选定的几何约束类型。

（5）"仅为处于当前平面中的对象显示约束栏"复选框：仅为当前平面上受几何约束的对象显示约束栏。

（6）"约束栏透明度"选项组：设置图形中约束栏的透明度。

（7）"将约束应用于选定对象后显示约束栏"复选框：手动应用约束后或使用AUTOCONSTRAIN命令时显示相关约束栏。

（8）"选定对象时显示约束栏"复选框：临时显示选定对象的约束栏。

4.4.3 实例——约束控制

视频文件：随书光盘\讲解视频\第4章\实例－约束控制.avi

对如图4-42所示的未封闭三角形进行约束控制。

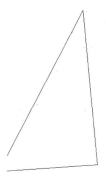

图4-42 未封闭三角形

01 选择菜单栏中的"参数"→"约束设置"命令，打开"约束设置"对话框。在"自动约束"选项卡中，单击"全部选择"按钮，选择全部约束方式；再将"距离"和"角度"公差设置为1，不选择"相切对象必须共用同一交点"复选框和"垂直对象必须共用同一交点"复选框，如图4-43所示。

图4-43 设置"自动约束"选项卡

02 调出"参数化"工具栏，如图4-44所示。

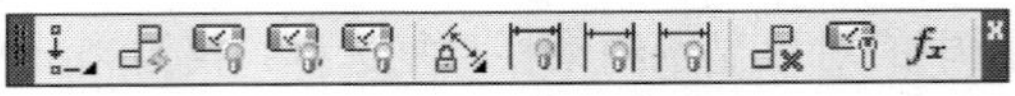

图4-44 "参数化"工具栏

03 单击"参数化"工具栏上的"固定"按钮🔒，命令行中的提示与操作如下。

```
命令: _GcFix
选择点或 [对象(O)] <对象>: (选择底边)
```

这时，底边被固定，并显示固定标记，如图4-45所示。

04 单击"参数化"工具栏上的"重合"按钮，命令行中的提示与操作如下。

```
命令: _GcCoincident
选择第一个点或 [对象(O)/自动约束(A)] <对象>: (选择底边)
选择第二个点或 [对象(O)] <对象>: (选择左边)
```

这时，左边下移，底边和左边两个端点重合，并显示重合标记，而原来重合的上顶点现在分离，如图4-46所示。

05 同样方法，使上边两个端点进行自动约束，两者重合，并显示重合标记，如图4-47所示。

06 单击"参数化"工具栏上的"重合"按钮，选择底边和右边为重合对象（这里已知底边与右边的原始夹角为89°），可以发现，底边与右边自动保持重合与垂直关系，如图4-48所示。

图4-45 固定约束

图4-46 自动重合约束左端点

图4-47 自动重合约束   图4-48 自动重合与自动垂直约束

4.4.4 建立尺寸约束

建立尺寸约束是限制图形几何对象的大小，与在草图上标注尺寸相似，也就是同样设置尺寸标注线，同时建立相应的表达式。不同的是可以在后续的编辑工作中实现尺寸的参数化驱动。"标注"面板及"标准约束"工具栏如图4-49所示。

图4-49 "标注"面板及"标注约束"工具栏

在生成尺寸约束时，用户可以选择草图曲线、边、基准平面或基准轴上的点，以生成水平、竖直、平行、垂直和角度尺寸。

生成尺寸约束时，系统会生成一个表达式，其名称和值显示在打开的文本区域中，如图4-50所示。用户可以编辑该表达式的名称和值。

生成尺寸约束时，只要选中了几何体，其尺寸、尺寸界线和箭头就会全部显示出来。将尺寸拖动到位，然后单击即可。完成尺寸约束后，用户还可以随时更改尺寸约束。只需在图形区选中该值并双击，然后使用生成过程所采用的方式编辑其名称、值或位置。

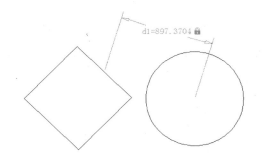

图4-50 "尺寸约束编辑"示意图

4.4.5 尺寸约束设置

在用AutoCAD 2013绘图时，使用"约束设置"对话框内的"标注"选项卡，如图4-51所示，可以控制显示标注约束时的系统配置。标注约束能控制设计的大小和比例，可以约束以下内容。

- ◆ 对象之间或对象上的点之间的距离。
- ◆ 对象之间或对象上的点之间的角度。

【执行方式】

命令行：CONSTRAINTSETTINGS（CSETTINGS）
菜单：参数→约束设置
功能区：参数化→标注→对话框启动器
工具栏：参数化→约束设置

图4-51 "标注"选项卡

【操作步骤】

命令：CONSTRAINTSETTINGS↙

　　系统打开"约束设置"对话框，切换到"标注"选项卡，如图4-51所示。利用此选项卡，可以控制约束栏上约束类型的显示。

【选项说明】

　　（1）"标注约束格式"选项组：该选项组可以设置标注格式和锁定图标的显示。
　　（2）"标注名称格式"下拉列表框：为应用标注约束时显示的文字指定格式。将名称格式设置为显示：名称、值或名称和表达式。例如，宽度=长度/2。
　　（3）"为注释性约束显示锁定图标"复选框：针对已应用注释性约束的对象显示锁定图标。
　　（4）"为选定对象显示隐藏的动态约束"复选框：显示已设置为隐藏的动态约束。

4.4.6　实例——更改椅子扶手长度

　　视频文件：讲解视频\第4章\实例－更改椅子扶手长度.avi

01 绘制如图4-52所示的椅子。

02 绘制椅子或打开第3章所绘椅子，如图4-53所示。

03 单击"几何约束"工具栏中的"固定"按钮🔒，使椅子扶手上部两圆弧均建立固定的几何约束。

04 重复使用"相等"命令，使最左端竖直线与右端各条竖直线建立相等的几何约束。

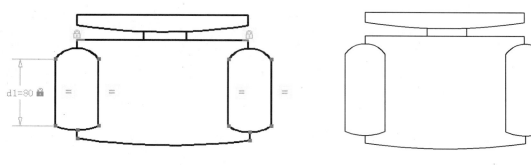

图4-52　扶手长度为80的椅子　　　　　　　　　　图4-53　椅子

05 选择菜单栏中的"参数"→"约束设置"命令，打开"约束设置"对话框，切换到"自动约束"选项卡，在"约束类型"列表框中选择"重合"约束，取消其余约束方式，如图4-54所示。

图4-54　设置自动约束

06 单击"参数化"工具栏中的"自动约束"按钮 ，然后选择全部图形，为图形中所有交点建立"重合"约束。

07 单击"标注约束"工具栏中的"竖直"按钮 ，更改竖直尺寸。命令行中的提示与操作如下。

```
命令：_DimConstraint
当前设置：约束形式 = 动态
选择要转换的关联标注或 [线性(LI)/水平(H)/竖直(V)/对齐(A)/角度(AN)/半径(R)/直径(D)/形
式(F)] <竖直>:_Vertical
指定第一个约束点或 [对象(O)] <对象>:（单击最左端直线上端）
指定第二个约束点:（单击最左端直线下端）
指定尺寸线位置:（在合适位置单击）
标注文字 = 100（输入长度80）
```

08 系统自动将长度100调整为80，最终结果如图4-52所示。

4.5 缩放与平移

改变视图最常用的方法就是利用"缩放"和"平移"命令。用它们可以在绘图区域放大或缩小图像显示，或者改变观察位置。

4.5.1 实时缩放

AutoCAD 2013为交互式的缩放和平移提供了可能。有了实时缩放，用户就可以通过垂直向上或向下移动光标来放大或缩小图形。利用实时平移，能移动光标以重新放置图形。

在实时缩放命令下，可以通过垂直向上或向下移动光标来放大或缩小图形。

【执行方式】

命令行：ZOOM
菜单：视图→缩放→实时
工具栏：标准→实时缩放 🔍

【操作步骤】

按住选择钮垂直向上或向下移动。从图形的中点向顶端垂直地移动光标，就可以将图形放大一倍；向底部垂直地移动光标，就可以将图形缩小一半。

4.5.2 动态缩放

动态缩放会在当前视区中根据选择不同而进行不同的缩放或平移显示。

【执行方式】

命令行：ZOOM
菜单：视图→缩放→动态
工具栏：标准→动态缩放 🔍

【操作步骤】

命令：ZOOM✓
指定窗口角点，输入比例因子（nX 或 nXP），或者[全部(A)/中心(C)/动态(D)/范围(E)/上一个(P)/比例(S)/窗口(W)/对象(O)/] <实时>：D✓

执行上述命令后，系统打开一个图框。动态缩放前的画面呈绿色点线。如果要动态缩放的图形显示范围与选取动态缩放前的范围相同，则此框与白线重合而不可见。重生成区域的四周有一个蓝色虚线框，用以标记虚拟屏幕。

这时，如果线框中有一个×出现，如图4-55（a）所示，就可以拖动线框把它平移到另外一个区域。如果要放大图形到不同的放大倍数，按下选择钮，×就会变成一个箭头，如图4-55（b）所示。这时左右拖动边界线，就可以重新确定视区的大小。缩放后的图形如图4-55（c）所示。

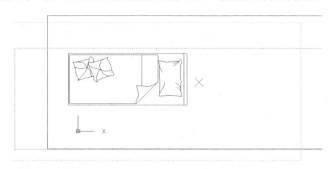

（a）带×的视框

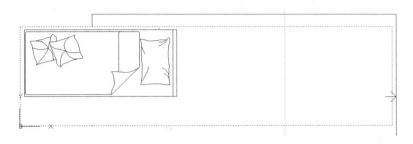

（b）带箭头的视框

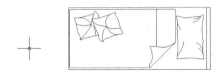

（c）缩放后的图形

图4-55　动态缩放

另外，还有放大、缩小、窗口缩放、比例缩放、中心缩放、全部缩放、对象缩放、缩放上一个和最大图形范围缩放等操作，其方法与动态缩放类似，不再赘述。

4.5.3　实时平移

【执行方式】

命令：PAN

菜单：视图→平移→实时

工具栏：标准→实时平移🖑

【操作步骤】

执行上述命令后，用鼠标按下选择钮，然后移动手形光标就可以平移图形了。当移动到图形的边沿时，光标就变成一个三角形。

另外，AutoCAD 2013为显示控制命令设置了一个右键快捷菜单，如图4-56所示。

利用该菜单，用户可以在显示命令执行的过程中，透明地进行切换。

图4-56　右键快捷菜单

 4.6　综合实例——安乐椅

光盘路径	视频文件：讲解视频\第4章\综合实例－安乐椅.avi

本实例绘制如图4-57所示的安乐椅。方法是首先绘制椅子的大体轮廓，然后绘制两边扶手，最后绘制靠背。

01 单击"绘图"工具栏中的"多边形"按钮⬠，绘制边长为60的正方形，如图4-58所示。

02 单击"修改"工具栏中的"圆角"按钮⬜，此时命令行提示选择对象。指定圆角半径为5，依次选择正方形右侧的两条相交边，设置倒圆角，结果如图4-59所示。

图 4-57　绘制安乐椅　　　　图 4-58　绘制正方形　　　　图 4-59　设置倒圆角

03 单击"绘图"工具栏中的"圆"按钮⊘，在正方形上边靠右位置绘制一小直径的圆，如图4-60所示，然后沿圆两边绘制直线，并将圆复制到另外一侧，如图4-61所示。

04 单击"修改"工具栏中的"修剪"按钮-/--，在出现提示后，选择刚刚绘制的上下两条水平直线右击，依次选择圆内侧的弧线，删除椅子扶手内侧的半圆，如图4-62所示。重复执行"修剪"命令，此时首先选择两个剩下的半圆右击，选择扶手中间的水平线并删除，最终结果如图4-63所示。

图 4-60　绘制圆　　　　图 4-61　绘制直线复制圆　　　　图 4-62　删除半圆

05 单击"修改"工具栏中的"镜像"按钮 ▲，将成形的扶手镜像到椅子的另外一侧，如图4-64所示。进行同样修剪。

06 在进行镜像时，需要选择镜像参照的中轴，本例中需要以正方形的中心线为轴。AutoCAD 2013提供了"对象捕捉"工具栏，可以捕捉直线或图形的中点。在状态栏中的"对象捕捉"图标 ▢ 上右击，打开"对象捕捉"工具栏，选择"捕捉到中点"按钮 ✎，可以对正方形的中点进行捕捉。此时捕捉的提示标志为三角形，如图4-65所示。

图 4-63 删除中间线

图 4-64 镜像扶手

图 4-65 捕捉中点

07 单击"绘图"工具栏中的"圆弧"按钮 ╱，在上扶手的左侧画一圆弧，如图4-66所示。然后将其向下移动一定的距离，保证两个半圆只有一点接触。单击"修改"工具栏中的"镜像"按钮 ▲，按一定角度镜像圆弧，如图4-67所示。

08 利用"捕捉到中点"工具，在椅子的中心绘制一条水平的辅助线，作为绘制椅子靠背的参考。删除扶手左侧的矩形残余直线，如图4-68所示。单击"绘图"工具栏中的"圆弧"按钮 ╱，绘制椅子靠背。首先单击上侧半圆的左端作为弧线的起始点，单击辅助线上一点，弧度根据需要掌握，再单击下侧半圆的左端点作为弧线的终点，如图4-69所示。

图 4-66 绘制圆弧

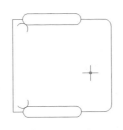

图 4-67 移动并镜像

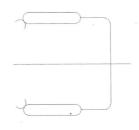

图 4-68 绘制辅助线

09 利用同样的方法绘制椅背的另外一侧，删除辅助线，完成后如图4-70所示。然后在椅子中心位置绘制一小直径的圆，绘制完成，如图4-71所示。

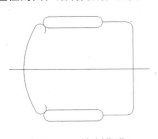

图 4-69 绘制靠背

图 4-70 绘制椅背

图 4-71 绘制完成

4.7 上机实验

实验1 绘制锅

绘制如图4-72所示的锅。

图4-72 锅

操作提示:

(1) 利用"图层"命令,新建图层。

(2) 利用"直线"、"多段线"、"圆弧"和"矩形"命令,绘制锅的一侧。

(3) 利用"镜像"命令,绘制锅的另一侧。

实验2 绘制图徽

利用精确定位工具绘制如图4-73所示的图徽。

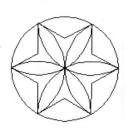

图4-73 图徽

操作提示:

(1) 利用"圆"命令,绘制一个圆。

(2) 利用"多边形"命令,用圆心捕捉方式捕捉所画圆的圆心来定位该正六边形的外接圆圆心。然后用端点捕捉方式捕捉所画正六边形的端点,并将它们分别连接起来。

(3) 利用"修剪"命令,对其进行修剪。

(4) 利用"圆弧"命令的"三点"方式画圆弧(圆弧的3个点分别采用端点捕捉和圆心捕捉而得到)。

第5章

文本、表格与尺寸标注

文字注释是图形中很重要的一部分内容。在进行各种设计时，通常不仅要绘制出图形，还要在图形中标注一些文字，如技术要求、注释说明等，对图形对象加以解释。AutoCAD 2013提供了多种写入文字的方法，本章将介绍文本标注和编辑功能。另外，表格在AutoCAD图形中也有大量的应用，如明细表、参数表和标题栏等，AutoCAD 2013的表格功能使绘制表格变得方便快捷。尺寸标注是绘图设计过程中相当重要的一个环节。由于图形的主要作用是表达物体的形状，而物体各部分的真实大小和各部分之间的确切位置只能通过尺寸标注来表达。因此，没有正确的尺寸标注，绘制出的图纸对于加工制造就没什么意义。AutoCAD 2013提供了方便、准确的尺寸标注功能。

内容要点

◆ 文字样式和文本标注
◆ 文本编辑和表格
◆ 尺寸样式、标注尺寸和引线

5.1 文字样式

AutoCAD 2013提供了"文字样式"对话框。通过这个对话框，可以方便直观地设置需要的文字样式，或是对已有样式进行修改。

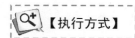【执行方式】

命令行：STYLE或DDSTYLE
菜单：格式→文字样式
工具栏：文字→文字样式

【操作步骤】

命令：STYLE✓

在命令行执行STYLE或DDSTYLE命令，或选择"格式"→"文字样式"命令，系统打开"文字样式"对话框，如图5-1所示。

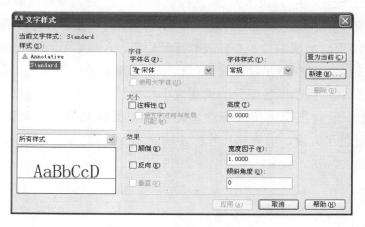

图5-1 "文字样式"对话框

【选项说明】

1."样式"选项组

该选项组主要用于命名新样式名或对已有样式名进行相关操作。单击"新建"按钮，系统打开如图5-2所示的"新建文字样式"对话框。在此对话框中，可以为新建的样式输入名字。从文本样式列表框中选中要改名的文本样式右击，打开如图5-3所示的快捷菜单，在此可以为所选文本样式更改新的名字。

图5-2　"新建文字样式"对话框　　　　　　图5-3　"重命名"快捷菜单

2. "字体"选项组

用于确定字体式样。在AutoCAD 2013中，除了它固有的SHX字体外，还可以使用TrueType字体（如宋体、楷体、italic等）。一种字体可以设置不同的效果从而被多种文字样式使用，例如图5-4所示的就是同一种字体（宋体）的不同样式。

"字体"选项组用来确定文字样式使用的字体文件、字体风格及字高等。如果在"高度"文本框中输入一个数值，则它将作为创建文字时的固定字高，在用TEXT命令输入文字时，系统不再提示输入字高参数；如果在此文本框中设置字高为0，系统则会在每一次创建文字时提示输入字高。所以，如果不想固定字高，就可以将其设置为0。

图5-4　同一种字体的不同样式

3. "大小"选项组

（1）"注释性"复选框：指定文字为注释性文字。

（2）"使文字方向与布局匹配"复选框：指定图纸空间视口中的文字方向与布局方向匹配。如果取消选中"注释性"复选框，则该选项不可用。

（3）"高度"文本框：设置文字高度。如果输入 0.0，则每次用该样式输入文字时，文字高度默认值为2.5。

4. "效果"选项组

用于设置字体的特殊效果。

（1）"颠倒"复选框：选中此复选框，表示将文本文字倒置标注，如图5-5（a）所示。

（2）"反向"复选框：确定是否将文本文字反向标注，图5-5（b）给出了这种标注效果。

（3）"垂直"复选框：确定文本是水平标注还是垂直标注。选中此复选框时为垂直标注，否则为水平标注，如图5-6所示。

　　　　（a）　　　　　　　　　　　　　（b）

图5-5　文字倒置标注与反向标注　　　　　图5-6　垂直标注文字

（4）"宽度因子"文本框：设置宽度系数，确定文本字符的宽高比。当比例系数为1时，表示将按字体文件中定义的宽高比标注文字。当此系数小于1时，字会变窄，反之变宽。

（5）"倾斜角度"文本框：用于确定文字的倾斜角度。角度为0时不倾斜，为正时向右倾斜，为负时向左倾斜。

5.2 文本标注

在制图过程中，文字传递了很多设计信息。它可能是一个很长很复杂的说明，也可能是一个简短的文字信息。当需要标注的文本不太长时，可以利用TEXT命令创建单行文本。当需要标注很长、很复杂的文字信息时，用户可以用MTEXT命令创建多行文本。

5.2.1 单行文本标注

 【执行方式】

命令行：TEXT 或 DTEXT
菜单：绘图→文字→单行文字
工具栏：文字→单行文字

【操作步骤】

命令：TEXT✓

选择相应的菜单项或在命令行输入TEXT命令后按Enter键，系统提示：

当前文字样式：Standard 当前文字高度：0.2000 注释性：否
指定文字的起点或 [对正(J)/样式(S)]：

注意

只有当前文本样式中设置的字符高度为0，在使用TEXT命令时，系统才出现要求用户确定字符高度的提示。

AutoCAD 2013允许将文本行倾斜排列，如倾斜角度可以是0°、45°和－45°。在"指定文字的旋转角度<0>"提示下，输入文本行的倾斜角度或在屏幕上拉出一条直线来指定倾斜角度。

 【选项说明】

1. 指定文字的起点

在此提示下直接在屏幕上选取一点作为文本的起始点，系统提示：

指定高度 <0.2000>：（确定字符的高度）
指定文字的旋转角度 <0>：（确定文本行的倾斜角度）

在此提示下输入一行文本后按Enter键，可以继续输入文本，待全部输入完成后直接按Enter键，

图5-2 "新建文字样式"对话框 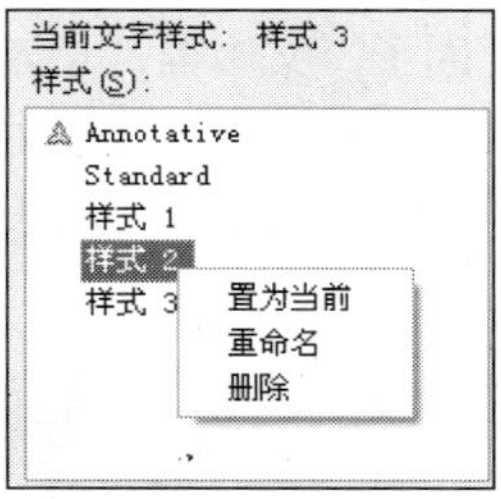　　　　　图5-3 "重命名"快捷菜单

2. "字体"选项组

用于确定字体式样。在AutoCAD 2013中，除了它固有的SHX字体外，还可以使用TrueType字体（如宋体、楷体、italic等）。一种字体可以设置不同的效果从而被多种文字样式使用，例如图5-4所示的就是同一种字体（宋体）的不同样式。

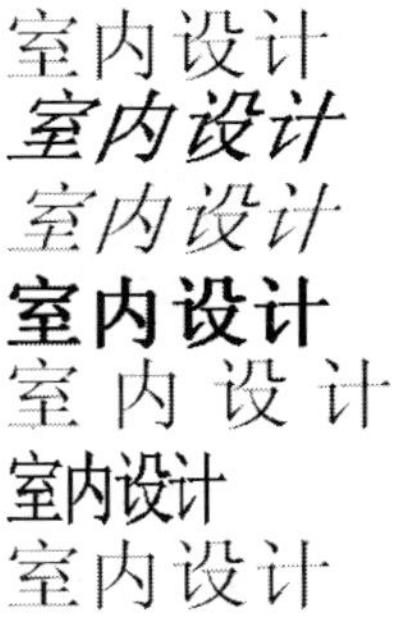

"字体"选项组用来确定文字样式使用的字体文件、字体风格及字高等。如果在"高度"文本框中输入一个数值，则它将作为创建文字时的固定字高，在用TEXT命令输入文字时，系统不再提示输入字高参数；如果在此文本框中设置字高为0，系统则会在每一次创建文字时提示输入字高。所以，如果不想固定字高，就可以将其设置为0。

图5-4 同一种字体的不同样式

3. "大小"选项组

（1）"注释性"复选框：指定文字为注释性文字。

（2）"使文字方向与布局匹配"复选框：指定图纸空间视口中的文字方向与布局方向匹配。如果取消选中"注释性"复选框，则该选项不可用。

（3）"高度"文本框：设置文字高度。如果输入 0.0，则每次用该样式输入文字时，文字高度默认值为2.5。

4. "效果"选项组

用于设置字体的特殊效果。

（1）"颠倒"复选框：选中此复选框，表示将文本文字倒置标注，如图5-5（a）所示。

（2）"反向"复选框：确定是否将文本文字反向标注，图5-5（b）给出了这种标注效果。

（3）"垂直"复选框：确定文本是水平标注还是垂直标注。选中此复选框时为垂直标注，否则为水平标注，如图5-6所示。

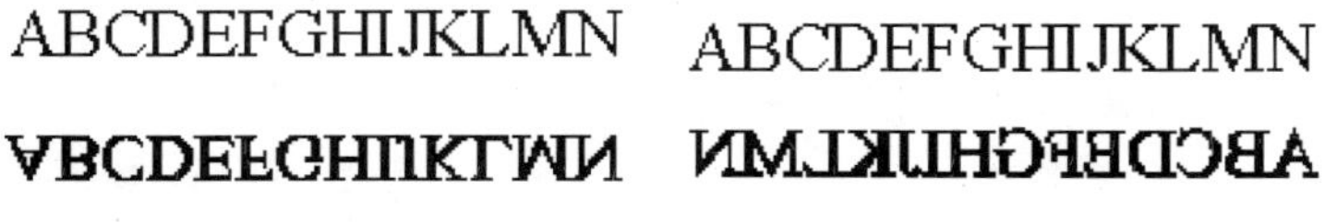

（a）　　　　　　　　　　　（b）

图5-5 文字倒置标注与反向标注　　　　　图5-6 垂直标注文字

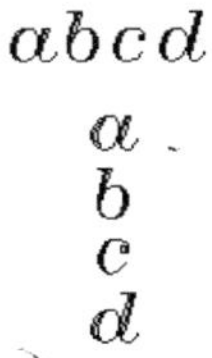

（4）"宽度因子"文本框：设置宽度系数，确定文本字符的宽高比。当比例系数为1时，表示将按字体文件中定义的宽高比标注文字。当此系数小于1时，字会变窄，反之变宽。

（5）"倾斜角度"文本框：用于确定文字的倾斜角度。角度为0时不倾斜，为正时向右倾斜，为负时向左倾斜。

5.2 文本标注

在制图过程中，文字传递了很多设计信息。它可能是一个很长很复杂的说明，也可能是一个简短的文字信息。当需要标注的文本不太长时，可以利用TEXT命令创建单行文本。当需要标注很长、很复杂的文字信息时，用户可以用MTEXT命令创建多行文本。

5.2.1 单行文本标注

【执行方式】

命令行：TEXT 或 DTEXT
菜单：绘图→文字→单行文字
工具栏：文字→单行文字 **AI**

【操作步骤】

命令：TEXT✓

选择相应的菜单项或在命令行输入TEXT命令后按Enter键，系统提示：

当前文字样式： Standard 当前文字高度： 0.2000 注释性： 否
指定文字的起点或 [对正(J)/样式(S)]:

注意

只有当前文本样式中设置的字符高度为0，在使用TEXT命令时，系统才出现要求用户确定字符高度的提示。
AutoCAD 2013允许将文本行倾斜排列，如倾斜角度可以是0°、45°和-45°。在"指定文字的旋转角度<0>"提示下，输入文本行的倾斜角度或在屏幕上拉出一条直线来指定倾斜角度。

【选项说明】

1. 指定文字的起点

在此提示下直接在屏幕上选取一点作为文本的起始点，系统提示：

指定高度 <0.2000>:（确定字符的高度）
指定文字的旋转角度 <0>:（确定文本行的倾斜角度）

在此提示下输入一行文本后按Enter键，可以继续输入文本，待全部输入完成后直接按Enter键，则退出TEXT命令。可见，由TEXT命令也可创建多行文本，只是这种多行文本每一行是一个对象，不能对多行文本同时进行操作，但可以单独修改每一单行的文字样式、字高、旋转角度和对齐方式等。

2. 对正（J）

在上面的提示下键入J，用来确定文本的对齐方式，决定文本的哪一部分与所选的插入点对齐。执行此选项，系统提示：

输入选项 [对齐(A)/布满(F)/居中(C)/中间(M)/右对齐(R)/左上(TL)/中上(TC)/右上(TR)/左中(ML)/正中(MC)/右中(MR)/左下(BL)/中下(BC)/右下(BR)]:

在此提示下选择一个选项作为文本的对齐方式。当文本串水平排列时，系统为标注文本串定义了如图5-7所示的顶线、中线、基线和底线，各种对齐方式如图5-8所示，图中大写字母对应上述提示中的各命令。

图5-7   文本行的底线、基线、中线和顶线

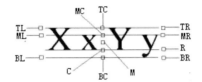

图5-8   文本的对齐方式

下面以"对齐"为例进行简要说明。

选择此选项，要求用户指定文本行基线的起始点与终止点的位置，系统提示：

指定文字基线的第一个端点：（指定文本行基线的起点位置）
指定文字基线的第二个端点：（指定文本行基线的终点位置）

执行上述操作后，所输入的文本字符均匀地分布于指定的两点之间，如果两点间的连线不水平，则文本行倾斜放置，倾斜角度由两点间的连线与X轴夹角确定；字高、字宽根据两点间的距离、字符的多少及文字样式中设置的宽度系数自动确定。指定了两点之后，每行输入的字符越多，字宽和字高越小。

其他选项与"对齐"类似，不再赘述。

实际绘图时，有时需要标注一些特殊字符，例如直径符号、上划线或下划线、温度符号等。由于这些符号不能直接从键盘上输入，AutoCAD 2013提供了一些控制码，用来实现这些要求。常用的控制码如表5-1所示。

表5-1   AutoCAD 2013常用控制码

符号	功能	符号	功能
%%O	上划线	\u+02 78	电相位
%%U	下划线	\u+E101	流线
%%D	"度"符号	\u+2261	标识
%%P	正负符号	\u+E102	界碑线
%%C	直径符号	\u+2260	不相等
%%%	百分号%	\u+2126	欧姆

（续表）

符号	功能	符号	功能
\u+2248	几乎相等	\u+03 A9	欧米加
\u+2220	角度	\u+214A	低界线
\u+E100	边界线	\u+208 2	下标2
\u+2104	中心线	\u+00B2	上标2
\u+03 94	差值		

其中，%%O 和%%U 分别是上划线和下划线的开关，第一次出现此符号时开始画上划线和下划线，第二次出现此符号时上划线和下划线终止。例如在"输入文字"提示后输入"I want to %%U go to Beijing%%U"，则得到如图 5-9 所示的 a 文本行，接着再输入"50%%D+%%C75%%P12"，则得到图 5-9 所示的 b 文本行。

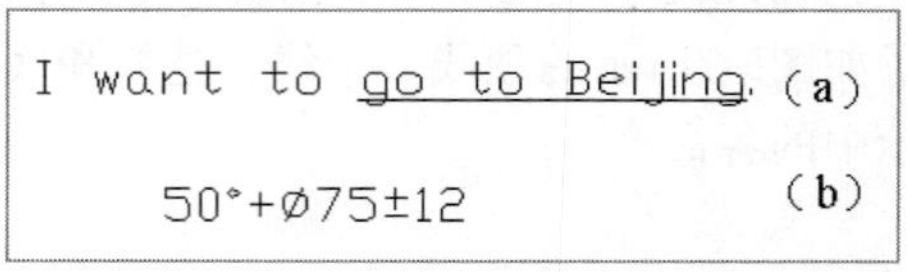

I want to go to Beijing. (a)

50°+∅75±12　　　　　(b)

图5-9　文本行

用TEXT命令可以创建一个或若干个单行文本，也就是说用此命令可以标注多行文本。在"输入文字"提示下输入一行文本后按Enter键，用户可输入第二行文本，依此类推，直到文本全部输完，再在此提示下直接按Enter键，结束文本输入命令。每一次按Enter键就结束一个单行文本的输入，每一个单行文本是一个对象，可以单独修改其文本样式、字高、旋转角度和对齐方式等。

用TEXT命令创建文本时，在命令行输入的文字同时显示在屏幕上，而且在创建过程中可以随时改变文本的位置，只要将光标移到新的位置单击鼠标，则当前行结束，随后输入的文本出现在新的位置上。用这种方法可以把多行文本标注到屏幕的任何地方。

5.2.2　多行文本标注

【执行方式】

命令行：MTEXT
菜单：绘图→文字→多行文字
工具栏：绘图→多行文字或文字→多行文字**A**

【操作步骤】

```
命令：MTEXT✓
```

选择相应的菜单项或单击相应的工具按钮，或在命令行输入MTEXT命令后按Enter键，系统提示：

```
当前文字样式："Standard"　当前文字高度：2.5 注释性：　否
指定第一角点：（指定矩形框的第一个角点）
指定对角点或 [高度(H)/对正(J)/行距(L)/旋转(R)/样式(S)/宽度(W)/栏(C)]：
```

【选项说明】

1. 指定对角点

直接在屏幕上选取一个点作为矩形框的第二个角点，系统以这两个点为对角点形成一个矩形区域，其宽度作为将来要标注的多行文本的宽度，而且第一个点作为第一行文本顶线的起点。响应后，系统打开如图5-10所示的多行文字编辑器，可以利用此编辑器输入多行文本并对其格式进行设置。关于对话框中各项的含义与编辑器功能，稍后再详细介绍。

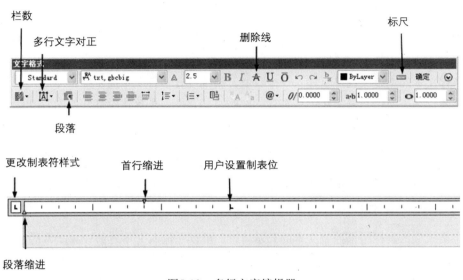

图5-10 多行文字编辑器

2. 对正（J）

确定所标注文本的对齐方式。选择此选项，系统提示：

> 输入对正方式 ［左上(TL)/中上(TC)/右上(TR)/左中(ML)/正中(MC)/右中(MR)/左下(BL)/中下(BC)/右下(BR)］ <左上(TL)>：

这些对齐方式与TEXT命令中的各对齐方式相同，不再重复。选取一种对齐方式后按Enter键，系统回到上一级提示。

3. 行距（L）

确定多行文本的行间距，这里所说的行间距是指相邻两文本行的基线之间的垂直距离。选择此选项，系统提示：

> 输入行距类型 ［至少(A)/精确(E)］ <至少(A)>：

在此提示下有两种方式确定行间距："至少"方式和"精确"方式。"至少"方式下，系统根据每行文本中最大的字符自动调整行间距。"精确"方式下，系统给多行文本赋予一个固定的行间距。可以直接输入一个确切的间距值，也可以输入"nx"的形式，其中n是一个具体数，表示行间距设置为单行文本高度的n倍，而单行文本高度是本行文本字符高度的1.66倍。

4. 旋转（R）

确定文本行的倾斜角度。执行此选项，系统提示：

指定旋转角度 <0>：（输入倾斜角度）

输入角度值后按Enter键，系统返回到"指定对角点或 [高度(H)/对正(J)/行距(L)/旋转(R)/样式(S)/宽度(W)/栏(C)]"提示。

5. 样式（S）

确定当前的文字样式。

6. 宽度（W）

指定多行文本的宽度。可以在屏幕上选取一点，将其与前面确定的第一个角点组成的矩形框的宽度作为多行文本的宽度，也可以输入一个数值，精确设置多行文本的宽度。

在创建多行文本时，只要给定了文本行的起始点和宽度，系统就会打开如图5-10所示的多行文字编辑器，该编辑器包含一个"文字格式"工具栏和一个右键快捷菜单。用户可以在编辑器中输入和编辑多行文本，包括设置字高、文字样式及倾斜角度等。

该编辑器与Microsoft的Word编辑器界面类似，事实上该编辑器与Word编辑器在某些功能上趋于一致。这样既增强了多行文字编辑功能，又使用户更熟悉和方便使用，效果很好。

7. "文字格式"工具栏

"文字格式"工具栏用来控制文本的显示特性。可以在输入文本之前设置文本的特性，也可以改变已输入文本的特性。要改变已有文本的显示特性，首先应选中要修改的文本。选择文本有以下3种方法。

- 将光标定位到文本开始处，按住鼠标左键，将光标拖到文本末尾。
- 单击某一个字，则该字被选中。
- 三击鼠标：则选中全部内容。

下面把"文字格式"工具栏中部分选项的功能介绍一下。

（1）"高度"下拉列表框：该下拉列表框用来确定文本的字符高度，可以在文本编辑框中直接输入新的字符高度，也可以从下拉列表框中选择已设定过的高度。

（2）"B"和"I"按钮：这两个按钮用来设置黑体或斜体效果。这两个按钮只对TrueType字体有效。

（3）"下划线"按钮 U：该按钮用于设置或取消下划线。

（4）"堆叠"按钮 ：该按钮为层叠/非层叠文本按钮，用于层叠所选的文本，也就是创建分数形式。当文本中某处出现"/"或"^"或"#"这3种层叠符号之一时可以层叠文本，方法是选中需层叠的文字，然后单击此按钮，则符号左边文字作为分子，右边文字作为分母。AutoCAD 2013提供了3种分数形式，如选中"abcd/efgh"后单击此按钮，得到如图5-11（a）所示的分数形式。如果选中"abcd^efgh"后单击此按钮，则得到如图5-11（b）所示的形式，此形式多用于标注极限偏差。如果选中"abcd # efgh"后单击此按钮，则创建斜排的分数形式，如图5-11（c）所示。如果选中已经层叠的文本对象后单击此按钮，则文本恢复到非层叠形式。

（5）"倾斜角度"微调框*0/*：设置文字的倾斜角度。

（6）"符号"按钮 @▾：用于输入各种符号。单击该按钮，系统打开符号列表，如图5-12所示。用户可以从中选择符号输入到文本中。

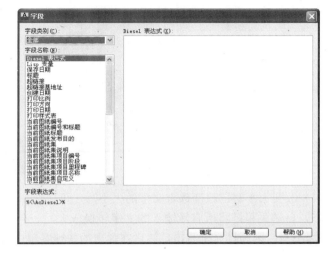

图5-11　文本层叠

（7）"插入字段"按钮 ▦：插入一些常用或预设字段。单击该按钮，系统打开"字段"对话框，如图5-13所示。用户可以从中选择字段插入到标注文本中。

度数(D)	%%d
正/负(P)	%%p
直径(I)	%%c
几乎相等	\U+2248
角度	\U+2220
边界线	\U+E100
中心线	\U+2104
差值	\U+0394
电相角	\U+0278
流线	\U+E101
恒等于	\U+2261
初始长度	\U+E200
界碑线	\U+E102
不相等	\U+2260
欧姆	\U+2126
欧米加	\U+03A9
地界线	\U+214A
下标 2	\U+2082
平方	\U+00B2
立方	\U+00B3
不间断空格(S)	Ctrl+Shift+Space
其他(O)...	

图5-12　符号列表

图5-13　"字段"对话框

（8）"追踪"微调框 **a·t**：增大或减小选定字符之间的距离。1.0设置是常规间距。设置大于1.0可以增大间距，设置小于1.0可以减小间距。

（9）"宽度比例"微调框 **○**：扩展或收缩选定字符。1.0设置代表此字体中字母的常规宽度，可以增大该宽度或减小该宽度。

（10）"栏数"下拉列表框 ▤▾：显示栏弹出菜单，该菜单提供3个栏选项："不分栏"、"静态栏"和"动态栏"。

（11）"多行文字对正"下拉列表框 ▣▾：显示"多行文字对正"菜单，有9个对齐选项可用。"左上"选项为默认。

8. 右键快捷菜单

在多行文字绘制区域右击，系统打开右键快捷菜单，如图5-14所示。部分命令介绍如下。

（1）插入字段：插入一些常用或预设字段。单击该命令，系统打开"字段"对话框，用户可以从中选择字段插入到标注文本中。

（2）符号：在光标位置插入列出的符号或不间断空格，也可以手动插入符号。

（3）输入文字：显示"选择文件"对话框，如图5-15所示，选择ASCII或RTF格式的文件。输入的文字保留原始字符格式和样式特性，但可以在多行文字编辑器中编辑和格式化输入的文字。选择要输入的文本文件后，可以在文字编辑框中替换选定的文字或全部文字，或在文字边界内将插入的文字附加到选定的文字中。输入的文字内容必须少于32KB。

　　图5-14　快捷菜单　　　　　　　　　　　　　　图5-15　"选择文件"对话框

　　（4）改变大小写：改变选定文字的大小写，可以选择"大写"或"小写"。

　　（5）自动大写：将所有新输入的文字转换成大写。自动大写不影响已有的文字。要改变已有文字的大小写，则选择文字右击，然后在弹出的快捷菜单中选择"改变大小写"命令。

　　（6）删除格式：清除选定文字的粗体、斜体或下划线格式。

　　（7）合并段落：将选定的段落合并为一段，并用空格替换每段的回车符。

　　（8）背景遮罩：用设定的背景对标注的文字进行遮罩。选择该命令，系统打开"背景遮罩"对话框，如图5-16所示。

　　（9）查找和替换：显示"查找和替换"对话框，如图5-17所示。在该对话框中可以进行替换操作，操作方式与Word编辑器中替换操作类似，不再赘述。

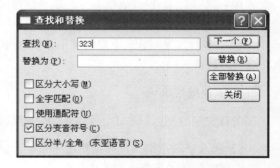

　　图5-16　"背景遮罩"对话框　　　　　　　　图5-17　"查找和替换"对话框

　　（10）字符集：可以从后面的子菜单打开某个字符集，插入字符。

5.3 文本编辑

5.3.1 文本编辑命令

【执行方式】

命令行：DDEDIT
菜单：修改→对象→文字→编辑
工具栏：文字→编辑 A⁄
右键快捷菜单：编辑多行文字 或 编辑文字

【操作步骤】

选择相应的菜单项，或在命令行输入DDEDIT命令后按Enter键，系统提示：

```
命令：DDEDIT↙
选择注释对象或 [放弃(U)]：
```

要求选择想要修改的文本，同时光标变为拾取框。用拾取框单击对象，如果选取的文本是用TEXT命令创建的单行文本，则亮显该文本，此时可以对其进行修改；如果选取的文本是用MTEXT命令创建的多行文本，选取后则打开多行文字编辑器（见图5-10），可以根据前面的介绍对各项设置或内容进行修改。

5.3.2 实例——酒瓶

 视频文件：讲解视频\第5章\实例－酒瓶.avi

本例绘制如图5-18所示的酒瓶。

01 单击"图层"工具栏中的"图层特性管理器"按钮 ，新建3个图层。

◆ "1"图层，颜色为绿色，其余属性默认。
◆ "2"图层，颜色为黑色，其余属性默认。
◆ "3"图层，颜色为蓝色，其余属性默认。

02 选择菜单栏中的"视图"→"缩放"→"中心"命令，将图形界面缩放至适当大小。

03 将"3"图层设置为当前图层，单击"绘图"工具栏中的"多段线"按钮 。命令行中的提示与操作如下。

图5-18　酒瓶

```
命令：pline↙
指定起点：40,0↙
当前线宽为 0.0000
指定下一个点或 [圆弧(A)/半宽(H)/长度(L)/放弃(U)/宽度(W)]：@-40,0↙
指定下一点或 [圆弧(A)/闭合(C)/半宽(H)/长度(L)/ 放弃(U)/宽度(W)]：@0,119.8↙
指定下一点或 [圆弧(A)/闭合(C)/半宽(H)/长度(L)/放弃(U)/宽度(W)]：a↙
```

    指定圆弧的端点或[角度(A)/圆心(CE)/闭合(CL)/方向(D)/半宽(H)/直线(L)/半径(R)/第二个点(S)/放弃(U)/宽度(W)]: 22,139.6↙
    指定圆弧的端点或[角度(A)/圆心(CE)/闭合(CL)/方向(D)/半宽(H)/直线(L)/半径(R)/第二个点(S)/放弃(U)/宽度(W)]: l↙
    指定下一点或 [圆弧(A)/闭合(C)/半宽(H)/长度(L)/放弃(U)/宽度(W)]: 29,190.7↙
    指定下一点或 [圆弧(A)/闭合(C)/半宽(H)/长度(L)/放弃(U)/宽度(W)]: 29,222.5↙
    指定下一点或 [圆弧(A)/闭合(C)/半宽(H)/长度(L)/放弃(U)/宽度(W)]: A↙
    指定圆弧的端点或[角度(A)/圆心(CE)/闭合(CL)/方向(D)/半宽(H)/直线(L)/半径(R)/第二个点(S)/放弃(U)/宽度(W)]: S↙
    指定圆弧上的第二个点: 40,227.6↙
    指定圆弧的端点: 51.2,223.3↙
    指定圆弧的端点或[角度(A)/圆心(CE)/闭合(CL)/方向(D)/半宽(H)/直线(L)/半径(R)/第二个点(S)/放弃(U)/宽度(W)]: ↙

绘制结果如图5-19所示。

04 单击"修改"工具栏中的"镜像"按钮，镜像绘制的多段线，指定镜像点为{(40,0)，(40,10)}。绘制结果如图5-20所示。

05 单击"绘图"工具栏中的"直线"按钮，绘制坐标点在{(0,94.5)，(@80,0)}、{(0,48.6),(@80,0)}、{(29,190.7),(@22,0)} 、 {(0,50.6),(@80,0)} 、 {(0,92.5)，(80,92.5)}。绘制结果如图5-21所示。

06 单击"绘图"工具栏中的"椭圆"按钮，指定中心点为(40,120)，轴端点为(@25,0)，轴长度为(@0,10)。单击"绘图"工具栏中的"圆弧"按钮，以三点坐标方式绘制点在{(22,139.6),(40,136),(58,139.6)}的圆弧。绘制结果如图5-22所示。

图5-19 绘制多段线　　图5-20 镜像处理

07 单击"绘图"工具栏中的"多行文字"按钮，指定文字高度为5，输入文字，如图5-23所示。

图 5-21 绘制直线　　　　图 5-22 绘制椭圆　　　　图 5-23 输入文字

5.4 表格

使用AutoCAD 2013提供的"表格"功能，创建表格就变得非常容易，用户可以直接插入设置好样式的表格，而不用绘制由单独的图线组成的栅格。

5.4.1 定义表格样式

表格样式是用来控制表格基本形状和间距的一组设置。和文字样式一样，所有AutoCAD图形中的表格都有和其相对应的表格样式。当插入表格对象时，AutoCAD使用当前设置的表格样式。模板文件ACAD.dwt和ACADISO. dwt中定义了名叫Standard的默认表格样式。

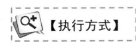【执行方式】

命令行：TABLESTYLE
菜单：格式→表格样式
工具栏：样式→表格样式

【操作步骤】

命令：TABLESTYLE✓

执行上述命令后，系统将打开"表格样式"对话框，如图5-24所示。

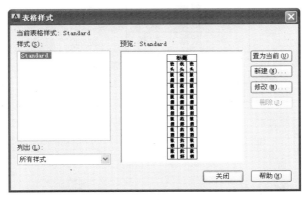

图5-24   "表格样式"对话框

【选项说明】

1. 新建

单击该按钮，系统打开"创建新的表格样式"对话框，如图5-25所示。输入新的表格样式名后，单击"继续"按钮，系统打开新建表格样式对话框，如图5-26所示，从中可以定义新的表格样式。

图 5-25   "创建新的表格样式"对话框

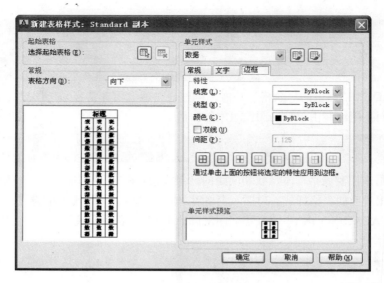

图5-26　新建表格样式对话框

新建表格样式对话框中有3个选项卡:"常规"、"文字"和"边框",分别控制表格中的数据、表头和标题的有关参数,如图5-27所示。

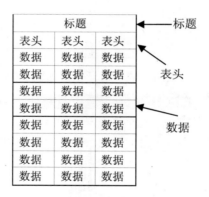

图5-27　表格样式

(1)"常规"选项卡

◆　"特性"选项组

➤　填充颜色:指定填充颜色。

➤　对齐:为单元内容指定一种对齐方式。

➤　格式:设置表格中各行的数据类型和格式。

➤　类型:将单元样式指定为选项卡或数据,在包含起始表格的表格样式中插入默认文字时使用。也用于在工具选项板上创建表格工具的情况。

◆　"页边距"选项组

➤　水平:设置单元中的文字或块与左右单元边界之间的距离。

➤　垂直:设置单元中的文字或块与上下单元边界之间的距离。

➤　创建行/列时合并单元:将使用当前单元样式创建的所有新行或列合并到一个单元中。

（2）"文字"选项卡

◆　文字样式：指定文字样式。

◆　文字高度：指定文字高度。

◆　文字颜色：指定文字颜色。

◆　文字角度：设置文字角度。

（3）"边框"选项卡

◆　线宽：设置要用于显示边界的线宽。

◆　线型：通过单击边框按钮，设置线型以应用于指定边框。

◆　颜色：指定颜色以应用于显示的边界。

◆　双线：指定选定的边框为双线型。

◆　间距：确定双线边界的间距，默认间距为0.1800。

2. 修改

对当前表格样式进行修改，方法与新建表格样式相同。

5.4.2　创建表格

在设置好表格样式后，用户可以利用TABLE命令创建表格。

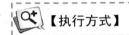

命令行：TABLE

菜单：绘图→表格

工具栏：绘图→表格▦

命令:TABLE↙

执行上述命令后，系统打开"插入表格"对话框，如图5-28所示。

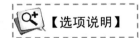

1. "表格样式"选项组

可以在"表格样式"下拉列表框中选择一种表格样式，也可以单击后面的▣按钮新建或修改表格样式。

2. "插入方式"选项组

（1）"指定插入点"单选按钮

指定表格左上角的位置。可以使用定点设备，也可以在命令行中输入坐标值。如果在"表格样式"下拉列表框中将表格的方向设置为由下而上读取，则插入点位于表格的左下角。

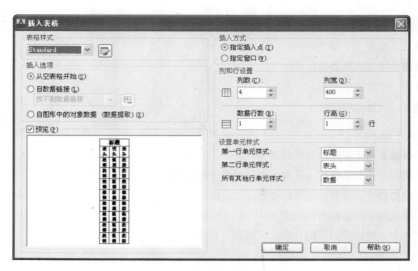

图5-28   "插入表格"对话框

（2）"指定窗口"单选按钮

指定表格的大小和位置。可以使用定点设备，也可以在命令行输入坐标值。选定此选项时，行数、列数、列宽和行高取决于窗口的大小，以及列和行的设置。

3. "列和行设置"选项组

指定列和行的数目，及列宽与行高。

> **注意**
>
> 一个单位行高的高度为文字高度与垂直边距的和。列宽设置必须不小于文字宽度与水平边距的和，如果列宽小于此值，则实际列宽以文字宽度与水平边距的和为准。

在"插入表格"对话框中进行相应的设置后，单击"确定"按钮，系统在指定的插入点或窗口自动插入一个空表格，并显示多行文字编辑器，用户可以逐行、逐列输入相应的文字或数据，如图5-29所示。

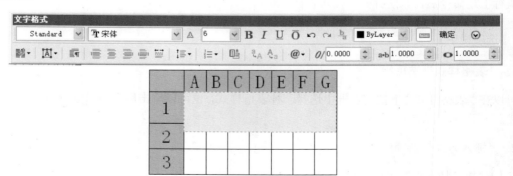

图5-29   多行文字编辑器

5.4.3 表格文字编辑

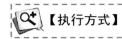**【执行方式】**

命令行：TABLEDIT

右键快捷菜单：选定表和一个或多个单元后右击，并在弹出的快捷菜单上选择 "编辑文字"
命令（见图5-30）。

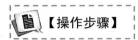**【操作步骤】**

命令：TABLEDIT✓

系统打开"多行文字编辑器"对话框，用户可以对指定单元格中的文字进行编辑。

在AutoCAD 2013中，可以在表格中插入简单的公式，用于计算总和、计数和平均值，以及定
义简单的算术表达式。要在选定的单元格中插入公式，可以单击鼠标右键，然后在弹出的快捷菜单
中选择"插入点"→"公式"命令，如图5-31所示。也可以使用文字编辑器来输入公式。选择一个
公式项后，系统提示：

选择表单元范围的第一个角点：（在表格内指定一点）
选择表单元范围的第二个角点：（在表格内指定另一点）

指定单元范围后，系统对范围内单元格的数值按指定公式进行计算，给出最终计算值。

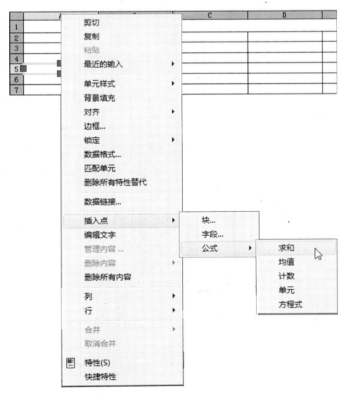

图5-30 快捷菜单   图5-31 插入公式

5.4.4 实例——公园设计植物明细表

视频文件：讲解视频\第5章\实例－公园设计植物明细表.avi

01 单击"样式"工具栏中的"表格样式"按钮，命令行中的提示与操作如下。

命令：TABLESTYLE↙

系统打开"表格样式"对话框，如图5-32所示。

02 单击"新建"按钮，系统打开"创建新的表格样式"对话框，如图5-33所示。输入新的表格名称后，单击"继续"按钮，系统打开"新建表格样式：Standard副本"对话框，如图5-34所示；数据参数按图5-34设置；标题参数按如图5-35所示设置。创建好表格样式后，确定并关闭，退出"表格样式"对话框。

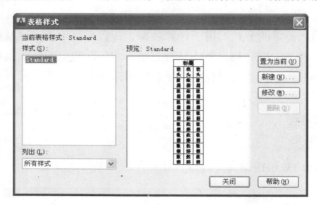

图5-32 "表格样式"对话框

图5-33 "创建新的表格样式"对话框

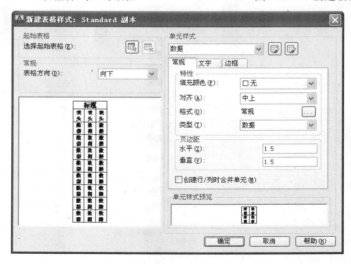

图5-34 设置表格样式

03 创建表格。在设置好表格样式后，可以用TABLE命令创建表格。

04 单击"绘图"工具栏中的"表格"按钮，系统打开"插入表格"对话框，设置如图5-36所示。

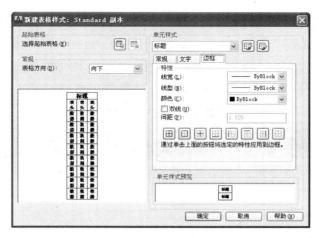

图5-35 设置标题

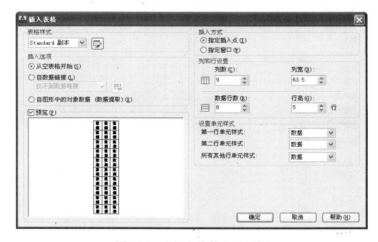

图5-36 "插入表格"对话框

05 单击"确定"按钮，系统在指定的插入点或窗口自动插入一个空表格，并显示多行文字编辑器。用户可以逐行、逐列输入相应的文字或数据，如图5-37所示。

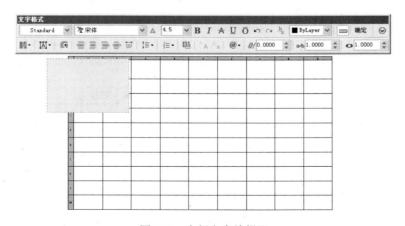

图5-37 多行文字编辑器

06 当编辑完成的表格有需要修改的地方时，可用TABLEDIT命令来完成（也可在要修改的表格上右击，在弹出的快捷菜单中选择"编辑文字"命令，如图5-38所示，同样可以达到修改文本的目的）。

命令：TABLEDIT✓
拾取表格单元：（单击需要修改文本的表格单元）

执行上述命令后，多行文字编辑器会再次出现，用户可以进行修改。

⚙ 注意

在插入的表格中选择某一个单元格，单击后出现钳夹点。通过移动钳夹点，可以改变单元格的大小，如图5-39所示。

图5-38 快捷菜单

图5-39 改变单元格大小

最后完成的植物明细表如图5-40所示。

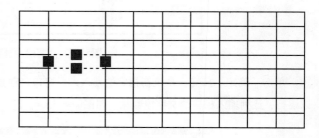

苗木名称	数量	规格	苗木名称	数量	规格	苗木名称	数量	规格
落叶松	32	10cm	红叶	3	15cm	金叶女贞		20棵/m2丛植H-500
银杏	44	15cm	法国梧桐	10	20cm	紫叶小染		20棵/m2丛植H-500
元宝枫	5	6m(冠径)	油松	4	8cm	草坪		20棵/m2丛植H-500
樱花	3	10cm	三角枫	26	10cm			
合欢	8	12cm	睡莲	20				
玉兰	27	15cm						
龙爪槐	30	8cm						

图5-40 植物明细表

07 绘制植物说明。植物的种类和数量确定后，对植物的种植环境、种植条件、外围设备材料等情况还要进行说明。单击"绘图"工具栏中的"多行文字"按钮 **A**，输入种植说明，文字内容参照见图5-41。

种植说明：1.基层土壤应为排水良好，土质为中性及富含有机物的土壤，如含有建筑废土及其它有害成份酸碱度超标等，应采取相应的技术措施。
2.植物生长所必须的最低种植土壤厚度应符合规范要求，种植土应选用植物生长的选择性土壤。
3.所有花坛土墙需设空前排水管，疏水层材料选择碎石陶粒粒径20-40。
4.除注出外，苗木规格指树木的胸径。

图5-41 种植说明

植物明细表和种植说明完成以后，根据总平面图中的位置提示，就可以布置公园内的植物景观了。

5.5 尺寸标注样式

组成尺寸标注的尺寸界线、尺寸线、标注文字及箭头等可以采用多种多样的形式。实际标注一个几何对象的尺寸时，它的尺寸标注以什么形态出现，取决于当前所采用的尺寸标注样式。

标注样式决定尺寸标注的形式，包括尺寸线、尺寸界线、箭头和中心标记的形式，以及标注文字的位置、特性等。在AutoCAD 2013中，用户可以利用"标注样式管理器"对话框方便地设置自己需要的尺寸标注样式。下面介绍如何定制尺寸标注样式。

5.5.1 新建或修改尺寸标注样式

在进行尺寸标注之前，要建立尺寸标注的样式。如果用户不建立尺寸样式而直接进行标注，系统使用默认的名称为Standard的样式。用户如果认为使用的标注样式有某些设置不合适，也可以修改标注样式。

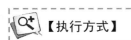【执行方式】

命令行：DIMSTYLE
菜单：格式→标注样式 或 标注→标注样式
工具栏：标注→标注样式

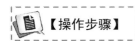【操作步骤】

命令：DIMSTYLE✓

执行上述命令后，系统打开"标注样式管理器"对话框，如图5-42所示。利用此对话框，可方便直观地设置和浏览尺寸标注样式，包括建立新的标注样式、修改已存在的样式、设置当前尺寸标注样式、重命名样式，以及删除一个已存在的样式等。

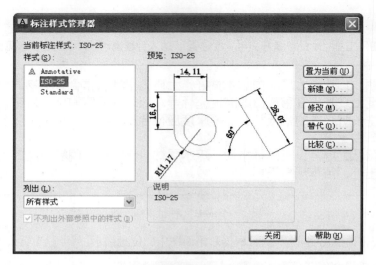

图5-42 "标注样式管理器"对话框

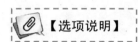【选项说明】

1. "置为当前"按钮

单击此按钮，把在"样式"列表框中选中的样式设置为当前样式。

2. "新建"按钮

定义一个新的尺寸标注样式。单击此按钮，系统打开"创建新标注样式"对话框，如图5-43所示。利用此对话框，可以创建一个新的尺寸标注样式。下面介绍其中各选项的功能。

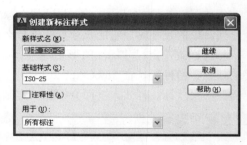

图5-43 "创建新标注样式"对话框

（1）新样式名

给新的尺寸标注样式命名。

（2）基础样式

选取创建新样式所基于的标注样式。单击右侧的下三角按钮，出现当前已有的样式列表，从中选取一个作为定义新样式的基础，新的样式是在这个样式的基础上修改一些特性得到的。

（3）用于

指定新样式应用的尺寸类型。单击右侧的下三角按钮，出现尺寸类型列表。如果新建样式应用于所有尺寸，则选"所有标注"选项；如果新建样式只应用于特定的尺寸标注（例如只在标注直径时使用），则选取相应的尺寸类型。

（4）继续

各选项设置好以后，单击"继续"按钮，系统打开新建标注样式对话框，如图5-44所示。利用此对话框，可以对新样式的各项特性进行设置。该对话框中各部分的含义和功能将在后面介绍。

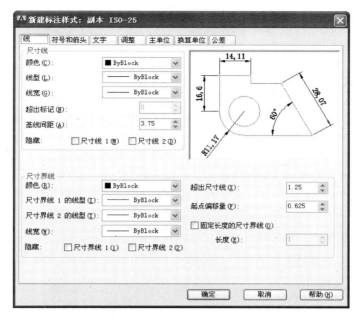

图5-44 新建标注样式对话框

3."修改"按钮

修改一个已存在的尺寸标注样式。单击此按钮，系统将打开"修改标注样式"对话框。该对话框中的各选项与新建标注样式对话框完全相同，用户可以在此对已有标注样式进行修改。

4."替代"按钮

设置临时覆盖尺寸标注样式。单击此按钮，系统打开"替代当前样式"对话框。该对话框中各选项与新建标注样式对话框完全相同，用户可改变选项的设置以覆盖原来的设置。但这种修改只对指定的尺寸标注起作用，而不影响当前尺寸变量的设置。

5."比较"按钮

比较两个尺寸标注样式在参数上的区别，或浏览一个尺寸标注样式的参数设置。单击此按钮，系统打开"比较标注样式"对话框，如图5-45所示。可以把比较结果复制到剪贴板上，然后再粘贴到其他的Windows应用软件上。

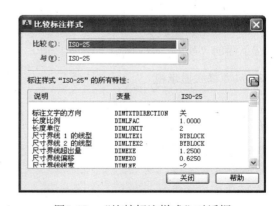

图5-45 "比较标注样式"对话框

5.5.2 线

在新建标注样式对话框中，第一个选项卡就是"线"选项卡。该选项卡用于设置尺寸线、尺寸界线的形式和特性，现分别进行说明。

1. "尺寸线"选项组

设置尺寸线的特性,其中主要选项的含义如下。

(1)"颜色"下拉列表框:设置尺寸线的颜色。可直接输入颜色名字,也可从下拉列表中选择。如果选取"选择颜色",系统打开"选择颜色"对话框供用户选择其他颜色。

(2)"线宽"下拉列表框:设置尺寸线的线宽,下拉列表中列出了各种线宽的名字和宽度。系统把设置值保存在DIMLWD变量中。

(3)"超出标记"微调框:当尺寸箭头设置为短斜线、短波浪线等,或尺寸线上无箭头时,可利用此微调框设置尺寸线超出尺寸界线的距离。其相应的变量是DIMDLE。

(4)"基线间距"微调框:设置以基线方式标注尺寸时,相邻两尺寸线之间的距离,相应的变量是DIMDLI。

(5)"隐藏"复选框组:确定是否隐藏尺寸线及相应的箭头。选中"尺寸线1"复选框表示隐藏第一段尺寸线,选中"尺寸线2"复选框表示隐藏第二段尺寸线。相应的变量为DIMSD1和DIMSD2。

2. "尺寸界线"选项组

该选项组用于确定尺寸界线的形式,其中主要选项的含义如下。

(1)"颜色"下拉列表框:设置尺寸界线的颜色。

(2)"线宽"下拉列表框:设置尺寸界线的线宽,系统把其值保存在DIMLWE变量中。

(3)"超出尺寸线"微调框:确定尺寸界线超出尺寸线的距离,相应的尺寸变量是DIMEXE。

(4)"起点偏移量"微调框:确定尺寸界线的实际起始点相对于指定的尺寸界线的起始点的偏移量,相应的尺寸变量是DIMEXO。

(5)"隐藏"复选框组:确定是否隐藏尺寸界线。选中"尺寸界线1"复选框表示隐藏第一段尺寸界线,选中"尺寸界线2"复选框表示隐藏第二段尺寸界线。相应的尺寸变量为DIMSE1和DIMSE2。

(6)"固定长度的尺寸界线"复选框:选中该复选框,系统以固定长度的尺寸界线标注尺寸。可以在下面的"长度"微调框中输入长度值。

3. 尺寸样式显示框

在"新建标注样式"对话框的右上方,是一个尺寸样式显示框,该框以样例的形式显示用户设置的尺寸样式。

5.5.3 文字

在新建标注样式对话框中,第3个选项卡是"文字"选项卡,如图5-46所示。该选项卡用于设置标注文字的形式、位置和对齐方式等。

1. "文字外观"选项组

(1)"文字样式"下拉列表框:选择当前标注文字采用的文字样式。可以在下拉列表中选取一个样式,也可单击右侧的 □ 按钮,打开"文字样式"对话框,以创建新的文字样式或对文字样式进行修改。系统将当前文字样式保存在DIMTXSTY系统变量中。

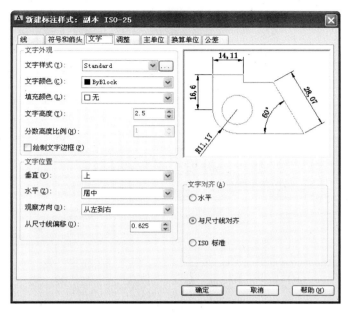

图5-46 "文字"选项卡

（2）"文字颜色"下拉列表框：设置标注文字的颜色，其操作方法与设置尺寸线颜色的方法相同。与其对应的变量是DIMCLRT。

（3）"文字高度"微调框：设置标注文字的字高，相应的变量是DIMTXT。如果选用的文字样式中已设置了具体的字高（不是0），则此处的设置无效；如果文字样式中设置的字高为0，才以此处的设置为准。

（4）"分数高度比例"微调框：确定标注文字的比例系数，相应的变量是DIMTFAC。

（5）"绘制文字边框"复选框：选中此复选框，系统将在标注文字的周围加上边框。

2．"文字位置"选项组

（1）"垂直"下拉列表框

确定标注文字相对于尺寸线在垂直方向的对齐方式，相应的变量是DIMTAD。在该下拉列表框中可选择的对齐方式有以下5种。

- ◆ 居中：将标注文字放在尺寸线的两部分中间。
- ◆ 上：将标注文字放在尺寸线上方。从尺寸线到文字的最低基线的距离就是当前的文字间距。
- ◆ 外部：将标注文字放在尺寸线上远离第一个定义点的一边。
- ◆ JIS：按照日本工业标准（JIS）放置标注文字。
- ◆ 下：将标注文字放在尺寸线下方。从尺寸线到文字的最低基线的距离就是当前的文字间距。

上面这几种文本布置方式如图5-47所示。

（2）"水平"下拉列表框

用来确定标注文字相对于尺寸线和尺寸界线在水平方向的对齐方式，相应的变量是DIMJUST。在此下拉列表框中，可以选择的对齐方式有以下5种：居中、第一条尺寸界线、第二条尺寸界线、第一条尺寸界线上方、第二条尺寸界线上方，如图5-48（a）～（e）所示。

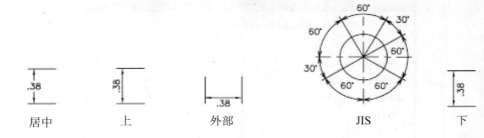

图5-47 标注文字在垂直方向的放置

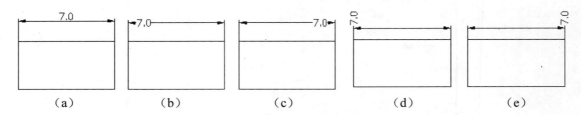

图5-48 标注文字在水平方向的放置

（3）"从尺寸线偏移"微调框

当标注文字放在断开的尺寸线中间时，此微调框用来设置标注文字与尺寸线之间的距离（标注文字间隙），这个值保存在变量DIMGAP中。

3. "文字对齐"选项组

用来控制标注文字排列的方向。当标注文字在尺寸界线之内时，与其对应的变量是DIMTIH；当标注文字在尺寸界线之外时，与其对应的变量是DIMTOH。

（1）"水平"单选按钮：标注文字沿水平方向放置。不论标注什么方向的尺寸，标注文字总保持水平。

（2）"与尺寸线对齐"单选按钮：标注文字沿尺寸线方向放置。

（3）"ISO标准"单选按钮：当标注文字在尺寸界线之间时，沿尺寸线方向放置；在尺寸界线之外时，沿水平方向放置。

5.6 标注尺寸

正确地进行尺寸标注是设计绘图工作中非常重要的一个环节。AutoCAD 2013提供了方便快捷的尺寸标注方法，可以通过执行命令实现，也可利用菜单或工具图标实现。本节重点介绍如何对各种类型的尺寸进行标注。

5.6.1　线性

【执行方式】

命令行：DIMLINEAR（DIMLIN）

菜单：标注→线性

工具栏：标注→线性 ⊢

【操作步骤】

命令：DIMLIN✓
指定第一条尺寸界线原点或 <选择对象>：

【选项说明】

在此提示下有两种选择，直接按Enter键选择要标注的对象或确定尺寸界线的起始点。

1. 直接按Enter键

光标变为拾取框，命令行提示如下。

选择标注对象：

用拾取框选取要标注尺寸的线段，命令行提示如下。

指定尺寸线位置或 ［多行文字(M)/文字(T)/角度(A)/水平(H)/垂直(V)/旋转(R)］：

各项的含义如下。

（1）指定尺寸线位置：确定尺寸线的位置。用户可以移动鼠标选择合适的尺寸线位置，然后按 Enter 键或单击，系统将自动测量所标注线段的长度并标注出相应的尺寸。

（2）多行文字（M）：用多行文字编辑器确定标注文字。

（3）文字（T）：在命令行提示下输入或编辑标注文字。选择此选项后，系统提示：

输入标注文字 <默认值>：

其中的默认值是系统自动测量得到的被标注线段的长度，直接按Enter键即可采用此长度值，也可输入其他数值代替默认值。当标注文字中包含默认值时，可使用尖括号"<>"表示默认值。

（4）角度（A）：确定标注文字的倾斜角度。

（5）水平（H）：水平标注尺寸，不论标注什么方向的线段，尺寸线均水平放置。

（6）垂直（V）：垂直标注尺寸，不论被标注线段沿什么方向，尺寸线总保持垂直。

（7）旋转（R）：输入尺寸线旋转的角度值，旋转标注尺寸。

2. 指定第一条尺寸界线原点

指定第一条与第二条尺寸界线的起始点。

5.6.2 对齐

【执行方式】

命令行：DIMALIGNED

菜单：标注→对齐

工具栏：标注→对齐 ✎

【操作步骤】

命令：DIMALIGNED↙
指定第一条尺寸界线原点或 <选择对象>：

这种命令标注的尺寸线与所标注轮廓线平行，标注的是起始点到终点之间的距离尺寸。

5.6.3 基线

基线用于产生一系列基于同一条尺寸界线的尺寸标注，适用于长度尺寸标注、角度标注和坐标标注等。在使用基线标注方式之前，应该先标注出一个相关的尺寸。

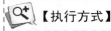【执行方式】

命令行：DIMBASELINE

菜单：标注→基线

工具栏：标注→基线 ⊢

【操作步骤】

命令：DIMBASELINE↙
指定第二条尺寸界线原点或 [放弃(U)/选择(S)] <选择>：

【选项说明】

1. 指定第二条尺寸界线原点

确定另一个尺寸的第二条尺寸界线的起点，系统以上次标注的尺寸为基准标注出相应尺寸。

2. 选择（S）

在上述提示下直接按Enter键，系统提示：

选择基准标注：（选取作为基准的尺寸标注）

5.6.4 连续

连续又叫尺寸链标注，用于产生一系列连续的尺寸标注，后一个尺寸标注均把前一个标注的第二条尺寸界线作为它的第一条尺寸界线，适用于长度尺寸标注、角度标注和坐标标注等。在使用连续标注方式之前，应该先标注出一个相关的尺寸。

【执行方式】

命令行：DIMCONTINUE
菜单：标注→连续
工具栏：标注→连续

【操作步骤】

命令：DIMCONTINUE↙
指定第二条尺寸界线原点或［放弃(U)/选择(S)］<选择>：

在此提示下的各选项与基线中完全相同，不再赘述。连续标注的效果如图5-49所示。

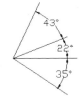

图5-49　连续标注

5.7　引线

AutoCAD 2013提供了引线标注功能。利用该功能，不仅可以标注特定的尺寸，如圆角、倒角等，还可以在图中添加多行旁注、说明。在引线标注中，指引线可以是折线，也可以是曲线；指引线端部可以有箭头，也可以没有箭头。

【执行方式】

命令行：QLEADER

【操作步骤】

命令：QLEADER↙
指定第一个引线点或［设置(S)］<设置>：

【选项说明】

1．指定第一个引线点

在上面的提示下确定一点作为引线的第一点，AutoCAD命令提示如下。

指定下一点：（输入指引线的第二点）
指定下一点：（输入指引线的第三点）

系统提示用户输入的点的数目由"引线设置"对话框（见图5-50）确定。输入完引线的点后，命令行提示如下。

指定文字宽度 <0.0000>：（输入多行文本的宽度）
输入注释文字的第一行 <多行文字(M)>：

此时，有两种命令输入选择。

（1）输入注释文字的第一行

在命令行输入第一行文本。系统继续提示：

输入注释文字的下一行：（输入另一行文字）
输入注释文字的下一行：（输入另一行文字或按Enter键）

（2）多行文字（M）

打开多行文字编辑器，输入、编辑多行文字。输入全部注释文字后，在此提示下按Enter键，系统结束QLEADER命令并把多行文字标注在引线的末端附近。

2. 设置（S）

在上面提示下直接按Enter键或输入S，系统将打开图5-50所示的"引线设置"对话框，允许对引线标注进行设置。该对话框包含"注释"、"引线和箭头"、"附着"3个选项卡，下面分别进行介绍。

（1）"注释"选项卡（见图5-50）

用于设置引线标注中注释文本的类型、多行文本的格式并确定注释文本是否多次使用。

图5-50 "引线设置"对话框

（2）"引线和箭头"选项卡（见图5-51）

用来设置引线标注中引线和箭头的形式。其中"点数"选项组设置执行QLEADER命令时系统提示用户输入的点的数目。例如，设置点数为3，执行QLEADER命令时，当用户在提示下指定3个点后，系统自动提示用户输入注释文本。注意，设置的点数要比用户希望的引线的段数多1。可利用微调框进行设置，如果选中"无限制"复选框，AutoCAD会一直提示用户输入点，直到连续按Enter键两次为止。"角度约束"选项组设置第一段和第二段指引线的角度约束。

图5-51 "引线和箭头"选项卡

（3）"附着"选项卡（见图5-52）

设置注释文本和引线的相对位置。如果最后一段引线指向右边，AutoCAD自动把注释文本放在右侧；如果最后一段引线指向左边，AutoCAD自动把注释文本放在左侧。利用该选项卡中单选按钮，分别设置位于左侧和右侧的注释文本与最后一段指引线的相对位置，二者可相同，也可不同。

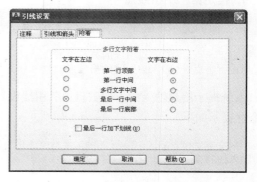

图5-52 "附着"选项卡

5.8 综合实例——图签模板

光盘路径	视频文件：讲解视频\第5章\综合实例－图签模板.avi

如图5-53所示，本例绘制建筑图中常用的图签模板。

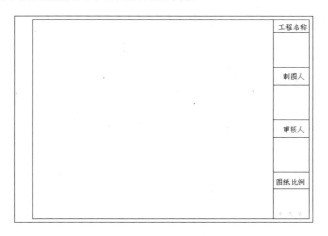

图5-53 图签模板

01 图层设计。建立如下3个图层：

- ◆ "图签"图层，颜色为红色，线型为ACAD_ISO002 W100，所有属性默认。
- ◆ "文字"图层，所有属性默认。
- ◆ "内部铺设"图层，所有属性默认。

02 在提示行中输入LINETYPE命令，打开如图5-54所示的"线型管理器"对话框。单击"显示细节"按钮，选择ACAD_ISO02 W100选项，将"全局比例因子"设为100。

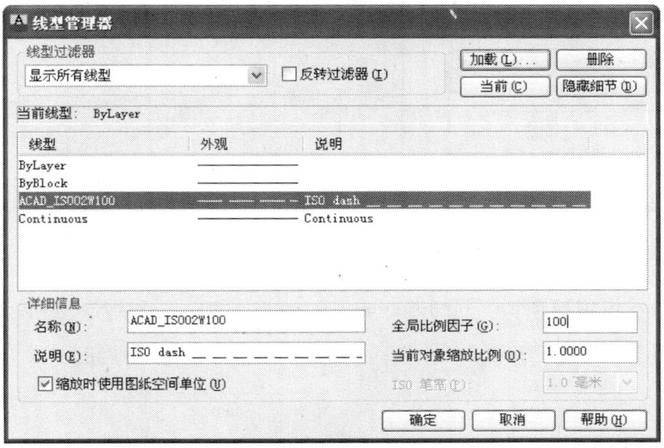

图5-54 线型管理器

03 单击"样式"工具栏中"文字样式"按钮 **A**,打开如图5-55所示的"文字样式"对话框。单击"新建"按钮,打开"新建文字样式"对话框,如图5-56所示。在"样式名"中输入"文字标注",单击"确定"按钮。在如图5-55所示的对话框中的"字体名"下拉列表框中选择"仿宋_GB2312"选项,文字高度为500,依次单击"应用"按钮和"关闭"按钮完成设置。

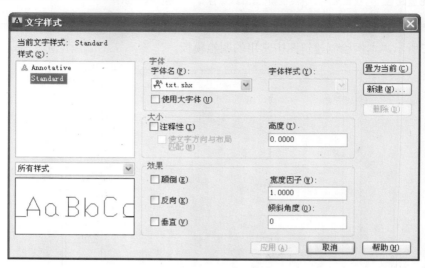

图5-55　文字样式

04 单击"样式"工具栏中"标注样式"按钮 **■**,打开如图5-57所示对话框。单击"修改"按钮,打开如图5-58所示的"修改标注样式:ISO-25"对话框,直线与箭头的参数设定如图所示。

图5-56　新建文字样式

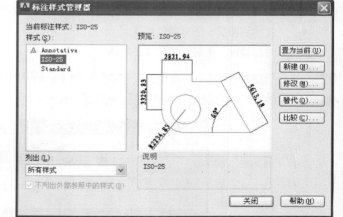

图5-57　标注样式管理器

进入"文字"选项卡,设置颜色为"□ByLayer",高度为200,"从尺寸线偏移"为50。

进入"主单位"选项卡,设置精度为0,比例因子为1,单击"确定"按钮。在"标注样式管理器"对话框中单击"关闭"按钮。

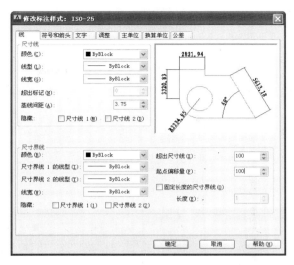

图5-58　修改标注样式

05 单击"绘图"工具栏中的"矩形"按钮□，指定矩形长宽分别为42 000和29 700，绘制矩形。绘制效果如图5-59所示。

06 单击"修改"工具栏中的"分解"按钮，将矩形分解成为4条直线。

07 单击"修改"工具栏中的"偏移"按钮，将左边的直线偏移2500，其他3条边偏移500个单位，偏移方向均向内。绘制结果如图5-60所示。

图5-59　绘制矩形

图5-60　偏移处理

08 单击"修改"工具栏中的"修剪"按钮，将偏移处理后的图形修剪成如图5-61所示。

09 单击"绘图"工具栏中的"直线"按钮，以两端点坐标为{(36500,500),(@0,28700)}绘制一条直线。同样的方法，绘制7条直线，两端点坐标分别为{(36500,4850)，(@5000,0)}、{(36500,7350)、(@5000,0)}、{(36500,12350),(@5000,0)}、{(36500,14850),(@5000,0)}、{(36500,19850),(@5000,0)}、{(36500,22350)，(@5000,0)}、{(36500,27350)，(@5000,0)}。绘制结果如图5-62所示。

图5-61　修剪处理

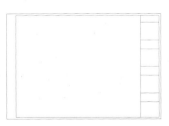

图5-62　绘制直线

10 单击"绘图"工具栏中的"多行文字"按钮 **A**，命令行中的提示与操作如下。

```
命令: _MTEXT
当前文字样式:"文字标注"  当前文字高度:500.0000
指定第一角点:36500,29200↙
指定对角点或 [高度(H)/对正(J)/行距(L)/旋转(R)/样式(S)/宽度(W)]: H↙
指定高度 <500.0000>: 700↙
指定对角点或 [高度(H)/对正(J)/行距(L)/旋转(R)/样式(S)/宽度(W)]: J↙
输入对正方式 [左上(TL)/中上(TC)/右上(TR)/左中(ML)/正中(MC)/右中(MR)/左下(BL)/
中下(BC)/右下(BR)] <左上(TL)>: MC↙
指定对角点或 [高度(H)/对正(J)/行距(L)/旋转(R)/样式(S)/宽度(W)]:41500,27350↙
```

在如图5-63所示的对话框内输入"工程名称"。

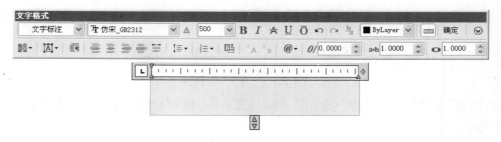

图5-63 输入文字

重复上述命令，在图签中输入如图5-53所示的表头文字。

5.9 上机实验

实验1 绘制会签栏

绘制如图5-64所示的会签栏。

专业	姓名	日期

图5-64 会签栏

 操作提示:

(1) 利用"表格"命令绘制表格。
(2) 利用"多行文字"命令标注文字。

实验2 绘制标题栏

绘制如图5-65所示的A3幅面标题栏。

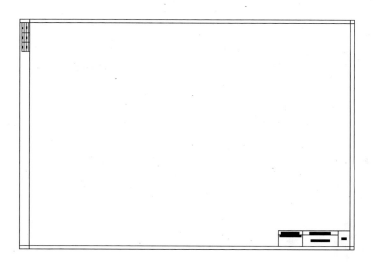

图5-65　A3幅面的标题栏

 操作提示：

（1）设置表格样式。

（2）插入空表格，并调整列宽。

（3）输入文字和数据。

第6章

编辑命令

二维图形编辑操作配合绘图命令的使用，可以进一步完成复杂图形对象的绘制工作，并可使用户合理安排和组织图形，保证作图准确，减少重复。因此，对编辑命令的熟练掌握和使用有助于提高设计和绘图的效率。本章主要介绍以下内容：复制类命令，改变位置类命令，删除、恢复类命令、改变几何特性类编辑命令和对象编辑命令等。

内容要点

- ◆ 删除及恢复类命令、复制命令
- ◆ 改变位置类命令
- ◆ 改变几何特性类命令
- ◆ 对象编辑

6.1 选择对象

AutoCAD 2013提供两种途径编辑图形：

- ♦ 先执行编辑命令，然后选择要编辑的对象。
- ♦ 先选择要编辑的对象，然后执行编辑命令。

这两种途径的执行效果是相同的，但选择对象是进行编辑的前提。AutoCAD 2013提供了多种对象选择方法，如单击方法、用选择窗口选择对象、用选择线选择对象、用对话框选择对象等。AutoCAD 2013可以把选择的多个对象组成整体（如选择集和对象组），进行整体编辑与修改。

选择集可以仅由一个图形对象构成，也可以是一个复杂的对象组，如位于某一特定层上具有某种特定颜色的一组对象。构造选择集可以在调用编辑命令之前或之后。

AutoCAD 2013提供以下几种方法构造选择集。

- ♦ 先选择一个编辑命令，然后选择对象，按Enter键结束操作。
- ♦ 使用SELECT命令。在命令提示行中输入SELECT，选择选项后，出现选择对象提示，按Enter键结束。
- ♦ 用选取设备选择对象，然后调用编辑命令。
- ♦ 定义对象组。

无论使用哪种方法，AutoCAD 2013都将提示用户选择对象，并且光标的形状由十字光标变为拾取框。此时，可以用后面介绍的方法选择对象。

下面结合SELECT命令说明选择对象的方法。

SELECT命令可以单独使用，也可以在执行其他编辑命令时被自动调用。此时屏幕提示：

> 选择对象：

等待用户以某种方式选择对象作为回答。AutoCAD 2013提供多种选择方式，可以键入"？"查看这些选择方式。选择该选项后，出现如下提示：

> 需要点或窗口（W）/上一个（L）/窗交（C）/框（BOX）/全部（ALL）/栏选（F）/圈围（WP）/圈交（CP）/编组（G）/添加（A）/删除（R）/多个（M）/前一个（P）/放弃（U）/自动（AU）/单个（SI）/子对象（SU）/ 对象（O）选择对象：

部分选项含义如下。

（1）窗口（W）：用由两个对角顶点确定的矩形窗口选取位于其范围内部的所有图形，与边界相交的对象不会被选中。指定对角顶点时，应该按照从左向右的顺序，如图6-1所示。

（2）窗交（C）：该方式与上述"窗口"方式类似，区别在于它不但选择矩形窗口内部的对象，也选中与矩形窗口边界相交的对象。选择的对象如图6-2所示。

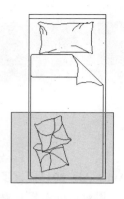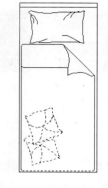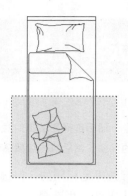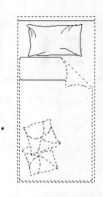

（a）图中阴影覆盖为选择框　（b）选择后的图形　　　　（a）图中阴影为选择框　　（b）选择后的图形

图6-1　"窗口"对象选择方式　　　　　　　　　图6-2　"窗交"对象选择方式

（3）框（BOX）：使用时，系统根据用户在屏幕上给出的两个对角点的位置而自动引用"窗口"或"窗交"选择方式。若从左向右指定对角点，为"窗口"方式；反之，为"窗交"方式。

（4）栏选（F）：用户临时绘制一些直线，这些直线不必构成封闭图形，凡是与这些直线相交的对象均被选中。执行结果如图6-3所示。

（5）圈围（WP）：使用一个不规则的多边形来选择对象。根据提示，用户顺次输入构成多边形所有顶点的坐标，直到最后按Enter键结束操作，系统将自动连接第一个顶点与最后一个顶点形成封闭的多边形。凡是被多边形围住的对象均被选中（不包括边界）。执行结果如图6-4所示。

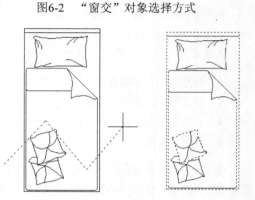

（a）图中虚线为选择栏　　　（b）选择后的图形

图6-3　"栏选"对象选择方式

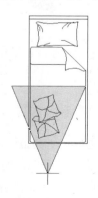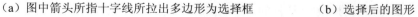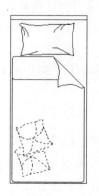

（a）图中箭头所指十字线所拉出多边形为选择框　　　（b）选择后的图形

图6-4　"圈围"对象选择方式

（6）添加（A）：添加下一个对象到选择集。也可用于从移走模式（Remove）到选择模式的切换。

6.2 删除及恢复类命令

这一类命令主要用于删除图形的某部分或对已被删除的部分进行恢复，包括"删除"、"回退"、"重做"、"清除"等命令。

6.2.1 删除

如果所绘制的图形不符合要求或不小心绘错了图形，可以使用"删除"命令ERASE把它删除命令。

 【执行方式】

命令行：ERASE

菜单：修改→删除

右键快捷菜单：在绘图区域右击要删除的对象，从打开的快捷菜单上选择"删除"命令

工具栏：修改→删除 🖊

 【操作步骤】

可以先选择对象后调用"删除"命令，也可以先调用"删除"命令然后再选择对象。选择对象时可以使用前面介绍的对象选择的各种方法。

当选择多个对象时，多个对象都被删除；若选择的对象属于某个对象组，则该对象组的所有对象都被删除。

注意

绘图过程中，如果出现了需要删除的绘制错误或者不太满意的图形，可以利用标准工具栏中的 ⤺ 命令，也可以用键盘上的Del键。提示"_erase"后，单击要删除的图形，再单击右键就行了。"删除"命令可以一次删除一个或多个图形，如果删除错误，可以利用"放弃"命令 ⤺ 来补救。

6.2.2 实例——画框

 视频文件：讲解视频\第6章\实例－画框.avi

01 图层设计。新建两个图层：

- ◆ "1"图层，颜色为绿色，其余属性默认。
- ◆ "2"图层，颜色为黑色，其余属性默认。

02 单击"绘图"工具栏中的"直线"按钮 🖊，指定坐标点为{(0,0),(@0,100)}，绘制长为100的竖直直线，如图6-5所示。

03 单击"绘图"工具栏中的"矩形"按钮 □，指定坐标点为{(100,100),(@80,80)}，绘制画框的外轮廓线。

04 单击矩形边的中点，将矩形移动到竖直直线上（"移动"命令后面章节有叙述），如图6-6所示。

05 单击"绘图"工具栏中的"矩形"按钮 □，绘制一个小矩形，指定坐标点{(0,0),(@60,40)}，作为画框的内轮廓线。

06 选择新绘制的矩形中点，移动到竖直直线上，如图6-7所示。

07 单击"修改"工具栏中的"删除"按钮 ✍，删除辅助线。

命令行中的提示与操作如下。

图6-5　绘制竖直直线　　图6-6　移动矩形

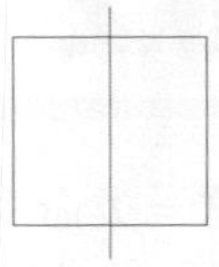

```
命令：_ERASE 找到 1 个
```

08 单击"绘图"工具栏中的"修订云线"按钮 🔄，为画框添加装饰线完成绘制，如图6-8所示。

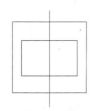

图6-7　移动矩形

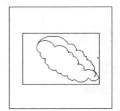

图6-8　绘制画框

6.2.3　恢复

若不小心误删除了图形，可以使用"恢复"命令OOPS恢复误删除的对象。

【执行方式】

命令行：OOPS或U

工具栏：标准→放弃 ↶

快捷键：Ctrl+Z

【操作步骤】

在命令窗口的提示行上输入OOPS，按Enter键。

6.2.4　实例——恢复删除线段

视频文件：讲解视频\第6章\实例－恢复删除线段.avi

01 打开上例的画框图形，如图6-9所示。

02 恢复删除的竖直辅助线，如图6-9所示。

```
命令：OOPS
```

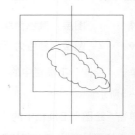

图6-9　恢复删除的竖直直线

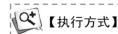 **6.2.5　清除**

此命令与"删除"命令功能完全相同。

【执行方式】

菜单：编辑→删除

快捷键：Del

【操作步骤】

用菜单或快捷键输入上述命令后，系统提示：

选择对象：（选择要清除的对象，按Enter键执行"清除"命令）

6.3 复制类命令

本节详细介绍AutoCAD 2013的复制类命令。利用这些功能，可以方便地编辑绘制的图形。

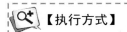 **6.3.1　复制**

【执行方式】

命令行：COPY

菜单：修改→复制

工具栏：修改→复制 ⅗

右键快捷菜单：在绘图区域右击要复制的对象，从打开的快捷菜单上选择"复制"命令。

【操作步骤】

命令：COPY↙
选择对象：（选择要复制的对象）

用前面介绍的对象选择方法选择一个或多个对象，按Enter键结束选择操作。系统继续提示：

指定基点或 〔位移(D)/模式(O)〕 <位移>：（指定基点或位移）

【选项说明】

1. 指定基点

指定一个坐标点后，AutoCAD 2013把该点作为复制对象的基点，命令行提示如下。

指定第二个点或 〔阵列(A)〕 <使用第一个点作为位移>：

指定第二个点后，系统将根据这两点确定的位移矢量把选择的对象复制到第二点处。如果此时直接按Enter键，即选择默认的"用第一点作位移"，则第一个点被当做相对于 X、Y、Z 的位移。例如，如果指定基点为(2,3)并在下一个提示下按Enter键，则该对象从它当前的位置开始在X方向上移动2个单位，在Y方向上移动3个单位。复制完成后，系统会继续提示：

指定第二个点或［阵列(A)/退出(E)/放弃(U)］＜退出＞：

这时，可以不断指定新的第二点，从而实现多重复制。

2．位移（D）

直接输入位移值，表示以选择对象时的拾取点为基准，以拾取点坐标为移动方向纵横比移动指定位移后确定的点为基点。例如，选择对象时拾取点坐标为(2,3)，输入位移为5，则表示以(2,3)点为基准，沿纵横比为3∶2的方向移动5个单位所确定的点为基点。

3．模式（O）

控制是否自动重复该命令，该设置由 COPYMODE 系统变量控制。

6.3.2 实例——车模

视频文件：讲解视频\第6章\实例－车模.avi

本例绘制如图6-10所示的车模。

01 图层设计。

◆ "1"图层，颜色为绿色，其余属性默认。

◆ "2"图层，颜色为黑色，其余属性默认。

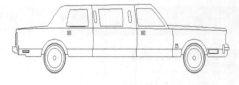

图6-10　汽车

02 选择菜单栏中的"视图"→"缩放"→"中心"命令，将绘图区域缩放到适当大小。

03 单击"绘图"工具栏中的"多段线"按钮，绘制车壳。命令行中的提示与操作如下。

```
命令: _pline↙
指定起点: 5,18↙
指定下一个点或［圆弧(A)/半宽(H)/长度(L)/放弃(U)/宽度(W)］: @0,32↙
指定下一点或［圆弧(A)/闭合(C)/半宽(H)/长度(L)/放弃(U)/宽度(W)］: @54,4↙
指定下一点或［圆弧(A)/闭合(C)/半宽(H)/长度(L)/放弃(U)/宽度(W)］: 85,77↙
指定下一点或［圆弧(A)/闭合(C)/半宽(H)/长度(L)/放弃(U)/宽度(W)］: 216,77↙
指定下一点或［圆弧(A)/闭合(C)/半宽(H)/长度(L)/放弃(U)/宽度(W)］: 243,55↙
指定下一点或［圆弧(A)/闭合(C)/半宽(H)/长度(L)/放弃(U)/宽度(W)］: 333,51↙
指定下一点或［圆弧(A)/闭合(C)/半宽(H)/长度(L)/放弃(U)/宽度(W)］: 333,18↙
指定下一点或［圆弧(A)/闭合(C)/半宽(H)/长度(L)/放弃(U)/宽度(W)］: 306 ,18↙
指定下一点或［圆弧(A)/闭合(C)/半宽(H)/长度(L)/放弃(U)/宽度(W)］: A↙
指定圆弧的端点或[角度(A)/圆心(CE)/闭合(CL)/方向(D)/半宽(H)/直线(L)/半径(R)/
第二个点(S)/放弃(U)/宽度(W)］: R↙
指定圆弧的半径: 21.5↙
指定圆弧的端点或［角度(A)］: A↙
指定包含角: 180↙
指定圆弧的弦方向 <180>:↙
指定圆弧的端点或[角度(A)/圆心(CE)/闭合(CL)/方向(D)/半宽(H)/直线(L)/半径(R)/
第二个点(S)/放弃(U)/宽度(W)］: I↙
指定下一点或［圆弧(A)/闭合(C)/半宽(H)/长度(L)/放弃(U)/宽度(W)］: 87,18↙
```

```
    指定下一点或 [圆弧(A)/闭合(C)/半宽(H)/长度(L)/放弃(U)/宽度(W)]: A✓
    指定圆弧的端点或[角度(A)/圆心(CE)/闭合(CL)/方向(D)/半宽(H)/直线(L)/半径(R)/
第二个点(S)/放弃(U)/宽度(W)]: R✓
    指定圆弧的半径: 21.5✓
    指定圆弧的端点或 [角度(A)]: A✓
    指定包含角: 180✓
    指定圆弧的弦方向 <180>:✓
    指定圆弧的端点或[角度(A)/圆心(CE)/闭合(CL)/方向(D)/半宽(H)/直线(L)/半径(R)/
第二个点(S)/放弃(U)/宽度(W)]: l✓
    指定下一点或 [圆弧(A)/闭合(C)/半宽(H)/长度(L)/放弃(U)/宽度(W)]: C✓
```

绘制结果如图6-11所示。

04 绘制车轮。

单击"绘图"工具栏中的"圆"按钮⊙，指定(65.5，18)
为圆心，分别以17.3、11.3为半径绘制圆。将当前图层设为"1"
图层，重复"圆"命令，指定(65.5,18)为圆心，分别以16、2.3、

图6-11　绘制车壳

14.8为半径绘制圆。单击"绘图"工具栏中的"直线"按钮 ╱，将车轮与车体连接起来。

05 复制车轮。

单击"修改"工具栏中的"复制"按钮 ╲，复制绘制的所有圆，命令行中的提示与操作如下。

```
命令: _copy✓
选择对象: (选择车轮的所有圆)✓
选择对象:✓
指定基点或位移，或者 [重复(M)]: 65.5,18✓
指定第二个点或 [阵列(A)] <使用第一个点作为位移>: 284.5,18✓
指定第二个点或 [阵列(A)/退出(E)/放弃(U)] <退出>:
```

绘制结果如图6-12所示。

06 绘制车门。

将"2"图层设置为当前图层，单击"绘图"工具栏中的"直线"按钮 ╱，指定坐标点{(5,27),(333,27)}
绘制一条直线。单击"绘图"工具栏中的"圆弧"按钮 ╱，利用"三点"方式绘制圆弧，坐标点为
{(5,50),(126,52),(333,47)}。单击"绘图"工具栏中的"直线"按钮 ╱，绘制坐标点为
{(125,18),(@0,9),(194,18)，(@0,9)}的直线。单击"绘图"工具栏中的"圆弧"按钮 ╱，绘制圆弧起点
为(126，27)，第二点为(126.5,52)，圆弧端点为(124,77)的圆弧。单击"修改"工具栏中的"复制"按钮 ╲，
复制上述圆弧，复制坐标为{(125,27),(195,27)}。绘制结果如图6-13所示。

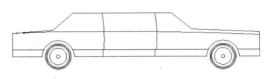

图6-12　绘制车轮　　　　　　　　　　　图6-13　绘制车门

07 绘制车窗。

单击"绘图"工具栏中的"直线"按钮 ╱，绘制坐标点为{(90,72),(84,53),(119,54),(117,73)}的直线。单
击"绘图"工具栏中的"直线"按钮 ╱，绘制坐标点为{(196,74),(198,53),(236,54),(214,73)}的直线。绘

制结果如图6-14所示。

08 用户可以根据自己的喜好，做细部修饰，如图6-15所示。

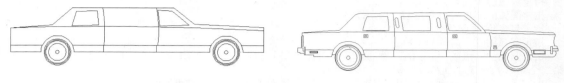

图6-14　绘制车窗　　　　　　　　　　　图6-15　汽车

6.3.3　偏移

偏移对象是指保持选择的对象的形状，在不同的位置、以不同的尺寸大小新建一个对象。

【执行方式】

命令行：OFFSET
菜单：修改→偏移
工具栏：修改→偏移 ⟳

【操作步骤】

在命令行执行上述命令，系统提示：

```
命令：OFFSET↵
当前设置：删除源=否　图层=源　OFFSETGAPTYPE=0
指定偏移距离或［通过(T)/删除(E)/图层(L)］<通过>：（指定距离值）
选择要偏移的对象，或［退出(E)/放弃(U)］<退出>：（选择要偏移的对象。按Enter键会结束操作）
指定要偏移的那一侧上的点，或［退出(E)/多个(M)/放弃(U)］<退出>：（指定偏移方向）
选择要偏移的对象，或［退出(E)/放弃(U)］<退出>：
```

【选项说明】

1. 指定偏移距离

输入一个距离值或按Enter键使用当前的距离值，系统把该距离值作为偏移距离，如图6-16（a）所示。

2. 通过（T）

指定偏移的通过点。选择该选项后，出现如下提示。

```
选择要偏移的对象或<退出>：（选择要偏移的对象，按Enter键会结束操作）
指定通过点：（指定偏移对象的一个通过点）
```

操作完毕后，系统根据指定的通过点绘出偏移对象，如图6-16（b）所示。

（a）指定偏移距离　　　　　　　　　　（b）通过点

图6-16　偏移选项说明一

3. 删除（E）

偏移源对象后将其删除，如图6-17（a）所示。选择该项，系统提示：

要在偏移后删除源对象吗？　［是（Y）/否（N）］＜当前＞：（输入Y或N）

4. 图层（L）

确定将偏移对象创建在当前图层上还是源对象所在的图层上，这样就可以在不同图层上偏移对象。选择该项，系统提示：

输入偏移对象的图层选项　［当前（C）/源（S）］＜当前＞：（输入选项）

如果偏移对象的图层选择为当前层，则偏移对象的图层特性与当前图层相同，如图6-17（b）所示。

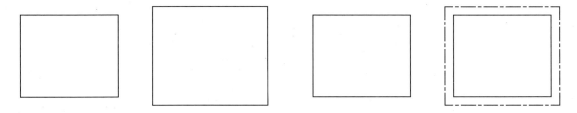

（a）删除源对象　　　　　　　　　（b）偏移对象的图层为当前层

图6-17　偏移选项说明二

5. 多个(M)

使用当前偏移距离重复进行偏移操作，并接受附加的通过点，如图6-18所示。

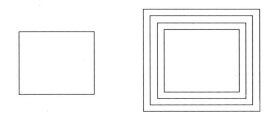

图6-18　偏移选项说明三

注意

在AutoCAD 2013中，可以使用"偏移"命令，对指定的直线、圆弧、圆等对象作指定距离偏移复制。在实际应用中，常利用"偏移"命令的特性创建平行线或等距离分布图形，效果同"阵列"命令。默认情况下，需要先指定偏移距离，再选择要偏移复制的对象，然后指定偏移方向，以复制出对象。

6.3.4 实例——液晶显示器

视频文件：讲解视频\第6章\实例－液晶显示器.avi

01 单击"绘图"工具栏中的"矩形"按钮□，先绘制显示器屏幕外轮廓，如图6-19所示。

02 单击"修改"工具栏中的"偏移"按钮凸，创建屏幕内侧显示屏区域的轮廓线，如图6-20所示。命令行中的提示与操作如下。

```
命令：OFFSET（偏移生成平行线）
当前设置：删除源=否  图层=源  OFFSETGAPTYPE=0
指定偏移距离或〔通过(T)/删除(E)/图层(L)〕<通过>：（输入偏移距离或指定通过点位置）
选择要偏移的对象，或〔退出(E)/放弃(U)〕<退出>：（选择要偏移的图形）
指定通过点或〔退出(E)/多个(M)/放弃(U)〕<退出>：
选择要偏移的对象，或〔退出(E)/放弃(U)〕<退出>：（按Enter键结束）
```

图6-19　绘制外轮廓

图6-20　绘制内侧矩形

03 单击"绘图"工具栏中的"直线"按钮╱，将内侧显示屏区域的轮廓线的交角处连接起来，如图6-21所示。

04 单击"绘图"工具栏中的"多段线"按钮⊃，绘制显示器矩形底座，如图6-22所示。

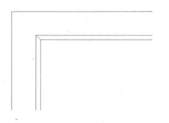

图6-21　连接交角处

图6-22　绘制矩形底座

05 单击"绘图"工具栏中的"圆弧"按钮╱，绘制底座的弧线造型，如图6-23所示。

06 单击"绘图"工具栏中的"直线"按钮╱，绘制底座与显示屏之间的连接线造型，如图6-24所示。命令行中的提示与操作如下。

```
命令:MIRROR（镜像生成对称图形）
选择对象：找到 1 个
选择对象：（按Enter键）
指定镜像线的第一点：（以中间的轴线位置作为镜像线）
指定镜像线的第二点：
要删除源对象吗？[是(Y)/否(N)] <N>:N（输入N，按Enter键，保留原有图形）
```

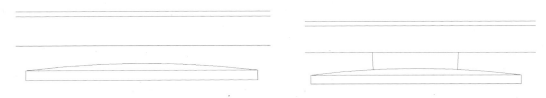

图6-23　绘制连接弧线　　　　　　　　　　图6-24　绘制连接线

07 单击"绘图"工具栏中的"圆"按钮⊘，创建显示屏的由多个大小不同的圆形构成的调节按钮，如图6-25所示。

08 单击"修改"工具栏中的"复制"按钮，复制图形。

注意

显示器的调节按钮仅为示意造型。

09 在显示屏的右下角绘制电源开关按钮。单击"绘图"工具栏中的"圆"按钮⊘，先绘制2个同心圆，如图6-26所示。

图6-25　创建调节按钮　　　　　　　　　图6-26　绘制圆形开关

10 单击"修改"工具栏中的"偏移"按钮，偏移图形。命令行中的提示与操作如下。

```
命令: OFFSET（偏移生成平行线）
当前设置：删除源=否　图层=源　OFFSETGAPTYPE=0
指定偏移距离或 [通过(T)/删除(E)/图层(L)] <通过>:（输入偏移距离或指定通过点位置）
选择要偏移的对象，或 [退出(E)/放弃(U)] <退出>:（选择要偏移的图形）
指定通过点或 [退出(E)/多个(M)/放弃(U)] <退出>:
选择要偏移的对象，或 [退出(E)/放弃(U)] <退出>:（按Enter键结束）
```

注意

显示器的电源开关按钮由2个同心圆和1个矩形组成。

11 单击"绘图"工具栏中的"多段线"按钮，绘制开关按钮的矩形造型，如图6-27所示。

12 图形绘制完成，结果如图6-28所示。

图6-27　绘制按钮矩形造型图　　　　　　　　6-28　显示器绘制

6.3.5　镜像

　　镜像对象是指把选择的对象围绕一条镜像线作对称复制。镜像操作完成后，可以保留原对象，也可以将其删除。

【执行方式】

　　命令行：**MIRROR**

　　菜单：修改→镜像

　　工具栏：修改→镜像⚏

【操作步骤】

```
命令：MIRROR↙
选择对象：（选择要镜像的对象）
指定镜像线的第一点：（指定镜像线的第一个点）
指定镜像线的第二点：（指定镜像线的第二个点）
要删除源对象吗？〔是(Y)/否(N)〕<N>：（确定是否删除原对象）
```

　　这两点确定一条镜像线，被选择的对象以该线为对称轴进行镜像。包含该线的镜像平面与用户坐标系的**XY**平面垂直，即镜像操作工作在与用户坐标系的**XY**平面平行的平面上。

6.3.6　实例——盥洗池

　视频文件：讲解视频\第6章\实例－盥洗池.avi

01 图层设计。新建3个图层。

◆　1图层，颜色为绿色，其余属性默认。

◆　2图层，颜色为黑色，其余属性默认。

◆　3图层，颜色为黑色，其余属性默认。

02 绘制多段线。将3图层设置为当前图层，单击"绘图"工具栏中的"多段线"按钮⤵，命令行中的提示与操作如下。

```
命令：PLINE↙
指定起点：0,255↙
```

```
当前线宽为 0.0000
指定下一个点或 [圆弧(A)/半宽(H)/长度(L)/放弃(U)/宽度(W)]: -294,255↙
指定下一个点或 [圆弧(A)/半宽(H)/长度(L)/放弃(U)/宽度(W)]: -287,50↙
指定下一点或 [圆弧(A)/闭合(C)/半宽(H)/长度(L)/放弃(U)/宽度(W)]: A↙
指定圆弧的端点或[角度(A)/圆心(CE)/闭合(CL)/方向(D)/半宽(H)/直线(L)/半径(R)/
第二个点(S)/放弃(U)/宽度(W)]: S↙
指定圆弧上的第二个点: -212.8,-123.2↙
指定圆弧的端点: -37,-191↙
指定圆弧的端点或[角度(A)/圆心(CE)/闭合(CL)/方向(D)/半宽(H)/直线(L)/半径(R)/
第二个点(S)/放弃(U)/宽度(W)]: I↙
指定下一点或 [圆弧(A)/闭合(C)/半宽(H)/长度(L)/放弃(U)/宽度(W)]: 27,-191↙
指定下一点或 [圆弧(A)/闭合(C)/半宽(H)/长度(L)/放弃(U)/宽度(W)]: ↙
命令: _PLINE↙
指定起点: -279,255↙
当前线宽为 0.0000
指定下一个点或 [圆弧(A)/半宽(H)/长度(L)/放弃(U)/宽度(W)]: -272,50↙
指定下一点或 [圆弧(A)/闭合(C)/半宽(H)/长度(L)/放弃(U)/宽度(W)]: A↙
指定圆弧的端点或[角度(A)/圆心(CE)/闭合(CL)/方向(D)/半宽(H)/直线(L)/半径(R)/
第二个点(S)/放弃(U)/宽度(W)]: S↙
指定圆弧上的第二个点: -202 .2,-112.6↙
指定圆弧的端点: -37,-176↙
指定圆弧的端点或[角度(A)/圆心(CE)/闭合(CL)/方向(D)/半宽(H)/直线(L)/半径(R)/
第二个点(S)/放弃(U)/宽度(W)]: I↙
指定下一点或 [圆弧(A)/闭合(C)/半宽(H)/长度(L)/放弃(U)/宽度(W)]: 27,-176↙
指定下一点或 [圆弧(A)/闭合(C)/半宽(H)/长度(L)/放弃(U)/宽度(W)]: ↙
```

将2图层设置为当前图层，命令行中的提示与操作如下。

```
命令: _PLINE↙
指定起点: 0,230↙
当前线宽为 0.0000
指定下一个点或 [圆弧(A)/半宽(H)/长度(L)/放弃(U)/宽度(W)]: -224,230↙
指定下一点或 [圆弧(A)/闭合(C)/半宽(H)/长度(L)/放弃(U)/宽度(W)]: A↙
指定圆弧的端点或[角度(A)/圆心(CE)/闭合(CL)/方向(D)/半宽(H)/直线(L)/半径(R)/
第二个点(S)/放弃(U)/宽度(W)]: S↙
指定圆弧上的第二个点: -245.2,221.2↙
指定圆弧的端点: -254,200↙
指定圆弧的端点或 [角度(A)/圆心(CE)/闭合(CL)/方向(D)/半宽(H)/直线(L)/半径(R)/
第二个点(S)/放弃(U)/宽度(W)]: I↙
指定下一点或 [圆弧(A)/闭合(C)/半宽(H)/长度(L)/放弃(U)/宽度(W)]: -254,85↙
指定下一点或 [圆弧(A)/闭合(C)/半宽(H)/长度(L)/放弃(U)/宽度(W)]: A↙
指定圆弧的端点或[角度(A)/圆心(CE)/闭合(CL)/方向(D)/半宽(H)/直线(L)/半径(R)/
第二个点(S)/放弃(U)/宽度(W)]:S↙
指定圆弧上的第二个点: -247,30.8↙
指定圆弧的端点: -228.6,-20.4↙
指定圆弧的端点或[角度(A)/圆心(CE)/闭合(CL)/方向(D)/半宽(H)/直线(L)/半径(R)/
第二个点(S)/放弃(U)/宽度(W)]: ↙
```

将3图层设置为当前图层，绘制多段线。命令行中的提示与操作如下。

```
命令: _pline↙
指定起点: 0,105 ↙
当前线宽为 0.0000
指定下一个点或 [圆弧(A)/半宽(H)/长度(L)/放弃(U)/宽度(W)]: -181.9,105 ↙
指定下一点或 [圆弧(A)/闭合(C)/半宽(H)/长度(L)/放弃(U)/宽度(W)]: A↙
指定圆弧的端点或[角度(A)/圆心(CE)/闭合(CL)/方向(D)/半宽(H)/直线(L)/半径(R)/
第二个点(S)/放弃(U)/宽度(W)]: S↙
```

```
指定圆弧上的第二个点：-225,86.7✓
指定圆弧的端点：-241.8,42.9✓
指定圆弧的端点或[角度(A)/圆心(CE)/闭合(CL)/方向(D)/半宽(H)/直线(L)/半径(R)/
第二个点(S)/放弃(U)/宽度(W)]：-37,-146✓
指定圆弧的端点或[角度(A)/圆心(CE)/闭合(CL)/方向(D)/半宽(H)/直线(L)/半径(R)/
第二个点(S)/放弃(U)/宽度(W)]：L✓
指定下一点或 [圆弧(A)/闭合(C)/半宽(H)/长度(L)/放弃(U)/宽度(W)]：0,-146✓
指定下一点或 [圆弧(A)/闭合(C)/半宽(H)/长度(L)/放弃(U)/宽度(W)]：✓
```

绘制结果如图6-29所示。

03 单击"绘图"工具栏中的"圆"按钮，指定圆心为(0,0)，半径16，圆绘制结果如图6-30所示。

04 单击"修改"工具栏中的"镜像"按钮，命令行中的提示与操作如下。

```
命令：MIRROR✓
选择对象：all✓
找到 28 个
选择对象：✓
指定镜像线的第一点：0,0✓
指定镜像线的第二点：0,10✓
是否删除源对象？[是(Y)/否(N)] <N>：✓
```

绘制结果如图6-31所示。

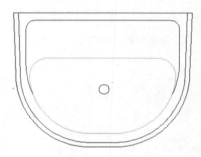

图 6-29　绘制多段线　　　　　图 6-30　绘制圆　　　　　图 6-31　盥洗池

6.3.7　阵列

　　建立阵列是指多重复制选择的对象，并把这些副本按矩形或环形排列。把副本按矩形排列称为建立矩形阵列，把副本按环形排列称为建立极阵列。建立极阵列时，应该控制复制对象的次数和对象是否被旋转；建立矩形阵列时，应该控制行和列的数量及对象副本之间的距离。

　　AutoCAD 2013提供ARRAY命令建立阵列。用该命令可以建立矩形阵列、极阵列（环形阵列）和旋转的矩形阵列。

【执行方式】

命令行：ARRAY

菜单：修改→阵列→矩形阵列/路径阵列/环形阵列

工具栏：修改→阵列 ▦ →路径阵列 ⟲ / 环形阵列 ⟳

【操作步骤】

命令：ARRAY↙
选择对象：（使用对象选择方法）
输入阵列类型[矩形(R)/路径(PA)/极轴(PO)]<矩形>：

【选项说明】

（1）矩形（R）

将选定对象的副本分布到行数、列数和层数的任意组合。选择该选项后出现如下提示。

选择夹点以编辑阵列或 [关联(AS)/基点(B)/计数(COU)/间距(S)/列数(COL)/行数(R)/层数(L)/退出(X)] <退出>：（通过夹点，调整阵列间距，列数，行数和层数；也可以分别选择各选项输入数值）

（2）路径（PA）

沿路径或部分路径均匀分布选定对象的副本。选择该选项后出现如下提示。

选择路径曲线：（选择一条曲线作为阵列路径）
选择夹点以编辑阵列或 [关联(AS)/方法(M)/基点(B)/切向(T)/项目(I)/行(R)/层(L)/对齐项目(A)/Z 方向(Z)/退出(X)] <退出>：（通过夹点，调整阵行数和层数；也可以分别选择各选项输入数值）

（3）极轴（PO）

在绕中心点或旋转轴的环形阵列中均匀分布对象副本。选择该选项后出现如下提示。

指定阵列的中心点或 [基点(B)/旋转轴(A)]：（选择中心点、基点或旋转轴）
选择夹点以编辑阵列或 [关联(AS)/基点(B)/项目(I)/项目间角度(A)/填充角度(F)/行(ROW)/层(L)/旋转项目(ROT)/退出(X)] <退出>：（通过夹点，调整角度，填充角度；也可以分别选择各选项输入数值）

6.3.8 实例——VCD

 视频文件：讲解视频\第6章\实例－VCD.avi

本例绘制的VCD如图6-32所示。

图6-32　VCD

01 单击"绘图"工具栏中的"矩形"按钮□，指定角点坐标为{(0,15)，(396,107)}、{(19.1,0)，(59.315)}、{(336.8,0)，(377,15)}绘制3个矩形，如图6-33所示。

02 单击"绘图"工具栏中的"矩形"按钮□，指定角点坐标为{(15.3,86)，(28.7,93.7)}、{(166.5,45.9)，(283.2,91.8)}、{(55.5,66.9)，(88,70.7)}绘制3个矩形，如图6-34所示。

图6-33　绘制矩形

图6-34　绘制矩形

03 单击"修改"工具栏中的"矩形阵列"按钮品，阵列对象为上步绘制的第二个矩形，"行数"为2，"列数"为2,"行间距"为9.6,"列间距"为47.8,效果如图6-35所示。

04 单击"绘图"工具栏中的"圆"按钮⊙,指定圆心(30.6,36.3),半径6,绘制一个圆。

05 单击"绘图"工具栏中的"圆"按钮⊙,指定圆心(338.7,72.6),半径23,绘制一个圆,如图6-36所示。

图6-35 阵列处理   图6-36 绘制圆

06 单击"修改"工具栏中的"矩形阵列"按钮▦,阵列对象为第2步中绘制的第一个圆,"行数"为1,"列数"为5,"列间距"为23,绘制结果如图6-32所示。

6.4 改变位置类命令

这一类命令的功能是按照指定要求改变当前图形或图形的某个部分的位置,主要包括"移动"、"旋转"和"缩放"等命令。

6.4.1 移动

【执行方式】

命令行:MOVE
菜单:修改→移动
右键快捷菜单:在绘图区域右击要复制的对象,从打开的快捷菜单上选择"移动"命令。
工具栏:修改→移动✥

【操作步骤】

命令:MOVE✓
选择对象:(选择对象)

用前面介绍的选择方法选择要移动的对象,按Enter键结束选择。系统继续提示:

指定基点或位移:(指定基点或移至点)
指定基点或〔位移(D)〕<位移>:(指定基点或位移)
指定第二个点或<使用第一个点作为位移>:

命令选项功能与"复制"命令类似。

6.4.2 实例——电视柜

 视频文件:讲解视频\第6章\实例-电视柜.avi

01 打开"\图库\电视柜图形.dwg",如图6-37所示。

02 单击"修改"工具栏中的"移动"按钮，移动到电视柜图形上。命令行中的提示与操作如下。

```
命令：MOVE↙
选择对象：指定对角点：找到 1 个
选择对象：（选择电视柜图形）↙
指定基点或 ［位移(D)］ <位移>：（指定电视柜图形外边的中点）指定第二个点或 <使用第一个点作为
位移>：（按F8键关闭正交） <正交 关>（选取电视柜图形外边的中点到电视柜外边中点）
```

绘制结果如图6-38所示。

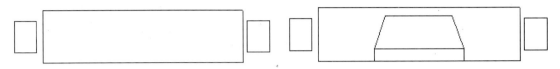

<table>
<tr><td>图6-37　电视柜图形</td><td>图6-38　移动图形</td></tr>
</table>

6.4.3　旋转

 【执行方式】

命令行：ROTATE
菜单：修改→旋转
右键快捷菜单：在绘图区域右击要旋转的对象，从打开的快捷菜单选择"旋转"命令。
工具栏：修改→旋转◯

 【操作步骤】

```
命令：ROTATE↙
UCS 当前的正角方向： ANGDIR=逆时针  ANGBASE=0
选择对象：（选择要旋转的对象）
指定基点：（指定旋转的基点。在对象内部指定一个坐标点）
指定旋转角度，或 ［复制(C)/参照(R)］ <0>：（指定旋转角度或其他选项）
```

【选项说明】

1. 复制（C）

选择该项，旋转对象的同时，保留原对象。

2. 参照（R）

采用参考方式旋转对象时，系统提示：

```
指定参照角 <0>：（指定要参考的角度，默认值为0）
指定新角度或 ［点(P)］：（输入旋转后的角度值）
```

操作完毕后，对象被旋转至指定的角度位置。

注意

可以用拖动鼠标的方法旋转对象。选择对象并指定基点后，从基点到当前光标位置会出现一条连线，移动鼠标，选择的对象会动态地随着该连线与水平方向的夹角的变化而旋转，按Enter键确认旋转操作，如图6-39所示。

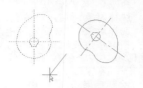

图6-39 拖动鼠标旋转对象

6.4.4 实例——电脑

视频文件：讲解视频\第6章\实例－电脑.avi

01 图层设计。新建两个图层。

- ◆ "1"图层，颜色为红色，其余属性默认。
- ◆ "2"图层，颜色为绿色，其余属性默认。

02 将"1"图层设置为当前图层，单击"绘图"工具栏中的"矩形"按钮□，指定角点坐标{(0,16),(450,130)}，绘制一个矩形，绘制结果如图6-40所示。

图6-40 绘制矩形

03 单击"绘图"工具栏中的"多段线"按钮 ，绘制电脑外框。命令行中的提示与操作如下。

```
命令：_PLINE↙
指定起点：0,16↙
当前线宽为 0.0000
指定下一个点或 [圆弧(A)/半宽(H)/长度(L)/放弃(U)/宽度(W)]：30,0↙
指定下一点或 [圆弧(A)/闭合(C)/半宽(H)/长度(L)/放弃(U)/宽度(W)]：430,0↙
指定下一点或 [圆弧(A)/闭合(C)/半宽(H)/长度(L)/放弃(U)/宽度(W)]：450,16↙
指定下一点或 [圆弧(A)/闭合(C)/半宽(H)/长度(L)/放弃(U)/宽度(W)]：↙
命令：pline↙
指定起点：37,130↙
当前线宽为 0.0000
指定下一个点或 [圆弧(A)/半宽(H)/长度(L)/放弃(U)/宽度(W)]：80,308 ↙
指定下一点或 [圆弧(A)/闭合(C)/半宽(H)/长度(L)/放弃(U)/宽度(W)]：A↙
指定圆弧的端点或[角度(A)/圆心(CE)/闭合(CL)/方向(D)/半宽(H)/直线(L)/半径(R)/
第二个点(S)/放弃(U)/宽度(W)]：101,320↙
指定圆弧的端点或[角度(A)/圆心(CE)/闭合(CL)/方向(D)/半宽(H)/直线(L)/半径(R)/
第二个点(S)/放弃(U)/宽度(W)]：l↙
指定下一点或 [圆弧(A)/闭合(C)/半宽(H)/长度(L)/放弃(U)/宽度(W)]：306 ,320↙
指定下一点或 [圆弧(A)/闭合(C)/半宽(H)/长度(L)/放弃(U)/宽度(W)]：a↙
指定圆弧的端点或[角度(A)/圆心(CE)/闭合(CL)/方向(D)/半宽(H)/直线(L)/半径(R)/
第二个点(S)/放弃(U)/宽度(W)]：326,308 ↙
指定圆弧的端点或[角度(A)/圆心(CE)/闭合(CL)/方向(D)/半宽(H)/直线(L)/半径(R)/
第二个点(S)/放弃(U)/宽度(W)]：l↙
指定下一点或 [圆弧(A)/闭合(C)/半宽(H)/长度(L)/放弃(U)/宽度(W)]：380,130↙
指定下一点或 [圆弧(A)/闭合(C)/半宽(H)/长度(L)/放弃(U)/宽度(W)]：↙
```

绘制结果如图6-41所示。

04 将"2"图层设置为当前图层，单击"绘图"工具栏中的"直线"按钮 ，绘制一条直线，指定坐标点{(176,130),(176, 320)}。绘制结果如图6-42所示。

05 单击"修改"工具栏中的"矩形阵列"按钮 ，阵列对象为步骤4中绘制的直线，"行数"设为1，"列数"设为5，"列间距"设为22，绘制结果如图6-43所示。

06 单击"修改"工具栏中的"旋转"按钮 ，指定基点(0,0)，将电脑旋转25°，绘制结果如图6-44所示。

图6-41　绘制多段线　　　　图6-42　绘制直线　　　　图6-43　阵列　　　　图6-44　电脑

6.4.5　缩放

【执行方式】

命令行：SCALE
菜单：修改→缩放
右键快捷菜单：在绘图区域右击要缩放的对象，从打开的快捷菜单上选择"缩放"命令。
工具栏：修改→缩放

【操作步骤】

```
命令：SCALE✓
选择对象：（选择要缩放的对象）
指定基点：（指定缩放操作的基点）
指定比例因子或［复制(C)/参照(R)]<1.0000>:
```

【选项说明】

（1）采用"参照"缩放对象时，系统提示：

```
指定参照长度 <1>：（指定参考长度值）
指定新的长度或［点(P)] <1.0000>:（指定新长度值）
```

若新长度值大于参照长度值，则放大对象；否则，缩小对象。操作完毕后，系统以指定的基点按指定的比例因子缩放对象。如果选择"点"选项，则指定两点来定义新的长度。

（2）可以用拖动鼠标的方法缩放对象。选择对象并指定基点后，从基点到当前光标位置会出现一条连线，线段的长度即为比例大小。移动鼠标，选择的对象会动态地随着该连线长度的变化而缩放，按Enter键确认缩放操作。

（3）选择"复制"选项时，可以复制缩放对象，即缩放对象时，保留原对象，这是AutoCAD 2013新增功能，如图6-45所示。

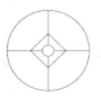

（a）缩放前　　　　（b）缩放后

图6-45　复制缩放

6.4.6 实例——装饰盘

视频文件：讲解视频\第6章\实例－装饰盘.avi

01 单击"绘图"工具栏中的"圆"按钮⊘，绘制一个圆心(100,100)，半径200的圆作为盘外轮廓线，如图6-46所示。

02 单击"绘图"工具栏中的"圆弧"按钮╱，绘制花瓣，如图6-47所示。

03 单击"修改"工具栏中的"镜像"按钮△，镜像花瓣，如图6-48所示。

04 单击"修改"工具栏中的"环形阵列"按钮❖，选择花瓣为源对象，以圆心为阵列中心点阵列花瓣，如图6-49所示。

图6-46 绘制圆形　　　图6-47 绘制花瓣　　　图6-48 镜像花瓣线　　　图6-49 阵列花瓣

05 单击"修改"工具栏中的"缩放"按钮□，缩放一个圆作为装饰盘内圆，命令行中的提示与操作如下。

```
命令：SCALE✓
选择对象：（选择圆）
指定基点：（指定圆心）
指定比例因子或 [复制(C)/参照(R)]<1.0000>：C✓
指定比例因子或 [复制(C)/参照(R)]<1.0000>:0.5✓
```

绘制完成如图6-50所示。　　　　　　　　　　　　　　　　　图6-50 装饰盘图形

6.5 改变几何特性类命令

这一类命令在对指定对象进行编辑后，使编辑对象的几何特性发生改变，包括倒"倒角"、"圆角"、"断开"、"修剪"、"延长"、"加长"、"伸展"等命令。

6.5.1 修剪

【执行方式】

命令行：**TRIM**

菜单：修改→修剪

工具栏：修改→修剪 ╱

【操作步骤】

```
命令：TRIM✓
当前设置：投影=UCS，边=无
```

选择剪切边...
选择对象或 <全部选择>：（选择用作修剪边界的对象）

按Enter键结束对象选择，系统提示：

选择要修剪的对象，或按住 Shift 键选择要延伸的对象，或 ［栏选(F)/窗交(C)/投影(P)/边(E)/删除(R)/放弃(U)］：

【选项说明】

（1）在选择对象时，如果按住Shift键，系统就自动将"修剪"命令转换成"延伸"命令。"延伸"命令将在下节介绍。

（2）选择"边"选项时，可以选择对象的修剪方式。

① 延伸：延伸边界进行修剪。在此方式下，如果剪切边没有与要修剪的对象相交，系统会延伸剪切边直至与对象相交，然后再修剪，如图6-51所示。

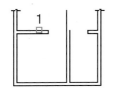 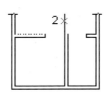 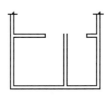

选择剪切边　　　　　　　选择要修剪的对象　　　　　　修剪后的结果

图6-51　延伸方式修剪对象

② 不延伸：不延伸边界修剪对象，只修剪与剪切边相交的对象。

（3）选择"栏选"选项时，系统以栏选的方式选择被修剪对象。如图6-52所示。

  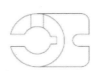

选定剪切边　　　　　使用栏选选定要修剪的对象　　　　　结果

图6-52　栏选修剪对象

（4）选择"窗交"选项时，系统以窗交的方式选择被修剪对象。如图6-53所示。

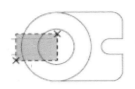 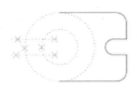 

使用窗交方式选定的边　　　　选定要修剪的对象　　　　　　结果

图6-53　窗交选择修剪对象

（5）被选择的对象可以互为边界和被修剪对象，此时系统会在选择的对象中自动判断边界。

6.5.2 实例——床

视频文件：讲解视频\第6章\实例—床.avi

01 图层设计。新建3个图层，其属性如下。

- ◆ 1图层，颜色为蓝色，其余属性默认。
- ◆ 2图层，颜色为绿色，其余属性默认。
- ◆ 3图层，颜色为白色，其余属性默认。

02 将1图层设置为当前图层，单击"绘图"工具栏中的"矩形"按钮 □ ，指定角点坐标{（0，0），（@1000，2000）}绘制一个矩形，如图6-54所示。

03 将2图层设置为当前图层，单击"绘图"工具栏中的"直线"按钮 ，指定坐标点{（125，1000），（125，1900）}、{（875，1900），（875，1000）}、{（155，1000），（155，1870）}、{（845，1870），（845，1000）}绘制直线。重复"直线"命令绘制水平直线。

04 将3图层设置为当前图层，单击"绘图"工具栏中的"直线"按钮 ，指定坐标点{（0，280），（@1000，0）}绘制直线，绘制结果如图6-55所示。

05 单击"修改"工具栏中的"矩形阵列"按钮 ，将最近绘制的直线进行阵列，设置"行数"为4，"列数"为1，"行间距"为30，绘制结果如图6-56所示。

06 单击"修改"工具栏中的"圆角"按钮 ，将外轮廓线的圆角半径设置为50，内衬圆角半径设置为40，绘制结果如图6-57所示。

图6-54　绘制矩形　　　　图6-55　绘制直线　　　　图6-56　阵列处理图　　　　图6-57　圆角处理

07 将"2"图层设置为当前图层，单击"绘图"工具栏中的"直线"按钮 ，指定坐标点{（0，1500），（@1000，200），（@-800，-400）}绘制直线。

08 单击"绘图"工具栏中的"圆弧"按钮 ，指定起点（200，1300）、第二点（130，1430）、圆弧端点（0，1500），绘制结果如图6-58所示。

09 单击"修改"工具栏中的"修剪"按钮 ，修剪图形，绘制结果如图6-59所示。

图6-58　绘制直线与圆弧　　　　　　　　　　　图6-59　床

6.5.3　延伸

"延伸"命令是指延伸对象直至到另一个对象的边界线，如图6-60所示。

选择边界　　　　　　　　　选择要延伸的对象　　　　　　　执行结果

图6-60　延伸对象

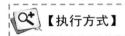

 【执行方式】

命令行：EXTEND

菜单：修改→延伸

工具栏：修改→延伸---/

【操作步骤】

```
命令：EXTEND✓
当前设置：投影=UCS，边=无
选择边界的边...
选择对象或 <全部选择>：（选择边界对象）
```

此时可以选择对象来定义边界。若直接按Enter键，则选择所有对象作为可能的边界对象。系统规定可以定义边界的对象有：直线段、射线、双向无限长线、圆弧、圆、椭圆、二维和三维多段线、样条曲线、文本、浮动的视口、区域。如果选择二维多段线作为边界对象，系统会忽略其宽度而把对象延伸至多段线的中心线。

选择边界对象后，系统继续提示：

```
  选择要延伸的对象，或按住 Shift 键选择要修剪的对象，或 ［栏选(F)/窗交(C)/投影(P)/边(E)/
放弃(U)］：
```

 【选项说明】

（1）如果要延伸的对象是适配样条多段线，则延伸后会在多段线的控制框上增加新节点。如果要延伸的对象是锥形的多段线，系统会修正延伸端的宽度，使多段线从起始端平滑地延伸至新终止端。如果延伸操作导致终止端宽度为负值，则取宽度值为0，如图6-61所示。

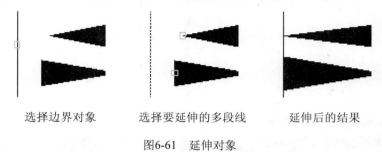

选择边界对象　　　　选择要延伸的多段线　　　　延伸后的结果

图6-61　延伸对象

（2）选择对象时，如果按住Shift键，系统就自动将"延伸"命令转换成"修剪"命令。

6.5.4　实例——窗户

📁 视频文件：讲解视频\第6章\实例-窗户.avi

01 单击"绘图"工具栏中的"矩形"按钮□，指定角点坐标为{(100,100)，(@300,500)}绘制窗户外轮廓线，如图6-62所示。

02 单击"绘图"工具栏中的"直线"按钮✎，指定坐标点{(250,100)，(250,200)}分割矩形，如图6-63所示。

03 单击"修改"工具栏中的"延伸"按钮--/，将直线延伸至矩形最上面的边窗户。命令行中的提示与操作如下。

```
命令：_EXTEND
当前设置:投影=UCS，边=无
选择边界的边...
选择对象或 <全部选择>：  找到 1 个（选择矩形最上面的边）
选择对象：↙
选择要延伸的对象，或按住 Shift 键选择要修剪的对象，或 [栏选(F)/窗交(C)/投影(P)/边(E)/
放弃(U)]：（选择直线）
```

绘制完成，如图6-64所示。

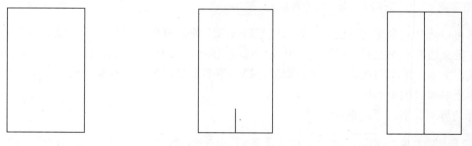

图 6-62　绘制矩形图　　　　图 6-63　绘制窗户分割线图　　　　图 6-64　绘制窗户图形

6.5.5　拉伸

拉伸对象是指拖动选择的对象，且对象的形状发生改变。拉伸对象时，应指定拉伸的基点和移至点。利用一些辅助工具，如捕捉、钳夹功能及相对坐标等，可以提高拉伸的精度。

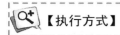【执行方式】

命令行：STRETCH

菜单：修改→拉伸

工具栏：修改→拉伸🗗

【操作步骤】

```
命令：STRETCH✓
以交叉窗口或交叉多边形选择要拉伸的对象...
选择对象：C✓
指定第一个角点：
指定对角点：找到 2 个（采用交叉窗口的方式选择要拉伸的对象）
指定基点或 [位移(D)] <位移>：（指定拉伸的基点）
指定第二个点或 <使用第一个点作为位移>：（指定拉伸的移至点）
```

此时，若指定第二个点，系统将根据这两点决定的矢量拉伸对象。若直接按Enter键，系统会把第一个点作为X轴和Y轴的分量值。

STRETCH移动完全包含在交叉窗口内的顶点和端点，部分包含交叉选择窗口内的对象将被拉伸。

6.5.6　拉长

【执行方式】

命令行：LENGTHEN

菜单：修改→拉长

【操作步骤】

```
命令：LENGTHEN✓
选择对象或 [增量(DE)/百分数(P)/全部(T)/动态(DY)]：（选定对象）
当前长度：30.5001（给出选定对象的长度，如果选择圆弧则还将给出圆弧的包含角）
选择对象或 [增量(DE)/百分数(P)/全部(T)/动态(DY)]：DE✓（选择拉长或缩短的方式。如选择"增量"方式）
输入长度增量或 [角度(A)] <0.0000>：10✓（输入长度增量数值。如果选择圆弧段，则可以输入A给定角度增量）
选择要修改的对象或 [放弃(U)]：（选定要修改的对象，进行拉长操作）
选择要修改的对象或 [放弃(U)]：（继续选择，按Enter键结束命令）
```

【选项说明】

1. 增量（DE）

用指定增加量的方法改变对象的长度或角度。

2. 百分数（P）

用指定占总长度的百分比的方法改变圆弧或直线段的长度。

3. 全部（T）

用指定新的总长度或总角度值的方法来改变对象的长度或角度。

4. 动态（DY）

打开动态拖曳模式。在这种模式下，可以使用拖曳鼠标的方法来动态地改变对象的长度或角度。

6.5.7 实例——挂钟

 视频文件：讲解视频\第6章\实例－挂钟.avi

01 单击"绘图"工具栏中的"圆"按钮⊘，绘制一个圆心(100,100)、半径为20的圆作为挂钟的外轮廓线，绘制结果如图6-65所示。

02 单击"绘图"工具栏中的"直线"按钮✐，分别绘制3条坐标点为{(100,100),(100,117.25)}、{(100,100),(82.75,100)}、{(100,100),(105 ,94)}的直线作为挂钟的指针，绘制结果如图6-66所示。

03 选择菜单栏中的"修改"→"拉长"命令，将秒针拉长至圆的边。命令行中的提示与操作如下。

```
命令：LENGTHEN↙
选择对象或 [增量(DE)/百分数(P)/全部(T)/动态(DY)]：（选择直线）
当前长度：20.0000
选择对象或 [增量(DE)/百分数(P)/全部(T)/动态(DY)]：DE↙
输入长度增量或 [角度(A)] <2.7500>：2.75↙
```

绘制挂钟完成，如图6-67所示。

图 6-65 绘制圆形

图 6-66 绘制指针

图 6-67 挂钟图形

6.5.8 圆角

圆角是指用指定的半径决定的一段平滑的圆弧连接两个对象。系统规定，可以圆滑连接一对直线段、非圆弧的多段线、样条曲线、双向无限长线、射线、圆、圆弧和椭圆。可以在任何时刻圆滑连接多段线的每个节点。

【执行方式】

命令行：FILLET
菜单：修改→圆角
工具栏：修改→圆角◻

【操作步骤】

命令：FILLET↙

当前设置：模式 = 修剪，半径 = 0.0000
选择第一个对象或 [放弃(U)/多段线(P)/半径(R)/修剪(T)/多个(M)]：（选择第一个对象或别的选项）
选择第二个对象，或按住 Shift 键选择要应用角点的对象：（选择第二个对象）

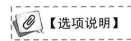
【选项说明】

1．多段线（P）

在一条二维多段线的两段直线段的节点处插入圆滑的弧。选择多段线后，系统会根据指定的圆弧的半径把多段线各顶点用圆滑的弧连接起来。

2．修剪（T）

决定在圆滑连接两条边时，是否修剪这两条边，如图6-68所示。

（a）修剪方式   （b）不修剪方式

图6-68   圆角连接

3．多个（M）

同时对多个对象进行圆角编辑，而不必重新起用命令。

4．Shift键

按住Shift键并选择两条直线，可以快速创建零距离倒角或零半径圆角。

6.5.9 实例——座便器

视频文件：讲解视频\第6章\实例－座便器.avi

本例绘制如图6-69所示的座便器。

01 将AutoCAD 2013中的"对象捕捉"工具栏激活，如图6-70所示，留待在绘图过程中使用。

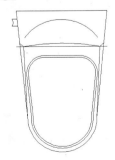

图6-69 座便器   图6-70 "对象捕捉"工具栏

单击"绘图"工具栏中的"直线"按钮 ✎，绘制一条长度为50的水平直线。再次单击直线工具，然后单击"对象捕捉"工具栏中的"捕捉到中点"按钮 ✎，单击水平直线的中点，此时水平直线的中点会出现一个黄色的小三角提示，即为中点。绘制一条垂直的直线，并移动到合适的位置，作为绘图的辅助线，如图6-71所示。

02 单击"绘图"工具栏中的"直线"按钮 ✎，单击水平直线的左端点，输入坐标点(@6,-60)，如图6-72所示。绘制完成后，单击"修改"工具栏中的"镜像"按钮 ⚐，选择刚刚绘制的斜向直线，按Enter键，分别单击垂直直线的两个端点，镜像到另外一侧，如图6-73所示。

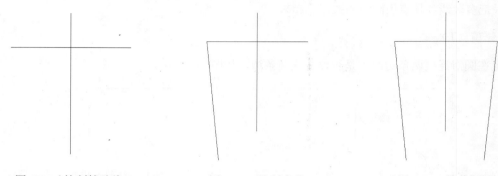

图 6-71　绘制辅助线　　　　图 6-72　绘制直线　　　　图 6-73　镜像图形

03 单击"绘图"工具栏中的"圆弧"按钮 ✎，选择斜线下端的端点，如图6-74所示。选择垂直辅助线上的一点，最后选择右侧斜线的端点，绘制弧线完成，如图6-75所示。选择水平直线，然后单击"修改"工具栏中的"复制"按钮 ⚒，选择其与垂直直线的交点为基点，输入坐标点（@0,-20）。复制水平直线，输入坐标点(@0,-25)，如图6-76所示。

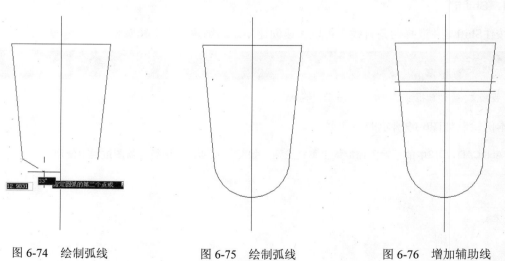

图 6-74　绘制弧线　　　　图 6-75　绘制弧线　　　　图 6-76　增加辅助线

04 单击"修改"工具栏中的"偏移"按钮 ⚐，在提示行中输入2，作为偏移距离，选择右侧斜向直线，在直线左侧单击鼠标，将其复制到左侧，如图6-77所示。重复上述步骤，单击圆弧和左侧直线，将其复制到内侧，如图6-78所示。

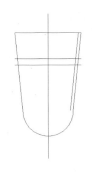 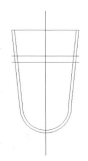

图6-77　偏移直线　　　　　　　　　图6-78　偏移其他图形

单击"绘图"工具栏中的"直线"按钮 ，将中间的水平线与内侧斜线的交点和外侧斜线的下端点连接起来，如图6-79所示。

05 单击"修改"工具栏中的"圆角"按钮 ，指定圆角半径为10。依次选择最下面的水平线和左半部分内侧的斜向直线，将其交点设置为倒圆角，如图6-80所示。依照此方法，将右侧的交点也设置为倒圆角，直径也是10，如图6-81所示。

 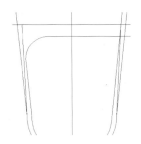 

图6-79　连接直线　　　　　图6-80　设置倒圆角　　　　图6-81　设置另外一侧倒圆角

单击"修改"工具栏中的"偏移"按钮 ，将椭圆部分偏移到内侧，偏移距离为1，如图6-82所示。在上侧添加弧线和斜向直线，再在左侧添加冲水按钮，即完成了座便器的绘制，最终如图6-83所示。

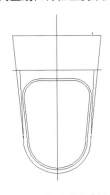 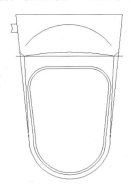

图6-82　偏移内侧椭圆　　　　　　　图6-83　座便器绘制完成

6.5.10　倒角

倒角是指用斜线连接两个不平行的线型对象。可以用斜线连接直线段、双向无限长线、射线和多段线。

系统采用两种方法确定连接两个线型对象的斜线：指定斜线距离和指定斜线角度。下面分别介绍这两种方法。

1. 指定斜线距离

斜线距离是指从被连接的对象与斜线的交点到被连接的两对象的可能的交点之间的距离，如图6-84所示。

2. 指定斜线角度和一个斜距离连接选择的对象

采用这种方法斜线连接对象时，需要输入两个参数：斜线与一个对象的斜线距离和斜线与该对象的夹角，如图6-85所示。

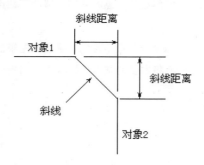
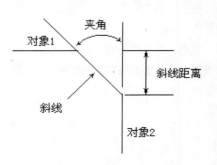

图6-84　斜线距离　　　　　　　　　图6-85　斜线距离与夹角

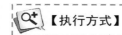 【执行方式】

命令行：CHAMFER

菜单：修改→倒角

工具栏：修改→倒角

 【操作步骤】

命令：CHAMFER✓
（"不修剪"模式）当前倒角距离 1 = 0.0000，距离 2 = 0.0000
　选择第一条直线或［放弃(U)/多段线(P)/距离(D)/角度(A)/修剪(T)/方式(E)/多个(M)］：（选择第一条直线或别的选项）
　选择第二条直线，或按住 Shift 键选择要应用角点的直线：（选择第二条直线）

 【选项说明】

1. 多段线（P）

对多段线的各个交叉点倒角。为了得到最好的连接效果，一般设置斜线是相等的值。系统根据指定的斜线距离把多段线的每个交叉点都作斜线连接，连接的斜线成为多段线新添加的构成部分，如图6-86所示。

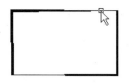 

（a）选择多段线　　　　　　　　　　　（b）倒圆角结果

图6-86　斜线连接多段线

2．距离（D）

选择倒角的两个斜线距离。这两个斜线距离可以相同或不相同，若二者均为0，则系统不绘制连接的斜线，而是把两个对象延伸至相交并修剪超出的部分。

3．角度（A）

选择第一条直线的斜线距离和第一条直线的倒角角度。

4．修剪（T）

与圆角连接命令FILLET相同，该选项决定连接对象后是否剪切原对象。

5．方式（E）

决定采用"距离"方式还是"角度"方式来倒斜角。

6．多个（M）

同时对多个对象进行倒斜角编辑。

6.5.11　实例——洗手盆

 视频文件：讲解视频\第6章\实例－洗手盆.avi

01 单击"绘图"工具栏中的"直线"按钮，绘制出初步轮廓，大约尺寸如图6-89所示。这里从略。

02 单击"绘图"工具栏中的"圆"按钮，以图6-87中长240、宽80的矩形约左中位置处指定圆心，半径为35，绘制圆。单击"修改"工具栏中的"复制"按钮，复制绘制的圆。

单击"绘图"工具栏中的"圆"按钮，以在图6-87中长139、宽40的矩形大约正中位置指定圆心，半径为25，绘制出水口。

03 单击"修改"工具栏中的"修剪"按钮，修剪绘制的出水口圆，如图6-88所示。

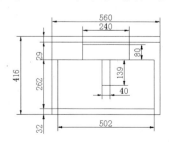 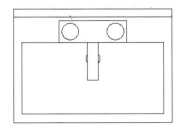

图6-87　初步轮廓图　　　　　　　　　　図6-88　绘制水龙头和出水口

04 单击"修改"工具栏中的"倒角"按钮△，绘制水盆4个角。命令行中的提示与操作如下。

```
命令:CHAMFER↙
("修剪"模式) 当前倒角距离 1 = 0.0000, 距离 2 = 0.0000
选择第一条直线或 [放弃(U)/多段线(P)/距离(D)/角度(A)/修剪(T)/方式(E)/多个(M)]:D↙
指定第一个倒角距离 <0.0000>: 50↙
指定第二个倒角距离 <50.0000>: 30↙
选择第一条直线或 [放弃(U)/多段线(P)/距离(D)/角度(A)/修剪(T)/方式(E)/多个(M)]: M↙
选择第一条直线或 [放弃(U)/多段线(P)/距离(D)/角度(A)/修剪(T)/方式(E)/多个(M)]:(选择右
上角横线段)
选择第二条直线, 或按住 Shift 键选择要应用角点的直线:(选择右上角竖线段)
选择第一条直线或 [放弃(U)/多段线(P)/距离(D)/角度(A)/修剪(T)/方式(E)/多个(M)]:(选择左
上角横线段)
选择第二条直线, 或按住 Shift 键选择要应用角点的直线:(选择右上角竖线段)
命令: CHAMFER↙
("修剪"模式) 当前倒角距离 1 = 50.0000, 距离 2 = 30.0000
选择第一条直线或 [放弃(U)/多段线(P)/距离(D)/角度(A)/修剪(T)/方式(E)/多个(M)]:A↙
指定第一条直线的倒角长度 <20.0000>: ↙
指定第一条直线的倒角角度 <0>: 45↙
选择第一条直线或 [放弃(U)/多段线(P)/距离(D)/角度(A)/修剪(T)/方式(E)/多个(M)]: M↙
选择第一条直线或 [放弃(U)/多段线(P)/距离(D)/角度(A)/修剪(T)/方式(E)/多个(M)]: (选择
左下角横线段)
选择第二条直线, 或按住 Shift 键选择要应用角点的直线:(选择左下角竖线段)
选择第一条直线或 [放弃(U)/多段线(P)/距离(D)/角度(A)/修剪(T)/方式(E)/多个(M)]: (选择
右下角横线段)
选择第二条直线, 或按住 Shift 键选择要应用角点的直线:(选择右下角竖线段)
```

水盆绘制完成，结果如图6-89所示。

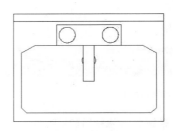

图6-89　洗手盆

6.5.12　打断

【执行方式】

命令行：BREAK

菜单：修改→打断

工具栏：修改→打断

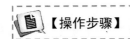【操作步骤】

```
命令：BREAK↙
选择对象：(选择要打断的对象)
指定第二个打断点或 [第一点(F)]:(指定第二个断开点或输入F)
```

【选项说明】

如果选择"第一点",系统将丢弃前面的第一个选择点,重新提示用户指定两个断开点。

6.5.13 实例——吸顶灯

视频文件:讲解视频\第6章\实例-吸顶灯.avi

01 新建两个图层。

- ◆ 1图层,颜色为蓝色,其余属性默认。
- ◆ 2图层,颜色为黑色,其余属性默认。

02 单击"绘图"工具栏中的"直线"按钮 ╱,绘制两条相交的直线,坐标点为{(50,100),(100,100)}、{(75,75),(75,125)},如图6-90所示。

03 单击"绘图"工具栏中的"圆"按钮 ⊙,以(75,100)中心,15和10为半径绘制两个同心圆,如图6-91所示。

04 单击"修改"工具栏中的"打断于点"按钮 ,将超出圆外的直线修剪掉。命令行中的提示与操作如下。

```
命令: _BRAEK
选择对象: (选择竖直直线)
指定第二个打断点 或 [第一点(F)]:F✓
指定第一个打断点:(选择竖直直线的上端点)
指定第二个打断点:(选择竖直直线与大圆上面的相交点)
```

用同样的方法将其他3段超出圆外的直线修剪掉,结果如图6-92所示。

图 6-90 绘制相交直线　　　　图 6-91 绘制同心圆

图 6-92 吸顶灯图形

6.5.14 分解

【执行方式】

命令行:EXPLODE
菜单:修改→分解
工具栏:修改→分解

【操作步骤】

```
命令:EXPLODE✓
选择对象:(选择要分解的对象)
```

选择一个对象后,该对象会被分解。系统继续提示该行信息,允许分解多个对象。

⠿⠿ 注意

"分解"命令是将一个合成图形分解成为其部件的工具。比如，一个矩形被分解之后，会变成4条直线；而一个有宽度的直线分解之后，会失去其宽度属性。

⠿⠿ 6.5.15 实例——西式沙发

 视频文件：讲解视频\第6章\实例－西式沙发.avi

　　本实例将讲解如图6-93所示常见的西式沙发的绘制方法与技巧。具体方法是首先绘制大体轮廓，然后绘制扶手靠背，然后进行细节处理。

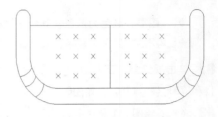

图6-93　西式沙发

01 沙发的绘制同座椅的绘制方法基本相似。单击"绘图"工具栏中的"矩形"按钮⬚，绘制一矩形，矩形的长边为100，短边为40，如图6－94所示。

02 在矩形上侧的两个角处绘制直径为8的圆。单击"修改"工具栏中的"复制"按钮⬚，以矩形角点为参考点，将圆复制到另外一个角点处，如图6－95所示。

图6-94　绘制矩形

图6-95　绘制圆

03 选择菜单栏中的"绘图"→"多线"命令，即多线功能，绘制沙发的靠背。选择菜单栏中的"格式"→"多线样式"命令，打开"多线样式"对话框，如图6－96所示。单击"新建"按钮，打开新建多线样式对话框，如图6－97所示，并命名为MLINEL。关闭所有对话框。

图6-96　多线样式编辑器

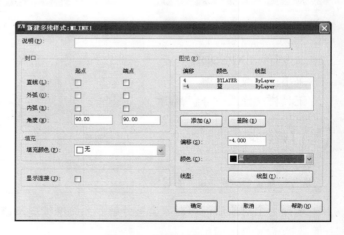

图6-97　设置多线样式

04 在命令行中输入MLINE命令，再执行ST，选择多线样式为MLINEL；然后输入J，设置对正方式为无，将比例设置为1，以图6-97中的左圆心为起点，沿矩形边界绘制多线，命令行中的提示与操作如下。

```
命令: mline
当前设置: 对正 = 上, 比例 = 20.00, 样式 = STANDARD
指定起点或 [对正(J)/比例(S)/样式(ST)]: ST✓ (设置当前多线样式)
输入多线样式名或 [?]: mline1✓ (选择样式mline1)
当前设置: 对正 = 上, 比例 = 20.00, 样式 = MLINE1
指定起点或 [对正(J)/比例(S)/样式(ST)]: J✓ (设置对正方式)
输入对正类型 [上(T)/无(Z)/下(B)] <上>: Z✓ (设置对正方式为无)
当前设置: 对正 = 无, 比例 = 20.00, 样式 = MLINE1
指定起点或 [对正(J)/比例(S)/样式(ST)]: S✓
输入多线比例 <20.00>: 1✓ (设定多线比例为1)
当前设置: 对正 = 无, 比例 = 1.00, 样式 = MLINE1
指定起点或 [对正(J)/比例(S)/样式(ST)]: (单击圆心)
指定下一点: (单击矩形角点)
指定下一点或 [放弃(U)]:
指定下一点或 [闭合(C)/放弃(U)]: (单击另外一侧圆心)
指定下一点或 [闭合(C)/放弃(U)]: ✓
```

05 选择刚刚绘制的多线和矩形，单击"修改"工具栏中的"分解"按钮🔲，将多线分解，如图6-98所示。

06 将多线中间的矩形轮廓线删除，如图6-99所示。单击"修改"工具栏中的"移动"按钮✛，然后按Space或者按Enter键，再选择直线的左端点，将其移动到圆的下端点，如图6-100所示。单击"修改"工具栏中的"修剪"按钮┼，将多余线剪切。移动剪切后，效果如图6-101所示。

图 6-98　分解多线　　　　　图 6-99　删除直线　　　　　图 6-100　移动直线

07 绘制沙发扶手及靠背的转角。由于需要一定的弧线，这里将使用"圆角"命令。单击"绘图"工具栏中的"圆角"按钮◻，设置内侧圆角半径为16，修改后如图6-102 所示。设置外侧圆角半径为24，修改后如图6-103所示。

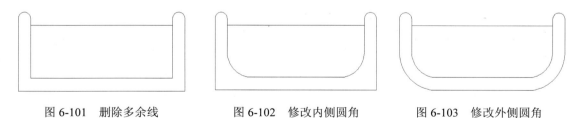

图 6-101　删除多余线　　　　图 6-102　修改内侧圆角　　　　图 6-103　修改外侧圆角

08 利用"捕捉到中点"工具，在沙发中心绘制一条垂直的直线，如图6-104 所示。再在沙发扶手的拐角处绘制3条弧线，两边对称复制，如图6-105 所示。

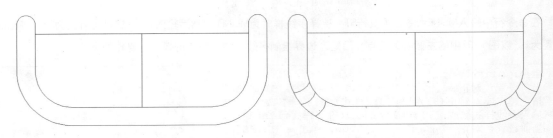

图6-104　绘制中线　　　　　　　　　　　　　图6-105　绘制沙发转角

09 在绘制转角处的纹路时，弧线上的点不易捕捉，这时需要利用AutoCAD 2013的"延伸捕捉"功能。此时要确保绘图窗口下部状态栏上的"对象捕捉"功能处于激活状态，其状态可以用鼠标单击进行切换。然后单击"圆弧"命令，将鼠标停留在沙发转角弧线的起点，如图6-106所示。此时在起点会出现黄色的方块，沿弧线缓慢移动鼠标，可以看到一个小型的十字随鼠标移动，且十字中心与弧线起点有虚线相连，如图6-107所示。移动到合适的位置后，再单击即可绘制。

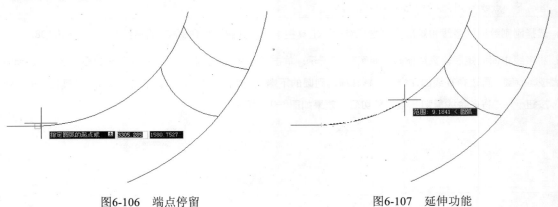

图6-106　端点停留　　　　　　　　　　　　　图6-107　延伸功能

10 在沙发左侧空白处用"直线"命令绘制一"×"形图案，如图6-108所示。单击"修改"工具栏中的"矩形阵列"按钮▦，设置行数、列数均为3，然后将"行间距"设置为−10、"列间距"设置为10。将刚刚绘制的"×"图形进行阵列，如图6-109所示。单击"修改"工具栏中的"镜像"按钮⚖，将左侧的花纹复制到右侧，如图6-110所示。

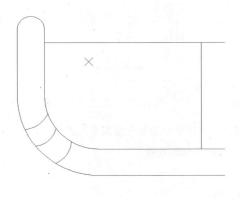

图6-108　绘制"×"

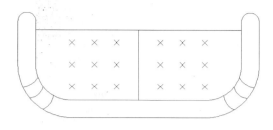

图6-109　阵列图形　　　　　　　图6-110　镜像花纹

绘制好沙发模块后，将其保存成块，储存起来，以便在以后的绘图中调用。

6.5.16　合并

可以将直线、圆、椭圆弧和样条曲线等独立的线段合并为一个对象，如图6-111所示。

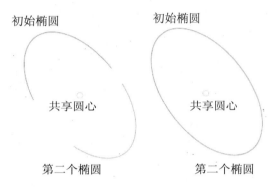

图6-111　合并对象

【执行方式】

命令行：JOIN
菜单：修改→合并
工具栏：修改→合并 ⊶

【操作步骤】

命令：JOIN✓
选择源对象或要一次合并的多个对象：找到 1 个（选择另一个对象）
选择要合并的对象：找到 1 个，总计 2 个（选择一个对象）
选择要合并的对象：✓
2 条直线已合并为 1 条直线

6.6 对象编辑

在对图形进行编辑时，还可以对图形对象本身的某些特性进行编辑，从而方便地进行图形绘制。

6.6.1 钳夹功能

利用钳夹功能，可以快速方便地编辑对象。AutoCAD 2013在图形对象上定义了一些特殊点，称为夹点。利用夹点，可以灵活地控制对象，如图6-112所示。

要使用钳夹功能编辑对象，必须先打开钳夹功能，打开方法是选择菜单栏"工具"→"选项"→"选择集"命令。

在"选择集"选项卡的"夹点"选项组下，打开"显示夹点"复选框。在该页面上还可以设置代表夹点的小方格的尺寸和颜色。也可以通过GRIPS系统变量控制是否打开钳夹功能，1代表打开，0代表关闭。

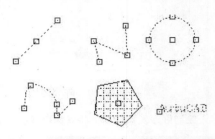

图6-112 夹点

打开了钳夹功能后，应该在编辑对象之前先选择对象。夹点表示了对象的控制位置。

使用夹点编辑对象，要选择一个夹点作为基点，称为基准夹点。然后选择一种编辑操作："删除"、"移动"、"复制"、"旋转"和"缩放"等。可以按Space键、按Enter键或键盘上的快捷键循环选择这些功能。

下面仅就其中的拉伸对象操作为例进行讲述，其他操作类似。

在图形上拾取一个夹点，该夹点改变颜色，此点为夹点编辑的基准点。这时系统提示：

```
** 拉伸 **
指定拉伸点或 [基点(B)/复制(C)/放弃(U)/退出(X)]:
```

在上述拉伸编辑提示下输入"缩放"命令或右击鼠标在弹出的快捷菜单中选择"缩放"命令，系统就会转换为"缩放"操作，其他操作类似。

6.6.2 "特性"选项板

 【执行方式】

命令行：DDMODIFY或PROPERTIES
菜单：修改→特性
工具栏：标准→特性

 【操作步骤】

```
命令：DDMODIFY✓
```

执行上述命令后，系统打开"特性"选项板，如图6-113所示。利用它，可以方便地设置或修改对象的各种属性。不同的对象，属性种类和值不同，修改属性值后，对象改变为新的属性。

图6-113 "特性"选项板

6.7 综合实例——单人床

光盘路径　视频文件：讲解视频\第6章\综合实例－单人床.avi

在住宅建筑的室内设计图中，床是必不可少的内容。床分单人床和双人床。一般的住宅建筑中，卧室的位置及床的摆放均需要进行精心的设计，以方便房主居住生活，同时要考虑舒适、采光、美观等因素。本例绘制的单人床图形如图6-114所示。

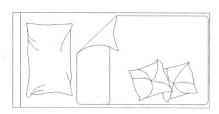

图6-114　单人床

01 绘制被子轮廓。

单击"绘图"工具栏中的"矩形"按钮□，绘制长边为300、短边为150的矩形，如图6-115所示。绘制完床的轮廓后，单击"绘图"工具栏中的"直线"按钮✎，在床左侧绘制一条垂直的直线，作为床头的平面图，如图6-116所示。

单击"绘图"工具栏中的"矩形"按钮□，绘制一个长200、宽140的矩形。单击"修改"工具栏中的"移动"按钮✣，移动到床的右侧。注意上下两边的间距要尽量相等，右侧距床轮廓的边缘稍稍近一些，如图6-117所示。此矩形即为被子的轮廓。

图 6-115　床轮廓　　　　　　图 6-116　绘制床头　　　　　图 6-117　绘制被子轮廓

单击"绘图"工具栏中的"矩形"按钮□，在被子左顶端绘制一水平方向为30、垂直方向为140的矩形，如图6-118所示。单击"修改"工具栏中的"圆角"按钮◻，修改矩形的角部，如图6-119所示。

图6-118　绘制矩形　　　　　　　　　图6-119　圆角处理

02 在被子轮廓的左上角，绘制一条45°的斜线。绘制方法为单击"绘图"工具栏中的"直线"按钮 ╱，绘制一条水平直线；单击"修改"工具栏中的"旋转"按钮 ○，选择线段一段为旋转基点，在角度提示行后面输入45并按Enter键，旋转直线效果如图6-120所示；再将其移动到适当的位置，单击"修改"工具栏中的"修剪"按钮 -╱--，将多余线段删除，得到如图6-121所示效果。

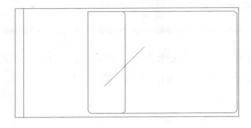

图6-120　绘制45°直线

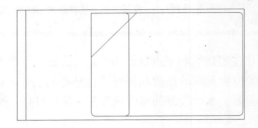

图6-121　移动并删除直线

删除直线左上侧的多余部分，如图6-122所示。

03 单击"绘图"工具栏中的"样条曲线"按钮 ∿，此命令为绘制曲线的工具，方便简捷。先单击刚刚绘制的45°斜线的端点，然后如图6-123所示，依次单击A、B、C 3点，绘制样条曲线。

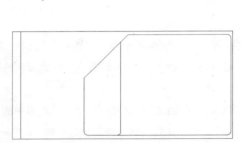

图6-122　删除多余线段

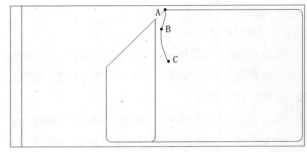

图6-123　绘制样条曲线1

04 同理，另外一侧的样条曲线如图6-124所示。

单击"绘图"工具栏中的"样条曲线"按钮 ∿，绘制样条曲线2的命令行中的提示与操作如下。

```
命令: _spline
当前设置: 方式=拟合    节点=弦
指定第一个点或 [方式(M)/节点(K)/对象(O)]: （选择点A）
输入下一个点或 [起点切向(T)/公差(L)]: （选择点B）
输入下一个点或 [端点相切(T)/公差(L)/放弃(U)]: （选择点C）
输入下一个点或 [端点相切(T)/公差(L)/放弃(U)/闭合(C)]:
```

此为被子的掀开角，绘制完成后删除角内的多余直线，如图6-125所示。

05 用同样的方法，单击"绘图"工具栏中的"样条曲线"按钮 ∿，绘制枕头和垫子的图形，结果如图6-114所示。

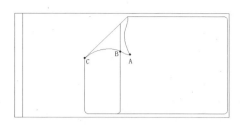

图6-124　绘制样条曲线2

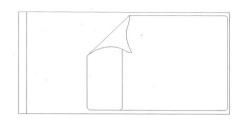

图6-125　绘制掀开角

6.8 上机实验

实验1　绘制办公桌

绘制如图6-126所示的办公桌。

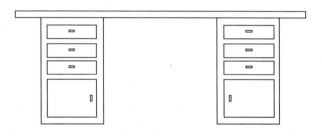

图6-126　办公桌

操作提示:

（1）利用"矩形"命令绘制办公桌的一边。

（2）利用"复制"命令绘制整个办公桌。

实验2　绘制燃气灶

绘制如图6-127所示的燃气灶。

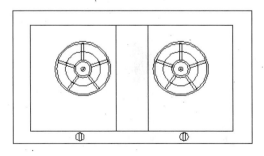

图6-127　燃气灶

操作提示：

(1) 利用"矩形"和"直线"命令，绘制燃气灶外轮廓。

(2) 利用"圆"和"样条曲线"命令，绘制支撑骨架。

(3) 利用"环形阵列"和"镜像"命令，绘制燃气灶。

实验3　绘制门

绘制如图6-128所示的门。

图6-128　门

操作提示：

(1) 利用"矩形"命令绘制门轮廓。

(2) 利用"偏移"命令绘制门。

实验4　绘制小房子

绘制如图6-129所示的小房子。

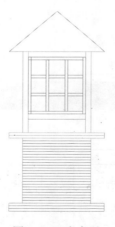

图6-129　小房子

操作提示：

(1) 利用"矩形"和"矩形阵列"命令，绘制主要轮廓。

(2) 利用"直线"和"矩形阵列"命令处理细节。

第7章

图块及其属性

在设计绘图过程中，经常会遇到一些重复出现的图形（如机械设计中的螺钉、螺帽，建筑设计中的桌椅、门窗等）。如果每次都重新绘制这些图形，不仅造成大量的重复工作，而且存储这些图形及其信息要占据相当大的磁盘空间。图块、外部参照和光栅图像，实现了模块化作图，这样不仅避免了大量的重复工作，提高了绘图速度和工作效率，而且可以大大节省磁盘空间。

内容要点

◆ 图块操作
◆ 图块的属性

7.1 图块操作

图块也叫块，它是由一组图形对象组成的集合。一组对象一旦被定义为图块，它们将成为一个整体，拾取图块中任意一个图形对象，即可选中构成图块的所有对象。AutoCAD 2013把一个图块作为一个对象，进行编辑修改等操作时，用户可以根据绘图需要，把图块插入到图中任意指定的位置，而且在插入时，还可以指定不同的缩放比例和旋转角度。如果需要对组成图块的单个图形对象进行修改，可以利用"分解"命令把图块炸开，分解成若干个对象。图块还可以重新定义，一旦被重新定义，整个图中基于该块的对象都将随之改变。

7.1.1 定义图块

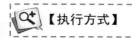【执行方式】

命令行：BLOCK
菜单：绘图→块→创建
工具栏：插入→创建块

【操作步骤】

命令：BLOCK↙

选择相应的菜单命令或单击相应的工具栏图标，或在命令行输入BLOCK后按Enter键，系统打开如图7-1所示的"块定义"对话框。利用该对话框，可以定义图块并为之命名。

图7-1　"块定义"对话框

【选项说明】

1. "基点"选项组

确定图块的基点，默认值是(0,0,0)。也可以在下面的X、Y、Z文本框中输入块的基点坐标值。单击"拾取点"按钮，系统会临时切换到作图屏幕，用鼠标在图形中拾取一点后，返回"块定义"

对话框，即把所拾取的点作为图块的基点。

2．"对象"选项组

该选项组用于选择制作图块的对象及对象的相关属性。

如图7-2所示，把图（a）中的正五边形定义为图块，图（b）为选中"删除"单选按钮的结果，图（c）为选中"保留"单选按钮的结果。

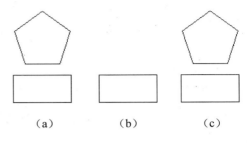

（a）　　　　　　（b）　　　　　　（c）

图7-2　删除图形对象

3．"设置"选项组

指定从AutoCAD 2013设计中心拖动图块时用于测量图块的单位，以及缩放、分解和超链接等设置。

4．"在块编辑器中打开"复选框

选中此复选框，系统打开块编辑器，可以定义动态块。后面详细讲述。

5．"方式"选项组

指定块的行为，可以指定块为注释性，指定在图纸空间视口中的块参照的方向与布局的方向匹配，指定是否阻止块参照不按统一比例缩放、指定块参照是否可以被分解。

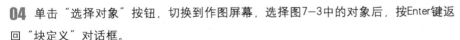 **7.1.2　实例——定义椅子图块**

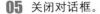 视频文件：讲解视频\第7章\实例－定义椅子图块.avi

将如图7-3所示的图形定义为图块，取名为"椅子"。

01 选择菜单栏中的"绘图"→"块"→"创建"命令，打开"块定义"对话框。

02 在"名称"下拉列表框中输入"椅子"。

03 单击"拾取点"按钮，切换到作图屏幕，选择椅子下边直线边的中点为基点，返回"块定义"对话框。

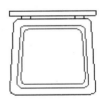

图7-3　定义图块

04 单击"选择对象"按钮，切换到作图屏幕，选择图7-3中的对象后，按Enter键返回"块定义"对话框。

05 关闭对话框。

7.1.3　图块的存盘

用BLOCK命令定义的图块保存在其所属的图形当中，该图块只能在该图中插入，而不能插入到其他的图中。但是有些图块在许多图中要经常用到，这时可以用WBLOCK命令把图块以图形文件的形式（扩展名为.dwg）写入磁盘，图形文件可以在任意图形中用INSERT命令插入。

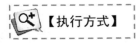 【执行方式】

命令行：WBLOCK

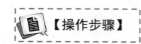【操作步骤】

命令：WBLOCK✓

执行上述命令后，系统打开"写块"对话框，如图7-4所示。利用此对话框，可以把图形对象保存为图形文件或把图块转换成图形文件。

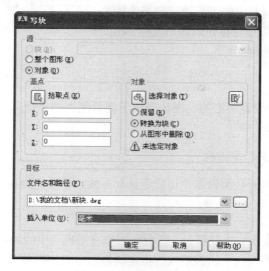

图7-4　"写块"对话框

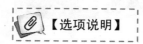【选项说明】

1. "源"选项组

确定要保存为图形文件的图块或图形对象。选中"块"单选按钮，在其后的下拉列表框中选择一个图块，将其保存为图形文件。选中"整个图形"单选按钮，则把当前的整个图形保存为图形文件。选中"对象"单选按钮，则把不属于图块的图形对象保存为图形文件。对象的选取通过"对象"选项组来完成。

2. "目标"选项组

用于指定图形文件的名字、保存路径和插入单位等。

7.1.4　实例——指北针

视频文件：讲解视频\第7章\实例－指北针.avi

本实例应用二维绘图及编辑命令绘制指北针图块，如图7-5所示，利用"写块"命令将其定义为图块。

01 绘制指北针。

单击"绘图"工具栏中的"圆"按钮◎，绘制一个直径为24的圆。

单击"绘图"工具栏中的"直线"按钮／，绘制竖直直线，结果如图7-6所示。

单击"修改"工具栏中的"偏移"按钮 ⚏，使直径向左右两边各偏移1.5，结果如图7-7所示。

单击"修改"工具栏中的"修剪"按钮 -/·· ，选取圆作为修剪边界，修剪偏移后的直线。

单击"绘图"工具栏中的"直线"按钮 ╱，绘制直线，结果如图7-8所示。

 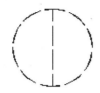

图7-5　指北针图块　　　图7-6　绘制竖直直线　　　图7-7　偏移直线　　　图7-8　绘制直线

单击"修改"工具栏中的"删除"按钮 ✐，删除多余的直线。

单击"绘图"工具栏中的"图案填充"按钮 ▨，选择图案填充选项卡中的Solid图案，选择指针作为图案填充对象进行填充，结果如图7-5所示。

02 保存图块。命令行中的提示如下。

```
命令：WBLOCK↙
```

系统打开"写块"对话框，如图7-9所示。单击"拾取点"按钮 🔖，拾取指北针的顶点为基点；单击"选择对象"按钮 🔖，拾取下面图形为对象；输入图块名称"指北针图块"并指定路径，确认保存。

图7-9　"写块"对话框

⊞ 7.1.5　图块的插入

在用AutoCAD 2013绘图的过程当中，可以根据需要随时把已经定义好的图块或图形文件插入到当前图形的任意位置，在插入的同时还可以改变图块的大小、旋转一定角度或把图块炸开等。插入图块的方法有多种，本节逐一进行介绍。

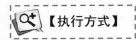

【执行方式】

命令行：INSERT

菜单：插入→块

工具栏：插入→插入块 或 绘图→插入块

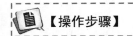

【操作步骤】

命令：INSERT✓

执行上述命令后，打开"插入"对话框，如图7-10所示，可以指定要插入的图块及插入位置。

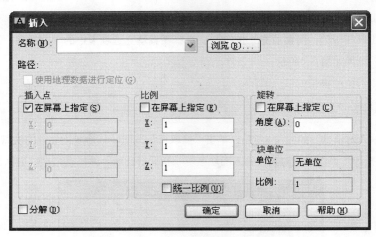

图7-10　"插入"对话框

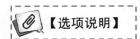

【选项说明】

1．"路径"选项组

指定图块的保存路径。

2．"插入点"选项组

指定插入点，插入图块时，该点与图块的基点重合。可以在屏幕上指定该点，也可以通过下面的文本框输入该点坐标值。

3．"比例"选项组

确定插入图块时的缩放比例。图块被插入到当前图形中的时候，可以以任意比例放大或缩小。如图7-11所示，（a）图是被插入的图块，（b）图是取比例系数为1.5插入该图块的结果，（c）图是取比例系数为0.5的结果。X轴方向和Y轴方向的比例系数也可以取不同，如（d）图所示，X轴方向的比例系数为1，Y轴方向的比例系数为1.5。另外，比例系数还可以是一个负数，当为负数时表示插入图块的镜像，其效果如图7-12所示。

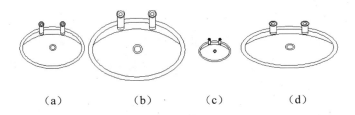

（a） （b） （c） （d）

图7-11 取不同缩放比例插入图块的效果

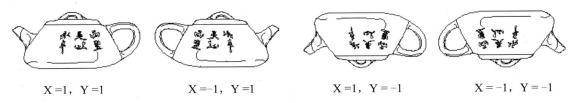

X =1，Y =1 　　 X =-1，Y =1 　　 X =1，Y =-1 　　 X = -1，Y =-1

图7-12 取缩放比例为负值插入图块的效果

4．"旋转"选项组

指定插入图块时的旋转角度。图块被插入到当前图形中的时候，可以绕其基点旋转一定的角度，角度可以是正数（表示沿逆时针方向旋转），也可以是负数（表示沿顺时针方向旋转）。图7-13中图（b）是图（a）所示的图块旋转30°插入的效果，图（c）是旋转-30°插入的效果。

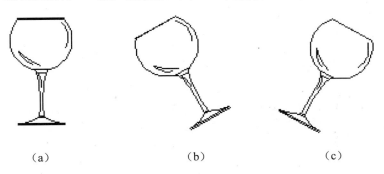

（a） （b） （c）

图7-13 以不同旋转角度插入图块的效果

如果选中"在屏幕上指定"复选框，系统切换到作图屏幕，在屏幕上拾取一点，系统会自动测量插入点与该点连线和X轴正方向之间的夹角，并把它作为块的旋转角。也可以在"角度"文本框直接输入插入图块时的旋转角度。

5．"分解"复选框

选中此复选框，则在插入块的同时把其炸开，插入到图形中的组成块的对象不再是一个整体，可以对每个对象单独进行编辑操作。

7.1.6 实例——家庭餐桌布局

视频文件：讲解视频\第7章\实例－家庭餐桌布局.avi

01 利用前面所学的命令绘制一张餐桌，如图7-14所示。

02 单击"插入"工具栏中的"插入块"按钮 🗔,打开"插入"对话框,如图7-15所示。单击"浏览"按钮,找到刚才保存的"椅子"图块,在屏幕上指定插入点和旋转角度,将该图块插入,结果如图7-16所示。

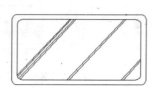

图7-14　餐桌

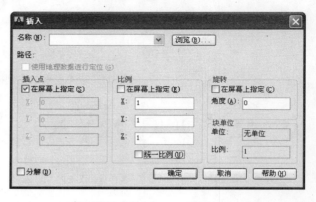

图7-15　"插入"对话框

03 可以继续插入"椅子"图块,也可以利用"复制"、"移动"和"旋转"命令复制、移动和旋转已插入的图块,绘制另外的椅子,最终图形如图7-17所示。

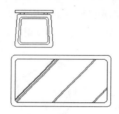

图7-16　插入椅子图块

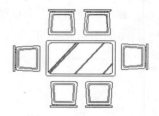

图7-17　最终图形

7.1.7　以矩阵形式插入图块

AutoCAD 2013允许将图块以矩形阵列的形式插入到当前图形中,而且插入时也允许指定缩放比例和旋转角度。如图7-18(a)所示的屏风图形是把图7-18(c)保存为图块后,以2×3矩形阵列的形式插入到图7-18(b)中。

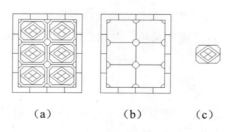

　　（a）　　　　　　　（b）　　　　　（c）

图7-18　以矩形阵列形式插入图块

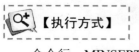【执行方式】

命令行:MINSERT

【操作步骤】

```
命令：MINSERT↙
输入块名或 [?] <hu3>：（输入要插入的图块名）
单位：毫米　转换：1.0000
指定插入点或 [基点(B)/比例(S)/X/Y/Z/旋转(R)]：
```

在此提示下确定图块的插入点、缩放比例、旋转角度等，各项的含义和设置方法与INSERT命令相同。确定了图块插入点之后，系统继续提示：

```
输入行数 (---) <1>：（输入矩形阵列的行数）
输入列数 (||||) <1>：（输入矩形阵列的列数）
输入行间距或指定单位单元 (---)：（输入行间距）
指定列间距 (||||)：（输入列间距）
```

完成上述操作，所选图块按照指定的缩放比例和旋转角度，以指定的行、列数和间距插入到指定的位置。

7.1.8　动态块

动态块具有灵活性和智能性。用户在操作时，可以轻松地更改图形中的动态块参照。通过自定义夹点或自定义特性来操作动态块参照中的几何图形，使得用户可以根据需要调整块，而不用搜索另一个块以插入或重定义现有的块。

例如，如果在图形中插入一个门块参照，编辑图形时可能需要更改门的大小。如果该块是动态的，并且定义为可调整大小，那么只需拖动自定义夹点或在"特性"选项板中指定不同的大小，如图7-19所示。用户可能还需要修改门的打开角度，如图7-20所示。该门块还可能会包含对齐夹点，使用对齐夹点可以轻松地将门块参照与图形中的其他几何图形对齐，如图7-21所示。

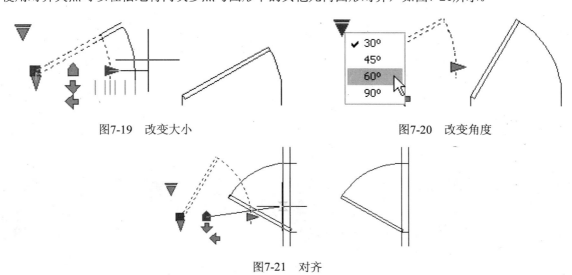

图7-19　改变大小　　　　　　　　　　　　图7-20　改变角度

图7-21　对齐

可以使用块编辑器创建动态块。块编辑器是一个专门的编写区域，用于添加能够使块成为动态块的元素。用户可以从头创建块，也可以向现有的块定义中添加动态行为，还可以像在绘图区域中一样创建几何图形。

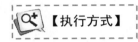【执行方式】

命令行：BEDIT

菜单：工具→块编辑器

工具栏：标准→块编辑器 ⬚

右键快捷菜单：在绘图区域中右击一个块参照，在弹出的快捷菜单中选择"块编辑器"选项。

【操作步骤】

命令：BEDIT✓

系统打开"编辑块定义"对话框，如图7-22所示，在"要创建或编辑的块"文本框中，输入块名或在列表框中选择已定义的块或当前图形。确认后，系统打开"块编写选项板"和"块编辑器"工具栏，如图7-23所示。用户可以在该工具栏中进行动态块编辑。

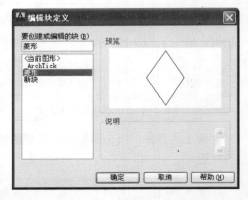

图7-22 "编辑块定义"对话框

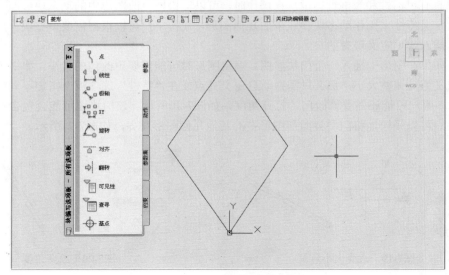

图7-23 块编辑状态绘图平面

7.2 图块的属性

图块除了包含图形对象以外，还可以具有非图形信息，例如把一个椅子的图形定义为图块后，还可把椅子的号码、材料、重量、价格及说明等文本信息一并加入到图块当中。图块的这些非图形信息，叫做图块的属性，它是图块的一个组成部分，与图形对象一起构成一个整体。在插入图块时，系统把图形对象连同属性一起插入到图形中。

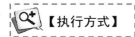

7.2.1 定义图块属性

【执行方式】

命令行：ATTDEF

菜单：绘图→块→定义属性

【操作步骤】

命令：ATTDEF✓

执行上述命令后，打开"属性定义"对话框，如图7-24所示。

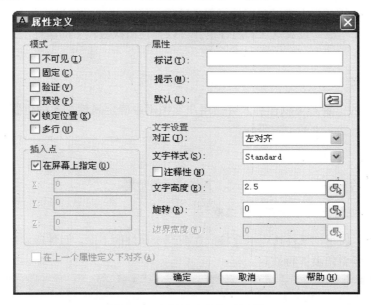

图7-24 "属性定义"对话框

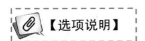【选项说明】

1."模式"选项组

此选项组可确定属性的模式。

（1）"不可见"复选框：选中此复选框，则属性为不可见显示方式，即插入图块并输入属性值后，属性值在图中并不显示出来。

（2）"固定"复选框：选中此复选框，则属性值为常量，即属性值在属性定义时给定，在插入图块时系统不再提示输入属性值。

（3）"验证"复选框：选中此复选框，当插入图块时，系统重新显示属性值，让用户验证该值是否正确。

（4）"预设"复选框：选中此复选框，当插入图块时，系统自动把事先设置好的默认值赋予属性，而不再提示输入属性值。

（5）"锁定位置"复选框：锁定块参照中属性的位置。解锁后，属性可以相对于使用夹点编辑的块的其他部分移动，并且可以调整多行文字属性的大小。

（6）"多行"复选框：指定属性值可以包含多行文字。选中此复选框，可以指定属性的边界宽度。

2．"属性"选项组

用于设置属性值。在每个文本框中，系统允许输入不超过256个字符。

（1）"标记"文本框：输入属性选项卡。属性选项卡可以由除空格和感叹号以外的所有字符组成，系统自动把小写字母改为大写字母。

（2）"提示"文本框：输入属性提示。属性提示是插入图块时系统要求输入属性值的提示，如果不在此文本框内输入文本，则以属性选项卡作为提示。如果在"模式"选项组选中"固定"复选框，即设置属性为常量，则不需设置属性提示。

（3）"默认"文本框：设置默认的属性值。可以把使用次数较多的属性值设置为默认值，也可不设默认值。

3．"插入点"选项组

确定属性文本的位置。可以在插入时由用户在图形中确定属性文本的位置，也可在X、Y、Z文本框中直接输入属性文本的位置坐标。

4．"文字设置"选项组

设置属性文本的对齐方式、文字样式、字高和倾斜角度。

5．"在上一个属性定义下对齐"复选框

选中此复选框，表示把属性选项卡直接放在前一个属性的下面，而且该属性继承前一个属性的文字样式、字高和倾斜角度等特性。

注意

在动态块中，由于属性的位置包括在动作的选择集中，因此必须将其锁定。

7.2.2 修改属性的定义

在定义图块之前，可以对属性的定义加以修改，不仅可以修改属性选项卡，还可以修改属性提示和属性默认值。

【执行方式】

命令行：DDEDIT

【操作步骤】

命令：DDEDIT↙
选择注释对象或 [放弃(U)]：

在此提示下选择要修改的属性定义，系统打开"编辑属性定义"对话框，如图7-25所示。该对话框表示要修改的属性的标记为"文字",提示为"数值",无默认值。可以在文本框中对各项进行修改。

图7-25　"编辑属性定义"对话框

7.2.3　图块属性编辑

当属性被定义到图块当中,甚至图块被插入到图形当中之后,用户还可以对属性进行编辑。利用ATTEDIT命令,可以通过对话框对指定图块的属性值进行修改,利用ATTEDIT命令不仅可以修改属性值,而且可以对属性的位置、文本等其他设置进行编辑。

【执行方式】

命令行:ATTEDIT
菜单:修改→对象→属性→单个

【操作步骤】

命令:ATTEDIT✓
选择块参照:

此时光标变为拾取框。选择要修改属性的图块,则系统打开如图7-26所示的"编辑属性"对话框,对话框中显示出所选图块中包含的前8个属性的值,用户可对这些属性值进行修改。如果该图块中还有其他的属性,可以单击"上一个"和"下一个"按钮对其进行查看和修改。

当用户通过菜单或工具栏执行上述命令时,系统打开"增强属性编辑器"对话框,如图7-27所示。该对话框不仅可以编辑属性值,还可以编辑属性的文字选项和图层、线型、颜色等特性。

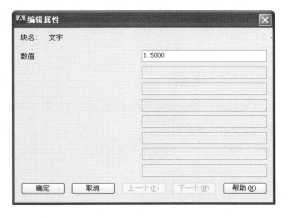

图7-26　"编辑属性"对话框

图7-27　"增强属性编辑器"对话框

另外，还可以通过"块属性管理器"对话框来编辑属性，方法是选择菜单栏"修改" → "对象"→"属性"→"块属性管理器"命令。执行此命令后，系统打开"块属性管理器"对话框，如图7-28所示。单击"编辑"按钮，系统打开"编辑属性"对话框，如图7-29所示，可以通过该对话框编辑属性。

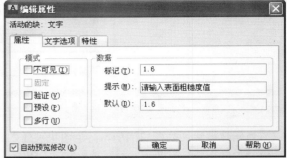

图7-28 "块属性管理器"对话框   图7-29 "编辑属性"对话框

7.3 综合实例——标注标高符号

光盘路径 视频文件：讲解视频\第7章\综合实例－标注标高符号.avi

本例标高符号如图7-30所示。

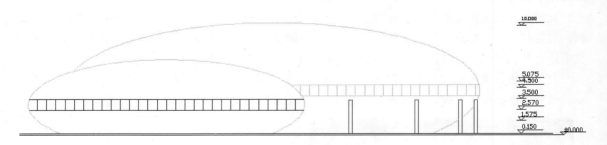

图7-30 标注标高符号

01 单击"绘图"工具栏中的"直线"按钮，绘制如图7-31所示的标高符号图形。

02 选择菜单栏中的"绘图"→"块"→"定义属性"命令，系统打开"属性定义"对话框，进行如图7-32所示的设置，选中"验证"复选框，设置插入点为标高符号水平线中点，确认退出。

03 利用WBLOCK命令打开"写块"对话框，如图7-33所示。拾取图7-31图形下尖点为基点，以此图形为对象，输入图块名称并指定路径，确认退出。

图7-31　绘制标高符号　　　　　　　　　　图7-32　"属性定义"对话框

04 单击"插入"工具栏中的"插入块"按钮🔲，打开"插入"对话框，如图7-34所示。单击"浏览"按钮，找到刚才保存的图块，在屏幕上指定插入点和旋转角度，将该图块插入到如图7-30所示的图形中，这时，命令行会提示输入属性，并要求验证属性值，此时输入标高数值0.150，就完成了一个标高的标注。

```
命令: INSERT✓
指定插入点或 [基点(b)/比例(S)/X/Y/Z/旋转(R)/预览比例(PS)/PX/PY/PZ/
预览旋转(PR)]: (在对话框中指定相关参数，如图7-34所示)
输入属性值
数值: 0.150✓
验证属性值
数值 <0.150>:✓
```

05 继续插入标高符号图块，并输入不同的属性值作为标高数值，直到完成所有标高符号标注。

图7-33　"写块"对话框　　　　　　　　　　图7-34　"插入"对话框

7.4 上机实验

实验1 绘制标高图块

绘制如图7-35～图7-37的标高，并制作成图块。

图7-35　总平面图上的标高符号　　图7-36　平面图上的地面标高符号　　图7-37　立面图和剖面图上的标高符号

操作提示：

（1）利用"直线"命令绘制标高。

（2）利用"写块"命令将标高制作成块。

实验2 绘制办公室平面图

绘制如图7-38所示的办公室平面图。

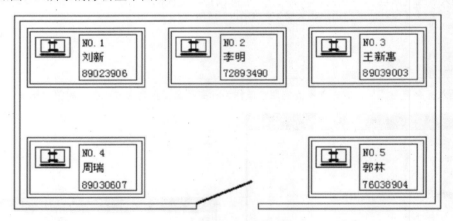

| NO.1 刘新 89023906 | NO.2 李明 72893490 | NO.3 王新惠 89039003 |
| NO.4 周瑞 89030607 | | NO.5 郭林 76038904 |

图7-38　办公室平面布置图

操作提示：

（1）利用图块功能绘制一张办公桌。

（2）利用"插入块"命令布置办公室，每一张办公桌都对应着人员的编号、姓名和电话。

第 **8** 章

设计中心与工具选项板

对一个绘图项目来讲，重用和分享设计内容，是管理一个绘图项目的基础。用AutoCAD 2013设计中心可以管理块、外部参照、渲染的图像及其他设计资源文件的内容。此AutoCAD 2013设计中心提供了观察和重用设计内容的强大工具，用它可以浏览系统内部的资源，还可以从Internet上下载有关内容。

内容要点

- ◆ 设计中心
- ◆ 工具选项板

8.1 设计中心

使用AutoCAD 2013设计中心，可以很轻松地组织设计内容，并把它们拖动到自己的图形中。可以使用AutoCAD 2013设计中心的内容显示区，来观察用AutoCAD 2013设计中心的资源管理器所浏览资源的细目，如图8-1所示。在图中，左边方框为AutoCAD 2013设计中心的资源管理器，右边方框为AutoCAD 2013设计中心的内容显示区。

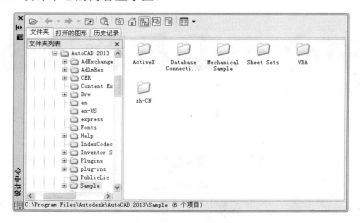

图8-1　AutoCAD 2013设计中心

8.1.1　启动设计中心

【执行方式】

命令行：ADCEnter
菜单：工具→选项板→设计中心
工具栏：标准→设计中心
快捷键：Ctrl+2

【操作步骤】

命令：ADCEnter✓

系统打开设计中心。第一次启动设计中心时，默认打开的选项卡为"文件夹"选项卡。显示区采用大图标显示，左边的资源管理器采用Tree View显示方式显示系统的树形结构，浏览资源的同时，在内容显示区显示所浏览资源的有关细目或内容。

可以依靠鼠标拖动边框来改变AutoCAD 2013设计中心资源管理器、内容显示区及绘图区的大小，但内容显示区的最小尺寸应能显示两列大图标。

如果要改变AutoCAD 2013设计中心的位置，可用鼠标拖动设计中心工具栏的上部，松开鼠标后，AutoCAD 2013设计中心便处于当前位置。到新位置后，仍可以用鼠标改变各窗格的大小。也可以通过设计中心左下方的"自动隐藏"按钮来自动隐藏设计中心。

8.1.2 插入图块

可以将图块插入到图形当中。当将一个图块插入到图形当中的时候，块定义就被复制到图形数据库当中。一个图块被插入图形之后，如果原来的图块被修改，则插入到图形当中的图块也随之改变。

当其他命令正在执行时，不能插入图块到图形当中。例如，如果插入块时，在命令行正在执行一个命令，此时光标变成一个带斜线的圆，提示操作无效。另外，一次只能插入一个图块。AutoCAD 2013设计中心提供了插入图块的两种方法：利用鼠标指定比例和旋转方式以及精确指定坐标、比例和旋转角度方式。

1. 利用鼠标指定比例和旋转方式

系统根据鼠标拉出的线段的长度与角度确定比例与旋转角度。插入图块的方法如下。

◆ 从文件夹列表或查找结果列表中选择要插入的图块，按住鼠标左键不放，将其拖动到打开的图形上松开鼠标左键，此时，被选择的对象被插入到当前被打开的图形当中。利用当前设置的捕捉方式，可以将对象插入到任何存在的图形当中。

◆ 按下鼠标左键，指定一点作为插入点，鼠标位置点与插入点之间的距离为缩放比例，按下鼠标左键确定比例。同样方法移动鼠标，鼠标指定位置与插入点连线与水平线之间的角度为旋转角度。被选择的对象就根据鼠标指定的比例和角度插入到图形当中。

2. 精确指定坐标、比例和旋转角度方式

利用该方式可以设置插入图块的参数，具体方法如下。

◆ 从文件夹列表或查找结果列表中选择要插入的对象，拖动对象到打开的图形上。
◆ 单击鼠标右键，从弹出的快捷菜单中选择"比例"、"旋转"等命令，如图8-2所示。
◆ 在相应的命令行提示下输入比例和旋转角度等数值。

被选择的对象根据指定的参数插入到图形当中。

图8-2　快捷菜单

8.1.3 图形复制

1. 在图形之间复制图块

利用AutoCAD 2013设计中心可以浏览和装载需要复制的图块，然后将图块复制到剪贴板，利用剪贴板将图块粘贴到图形当中。具体方法如下。

01 在控制板选择需要复制的图块，右击打开快捷菜单，选择"复制"命令。
02 将图块复制到剪贴板上，然后通过"粘贴"命令粘贴到当前图形上。

2. 在图形之间复制图层

利用AutoCAD 2013设计中心可以从任何一个图形复制图层到其他图形。例如，如果已经绘制了一个包括设计所需的所有图层的图形，在绘制另外的新图形的时候，可以新建一个图形，并通过

AutoCAD 2013设计中心将已有的图层复制到新图形当中，这样可以节省时间，并保证图形间的一致性。

◆ 拖动图层到已打开的图形：确认要复制图层的目标图形文件被打开，并且是当前的图形文件。在控制板或查找结果列表中选择要复制的一个或多个图层，拖动图层到打开的图形文件上松开鼠标后，被选择的图层被复制到打开的图形当中。

◆ 复制或粘贴图层到打开的图形：确认要复制图层的图形文件被打开，并且是当前的图形文件。在控制板或查找结果列表中选择要复制的一个或多个图层。右击打开快捷菜单，选择"复制到粘贴板"命令。如果要粘贴图层，确认粘贴的目标图形文件被打开，并为当前文件，然后右击打开快捷菜单，选择"粘贴"命令。

8.2 工具选项板

该选项板是"工具选项板"中选项卡形式的区域，提供组织、共享和放置块及填充图案的有效方法。工具选项板还可以包含由第三方开发人员提供的自定义工具。

8.2.1 打开工具选项板

【执行方式】

命令行：TOOLPALETTES
菜单：工具→选项板→工具选项板
工具栏：标准→工具选项板▦
快捷键：Ctrl+3

【操作步骤】

命令：TOOLPALETTES✓

系统自动打开工具选项板，如图8-3所示。

【选项说明】

在工具选项板中，系统设置了一些常用图形选项卡，这些常用图形可以方便用户绘图。

图8-3　工具选项板

注意

在绘图时，还可以将常用命令添加到工具选项板。"自定义"对话框打开后，就可以将工具从工具栏拖到工具选项板上，或者将工具从"自定义用户界面"编辑器拖到工具选项板上。

8.2.2 新建工具选项板

用户可以建立新工具选项板，这样有利于个性化作图，也能够满足特殊作图需要。

【执行方式】

命令行：CUSTOMIZE
菜单：工具→自定义→工具选项板
右键快捷菜单：在任意工具选项板上右击，在弹出的快捷菜单中选择"自定义选项板"命令。

【操作步骤】

命令：CUSTOMIZE✓

执行上述命令后，系统打开"自定义"对话框，如图8-4所示。在"选项板"列表框中右击，打开快捷菜单，如图8-5所示，选择"新建选项板"命令，在对话框中可以为新建的工具选项卡命名。确认后，工具选项板中就增加了一个新的选项卡，如图8-6所示。

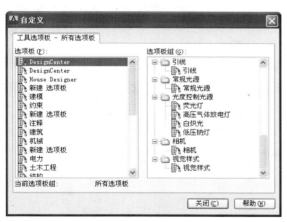

图 8-4 "自定义"对话框   图 8-5 "新建选项板"命令   图 8-6 新增选项卡

8.2.3 向工具选项板添加内容

1. 将图形、块和图案填充从设计中心拖动到工具选项板上

例如，在DesignCenter文件夹上右击，系统打开快捷菜单，从中选择"创建块的工具选项板"命令，如图8-7（a）所示。设计中心中存储的图元就出现在工具选项板中新建的DesignCenter选项卡上，如图8-7（b）所示。这样就可以将设计中心与工具选项板结合起来，建立一个快捷方便的工具选项板。将工具选项板中的图形拖动到另一个图形中时，图形将作为块插入。

2. 将一个工具选项板中的工具移动或复制到另一个工具选项板中

使用"剪切"、"复制"和"粘贴"命令即可。

（a）　　　　　　　　　　　　　　　　　　　　（b）

图8-7　将存储图元创建成Design Center工具选项板

8.3 综合实例——住房布局截面图

光盘路径　视频文件：讲解视频\第8章\综合实例－住房布局截面图.avi

01 打开工具选项板。单击"标准"工具栏的"工具选项板"按钮，打开工具选项板，如图8-8所示。打开工具选项板快捷菜单，如图8-9所示。

02 新建工具选项卡。在工具选项板快捷菜单中选择"新建选项板"命令，建立新的选项卡。在新建工具选项板的名称栏中输入"住房"，新建的"住房"选项卡如图8-10所示。

图 8-8　工具选项板　　　　图 8-9　工具选项板快捷菜单　　　　图 8-10　"住房"选项卡

03 向工具选项板插入设计中心图块。单击"标准"工具栏的"设计中心"按钮■，打开设计中心，将设计中心中的Kitchens，House Designer，Home-Space Planner图块拖动到工具选项板的"住房"选项卡，如图8-11所示。

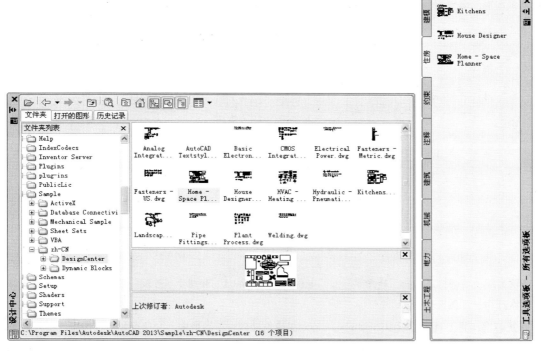

图8-11 向工具选项板插入设计中心图块

04 绘制住房结构截面图。利用绘图命令与编辑命令绘制住房结构截面图，如图8-12所示。其中，进门为餐厅，左边为厨房，右边为卫生间，正对为客厅，客厅左边为寝室。

05 布置餐厅。将工具选项板中的Home-Space Planner图块拖动到当前图形中，单击"修改"工具栏中的"缩放"按钮□，调整所插入的图块与当前图形的相对大小，如图8-13所示。

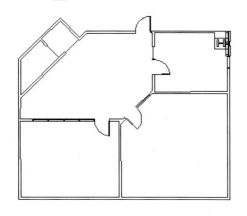

图8-12 住房结构截面图

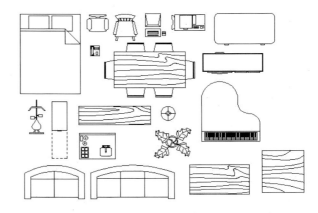

图8-13 将Home-Space Planner图块拖动到当前图形中

用分解操作将Home-Space Planner图块分解成单独的小图块集。将图块集中的"饭桌"和"植物"图块拖动到餐厅适当位置，如图8-14所示。

06 布置寝室。将"双人床"图块移动到当前图形的寝室中，单击"修改"工具栏中的"旋转"按钮 ⟳ 和"移动"按钮 ✛，进行位置调整。用同样方法将"琴桌"、"书桌"、"台灯"和两个"椅子"图块移动并旋转，放到当前图形的寝室中，如图8-15所示。

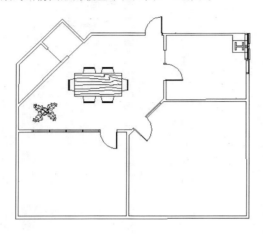

图8-14　布置餐厅　　　　　　　　　　　　　　图8-15　布置寝室

07 布置客厅。用同样方法将"转角桌"、"电视机"、"茶几"和两个"沙发"图块移动并旋转，放到当前图形的客厅中，如图8-16所示。

08 布置厨房。将工具选项板中的House Designer图块拖动到当前图形中，利用缩放命令调整所插入的图块与当前图形的相对大小，如图8-17所示。用分解操作将House Designer图块分解成单独的小图块集。

图8-16　布置客厅

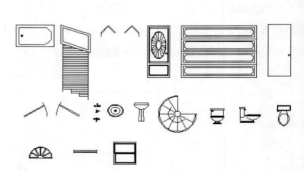

图8-17　插入House Designer图块

　　用同样方法将"灶台"、"洗菜盆"和"水龙头"图块移动并旋转，放到当前图形的厨房中，如图8-18所示。

09 布置卫生间。用同样方法将"马桶"和"洗脸盆"移动并旋转，放到当前图形的卫生间中；复制"水龙头"图块并旋转和移动，放到洗脸盆上。删除当前图形中其他没有用处的图块，最终绘制出的图形如图8-19所示。

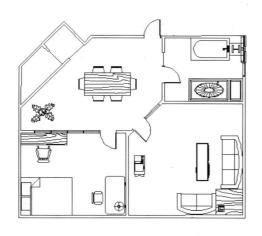

图8-18 布置厨房

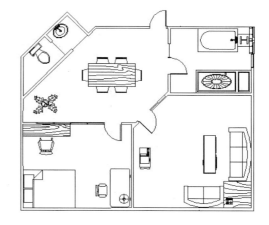

图8-19 布置卫生间

8.4 上机实验

实验 绘制居室布置图

利用图块插入的方法绘制如图8-20所示的居室布置图。

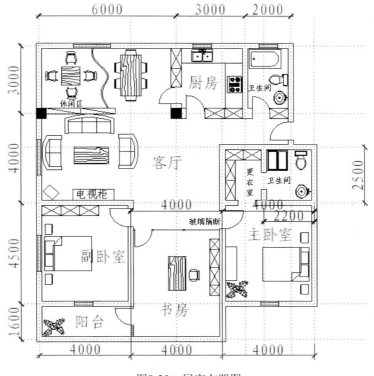

图8-20 居室布置图

操作提示：

(1) 利用设计中心创建新的工具选项卡。

(2) 将图块插入到平面图中适当的位置。

(3) 利用"文字"命令，标注文字。

(4) 利用"尺寸标注"命令，标注尺寸。

图形的输出

绘制完图形后，需要将图形输出打印。在AutoCAD 2013中，有许多打印功能。在本章中，我们通过实例，讲解图形输出的基本步骤。

内容要点

- ◆ 打印设备的设置
- ◆ 模型空间与图纸空间
- ◆ 出图

9.1 打印设备的设置

最常见的打印设备有打印机和绘图仪。在输出图样时，首先要添加和配置要用的打印设备。

9.1.1 打开打印设备

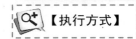【执行方式】

命令行：PLOTTERMANAGER

菜单：文件→绘图仪管理器

【操作步骤】

01 选择菜单栏中的"工具"→"选项"命令，打开"选项"对话框。

02 切换到"打印和发布"选项卡，单击"添加或配置绘图仪"按钮，如图9-1所示。

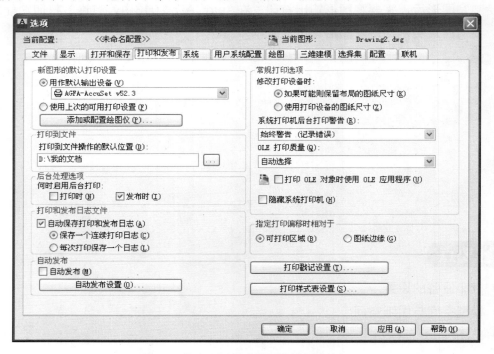

图9-1 单击"添加或配置绘图仪"按钮

03 此时，AutoCAD 2013将打开Plotters窗口，如图9-2所示。

04 要添加新的绘图仪器或打印机，可以双击Plotters窗口中的"添加绘图仪向导"选项，弹出对话框如图9-3所示，按向导逐步完成添加。

05 双击Plotters窗口中的"绘图仪配置"图标，如DWF6 ePlot.pc3，打开绘图仪配置编辑器对话框，如图9-4所示。

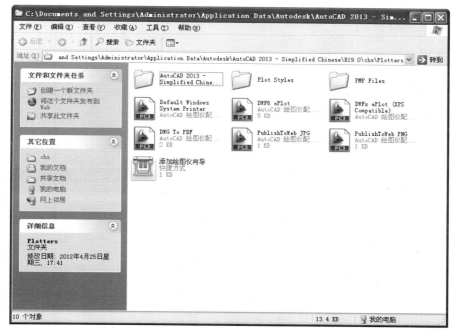

图9-2　Plotters窗口

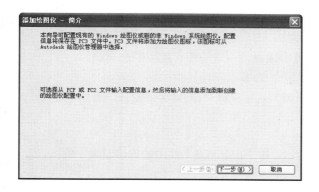

图9-3　按向导添加绘图仪

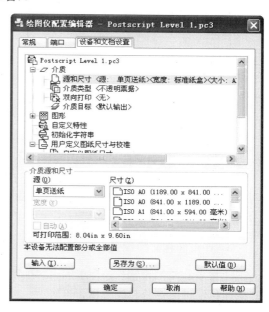

图9-4　"绘图仪配置编辑器"对话框

9.1.2　绘图仪配置编辑器

在"绘图仪配置编辑器"对话框中，有3个选项卡，我们可根据需要进行重新配置。

1．"常规"选项卡

"常规"选项卡的内容如图9-5所示。

（1）绘图仪配置文件名：在"添加打印机"向导中指定的文件名。

（2）驱动程序信息：显示绘图仪驱动程序类型（系统或非系统）、名称、型号和位置、HDI 驱动程序文件版本号（AutoCAD 专用驱动程序文件）、网络服务器UNC名（如果绘图仪与网络服务器连接）、I/O 端口（如果绘图仪连接在本地）、系统打印机名（如果配置的绘图仪是系统打印机）、PMP（绘图仪型号参数）文件名和位置（如果PMP文件附着在 PC3 文件中）等。

2. "端口"选项卡

"端口"选项卡的内容如图9-6所示。

图9-5 "常规"选项卡　　　　　图9-6 "端口"选项卡

（1）打印到下列端口：将图形通过选定端口发送到绘图仪。

（2）打印到文件：将图形发送至"打印"对话框中指定的文件。

（3）后台打印：使用后台打印程序打印图形。

（4）端口列表框：显示可用端口（本地和网络）的列表和说明。

（5）显示所有端口：显示计算机上的所有可用端口，不管绘图仪使用哪个端口。

（6）浏览网络：显示网络选择，可以连接到另一台非系统绘图仪。

（7）配置端口：打印样式显示"配置LPT端口"对话框或"COM端口设置"对话框。

3. "设备和文档设置"选项卡

"设备和文档设置"选项卡的内容如图9-4所示，用于控制PC3文件中的许多设置。单击任意节点的图标，可以查看和修改指定设置。

9.2 模型空间与图纸空间

设计的最终结果是把图形文件转变为图纸文件。在计算机绘图中，图形的输出是非常重要的一个环节。在AutoCAD 2013中，既可以在模型空间输出图形，也可以在图纸空间输出图形，下面就对这两种输出图形模式作介绍。

AutoCAD 2013可以在两个环境中完成绘图和设计工作，即"模型空间"和"图纸空间"。模型空间又可以分为平铺式的模型空间和浮动式的模型空间，大部分设计和绘图工作都是在平铺式模型空间中完成的。而图纸空间是模拟手工绘图的空间，它是为绘制平面图而准备的一张虚拟图纸，是一个二维空间的工作环境。从某种意义上来说，图纸空间就是为布局图面、打印出图而设计的，我们还可以在其中添加诸如边框、注释、标题和尺寸标注等内容。

在模型空间和图纸空间中，我们都可以进行输出设置。在绘图区域底部有"模型"选项卡及一个或多个"布局"选项卡按钮，如图9-7所示。

图9-7　"模型"和"布局"标签

单击"模型"选项卡或"布局"选项卡，可以在它们之间进行切换，如图9-8和图9-9所示。

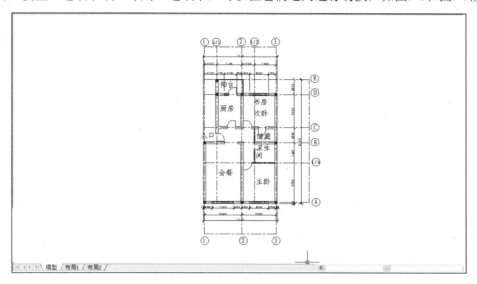

图9-8　"模型"空间

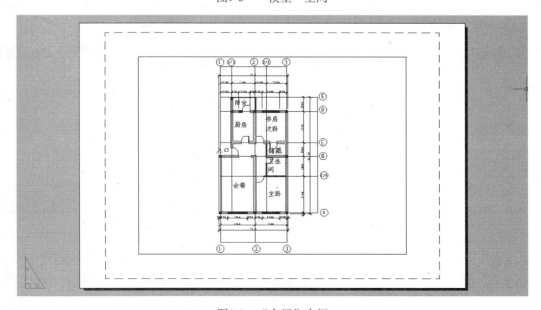

图9-9　"布局"空间

注意

AutoCAD 2013中将绘制好的图形输出为图像文件，方法很简单，单击"文件"菜单中的"输出"命令，或直接在命令行输入EXPORT命令，系统将打开"输出"对话框，在"保存类型"下拉列表中选择"＊.bmp"格式，单击"保存"按钮，用鼠标依次选中或框选要输出的图形后按Enter键，被选中的图形便被输出为bmp格式的图像文件。

9.3. 出图

9.3.1 创建布局

图纸空间是图纸布局环境，可以在这里指定图纸大小、添加标题栏、显示模型的多个视图，以及创建图形标注和注释。

【执行方式】

命令行：LAYOUTWIZARD

菜单：插入→布局→创建布局向导

【操作步骤】

01 选择菜单栏中的"插入"→"布局"→"创建布局向导"命令，打开"创建布局－开始"对话框。在"输入新布局的名称"文本框中输入新布局名称，如"建筑平面图"，如图9-10所示。

02 单击"下一步"按钮，打开如图9-11所示的"创建布局－打印机"对话框。在该对话框中选择配置新布局"建筑平面图"的绘图仪。

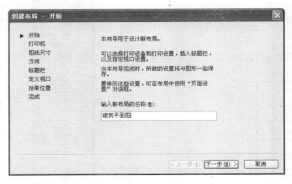 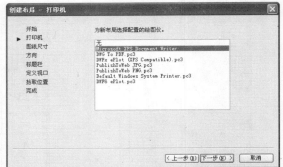

图9-10 "创建布局－开始"对话框   图9-11 "创建布局－打印机"对话框

03 单击"下一步"按钮，打开如图9-12所示的"创建布局－图纸尺寸"对话框。该对话框用于选择打印图纸的大小和所用的单位。在对话框的下拉列表框中列出了可用的各种格式的图纸，它由选择的打印设备决定，可从中选择一种格式。"图形单位"选项组用于控制图形单位，可以选择"毫米"、"英寸"或

"像素"选项。选择"毫米"单选项，即以毫米为单位。再选择图纸的大小，例如"ISO A2（594.00毫米×420.00毫米）"。

04 单击"下一步"按钮，打开如图9-13所示的"创建布局 - 方向"对话框。

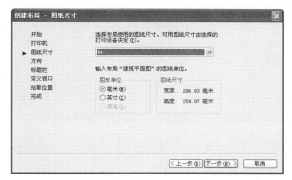 

图9-12　"创建布局 - 图纸尺寸"对话框　　　图9-13　"创建布局 - 方向"对话框

在该对话框中，选择"纵向"或"横向"单选项，可设置图形在图纸上的方向。

05 单击"下一步"按钮，打开如图9-14所示的"创建布局 - 标题栏"对话框。在该对话框左边的下拉列表框中列出了当前可以用的图纸的边框和标题栏的样式，可从中选择一种，作为创建布局的图纸边框和标题栏的样式，在对话框右边的预览框中将显示所选的样式。在对话框下部的"类型"选项组中，可以指定所选择的标题栏图形文件是作为"块"还是作为"外部参照"插入到当前图形中。

一般情况下，我们在绘图时都已经绘制出了标题栏，因此在这一步骤中只选择"无"选项即可。

06 单击"下一步"按钮，打开如图9-15所示的"创建布局 - 定义视口"对话框。

 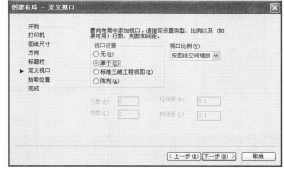

图9-14　"创建布局 - 标题栏"对话框　　　图9-15　"创建布局 - 定义视口"对话框

在该对话框中可以指定新创建的布局默认视口设置和比例等。其中"视口设置"选项组用于设置当前布局定义的视口数。"视口比例"下拉列表框用于设置视口的比例。当选择"阵列"选项时，则下面4个文本框变为可用，左边两个文本框分别用于输入视口的行数和列数，而右边两个文本框分别用于输入视口的行间距和列间距。

07 单击"下一步"按钮，打开如图9-16所示的"创建布局 - 拾取位置"对话框。在该对话框中，单击"选择位置"按钮，系统将暂时关闭该对话框，返回到图形窗口，从中指定视口配置的大小和位置。

08 单击"下一步"按钮，打开如图9-17所示的"创建布局 - 完成"对话框。

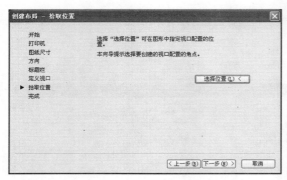

图9-16 "创建布局 - 拾取位置"对话框

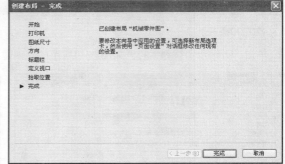

图9-17 "创建布局 - 完成"对话框

09 单击"完成"按钮，完成新布局"建筑平面图"的创建。系统自动返回到布局空间，显示新创建的布局"建筑平面图"，如图9-18所示。

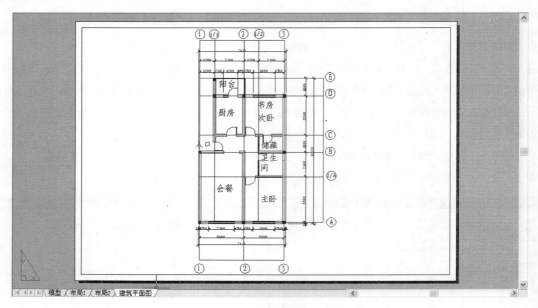

图9-18 完成"建筑平面图"布局的创建

:::: 注意

AutoCAD 2013中图形显示比例较大时，圆和圆弧看起来由若干直线段组成，这并不影响打印结果。但在输出图像时，输出结果将与屏幕显示完全一致，因此，若发现有圆或圆弧显示为折线段时，应在输出图像前使用VIEWRES命令，对屏幕显示分辨率进行优化，使圆和圆弧看起来尽量光滑逼真。AutoCAD 2013中输出的图像分辨率为屏幕分辨率，即72dpi。如果该文件用于其他程序并仅供屏幕显示，则此分辨率已经合适。若最终要打印出来，就要在图像处理软件（如PhotoShop）中将图像的分辨率提高，一般设置为300dpi即可。

:::: 9.3.2 页面设置

页面设置可以对打印设备和其他影响最终输出的格式进行设置，并将这些设置应用到其他布局中。在"模型"选项卡中完成图形之后，可以通过单击"布局"选项卡开始创建要打印的布局。页面设置中指定的各种设置和布局一起存储在图形文件中，可以随时修改页面中的设置。

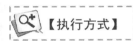【执行方式】

命令行：PAGESETUP

菜单：文件→页面设置管理器

快捷菜单：在"模型空间"或"布局空间"中右击"模型"或"布局"标题，在打开的快捷菜单中选择"页面设置管理器"选项，如图9-19所示。

【操作步骤】

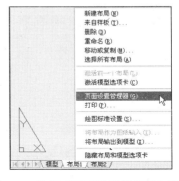

图9-19 选择"页面设置管理器"选项

01 选择菜单栏中的"文件" →"页面设置管理器"命令，打开"页面设置管理器"对话框，如图9-20所示。在该对话框中，可以完成新建布局、修改原有布局、输入存在的布局和将某一布局置为当前等操作。

02 在"页面设置管理器"对话框中，单击"新建"按钮，打开"新建页面设置"对话框，如图9-21所示。

图9-20 "页面设置管理器"对话框 图9-21 "新建页面设置"对话框

03 在"新页面设置名"文本框中输入新建页面的名称，如"建筑平面图"，单击"确定"按钮，可以进入"页面设置-建筑平面图"对话框，如图9-22所示。在对话框中，可以指定布局设置和打印设备设置并预览布局的结果。对于一个布局，可以利用"页面设置"对话框来完成设置，虚线表示图纸中当前配置的图纸尺寸和绘图仪的可打印区域。设置完毕后，单击"确定"按钮。

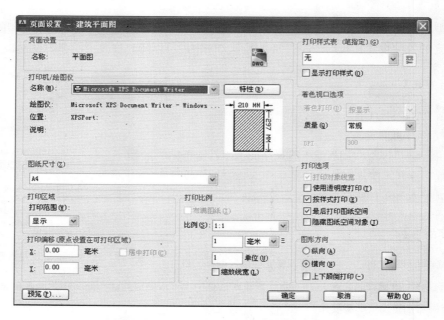

图9-22　"页面设置 - 建筑平面图"对话框

 【选项说明】

"页面设置"对话框中的各选项功能如下。

1. "打印机/绘图仪"选项组

在"名称"下拉列表框中，列出了所有可用的系统打印机和PC3文件，从中选择一种打印机，指定为当前已配置的系统打印设备，以打印输出布局图形。

单击"特性"按钮，可以打开"绘图仪配置编辑器"对话框。

2. "图纸尺寸"选项组

在"图纸尺寸"选项组中，可以从标准列表中选择图纸尺寸，列表中可用的图纸尺寸由当前为布局所选的打印设备确定。如果配置绘图仪进行光栅输出，则必须按像素要求指定输出尺寸。通过使用绘图仪配置编辑器，可以添加存储在绘图仪配置（PC3）文件中的自定义图纸尺寸。

如果使用系统打印机，则图纸尺寸由 Windows 控制面板中的默认纸张设置决定。为已配置的设备创建新布局时，默认图纸尺寸显示在"页面设置"对话框中。如果在"页面设置"对话框中修改了图纸尺寸，则在布局中保存的将是新的图纸尺寸，而忽略绘图仪配置文件（PC3）中的图纸尺寸。

3. "打印区域"选项组

在"打印区域"选项组中，可以指定图形实际打印的区域。在"打印范围"下拉列表框中，有"显示"、"窗口"、"图形界限"3个选项。选中"窗口"选项，系统将关闭对话框，返回到绘图区，通过指定区域的两个对角点或输入坐标值来确定一个矩形打印区域，然后再返回到"页面设置"对话框。

4. "打印偏移"选项组

在"打印偏移"选项组中，可以可指定打印区域自图纸左下角的偏移。在布局中，打印区域的左下角默认在图纸边界的左下角点。也可以在X、Y文本框中输入一个正值或负值来偏移打印区域的原点：在X文本框中输入正值时，原点右移；在Y文本框中输入正值时，原点上移。

在"模型"空间中，选中"居中打印"复选框，系统将自动计算图形居中打印的偏移量，将图形打印在图纸的中间。

5. "打印比例"选项组

在"打印比例"选项组中，控制图形单位与打印单位之间的相对尺寸。打印布局时的默认比例是1:1，在"比例"下拉列表框中可以定义打印的精确比例。勾选"缩放线宽"复选框，将对有宽度的线也进行缩放。一般情况下，图形中的各实体按图层中指定的线宽来打印，不随打印比例缩放。

从"模型"选项卡打印时，默认设置为"布满图纸"。

6. "打印样式表"选项组

在"打印样式表"选项组中，可以指定当前赋予布局或视口的打印样式表。"名称"选项中显示了可赋予当前图形或布局的当前打印样式。如果要更改包含在打印样式表中的打印样式定义，那么单击"编辑"工具 🖵，打开"打印样式表编辑器"对话框，从中可以修改选中的打印样式的定义。

7. "着色视口选项"选项组

在"着色视口选项"选项组中，可以选择若干用于打印着色和渲染视口的选项。可以指定每个视口的打印方式，并可以将该打印设置与图形一起保存，还可以从各种分辨率（最大为绘图仪分辨率）中进行选择，并可以将该分辨率设置与图形一起保存。

8. "打印选项"选项组

在"打印选项"选项组中，可以确定线宽、打印样式及打印样式表等的相关属性。勾选"打印对象线宽"复选框，打印时系统将打印线宽；勾选"按样式打印"复选框，使用在打印样式表中定义的、赋予几何对象的打印样式来打印；勾选"隐藏图纸空间对象"复选框，不打印布局环境（图纸空间）对象的消隐线，即只打印消隐后的效果。

9. "图形方向"选项组

在"图形方向"选项组中，可以设置打印时图形在图纸上的方向。单击"横向"单选按钮，将横向打印图形，使图形的顶部在图纸的长边；单击"纵向"单选按钮，将纵向打印，使图形的顶部在图纸的短边；如勾选"上下颠倒打印"复选框，将使图形颠倒打印。

9.3.3　从模型空间输出图形

从模型空间输出图形时，需要在打印时指定图纸尺寸，即在"打印"对话框中选择要使用的图纸尺寸。对话框中列出的图纸尺寸取决于在"打印"或"页面设置"对话框中选定的打印机或绘图仪。

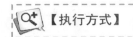【执行方式】

命令行：PLOT
菜单：文件→打印
工具栏：标准→打印📠

【操作步骤】

01 打开需要打印的图形文件。

02 执行打印命令。

03 打印的设置。

04 输入命令后，打开"打印"对话框，如图9-23所示。

【选项说明】

图9-23 "打印 - 平面图"对话框

"打印"对话框中的各项功能如下。

（1）在"页面设置"选项组中，列出了图形中已命名或已保存的页面设置，可以将这些已保存的页面设置作为当前页面设置；也可以单击"添加"按钮，基于当前设置创建一个新的页面设置。

（2）在"打印机/绘图仪"选项组中，指定打印时使用的已配置打印设备。

"名称"下拉列表框中列出了可用的PC3文件或系统打印机，可以从中进行选择。设备名称前面的图标用于识别其为PC3文件还是系统打印机。

（3）在"打印份数"列表中可以指定要打印的份数。

（4）单击"应用到布局"按钮，可以将当前打印设置保存到当前布局中去。其他选项与"页面设置"对话框中的相同，这里不再赘述。完成所有的设置后，单击"确定"按钮，开始打印。

（5）预览按执行 PREVIEW 命令时在图纸上打印的方式显示图形。要退出打印预览并返回"打印"对话框，按Esc键，然后按Enter键；或单击鼠标右键，然后在弹出的快捷菜单上选择"退出"选项。预览如图9-24所示。

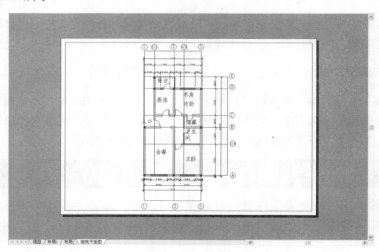

图9-24 打印预览

9.3.4 从图纸空间输出图形

从图纸空间输出图形时，应根据打印需要进行相关参数的设置，事先在"页面设置"对话框中指定图纸尺寸。

【操作步骤】

01 打开需要打印的图形文件，将视图界面切换到"布局1"，如图9-25所示。单击鼠标右键，在打开的快捷菜单中选择"页面设置管理器"选项。

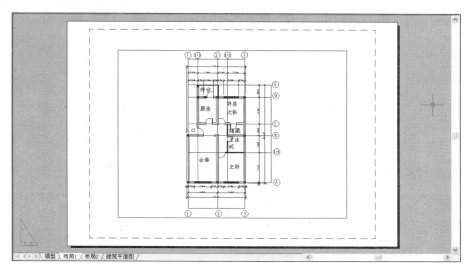

图9-25 切换到"布局1"

02 打开"页面设置管理器"对话框，如图9-26所示，单击"新建"按钮，打开"新建页面设置"对话框。

03 在"新建页面设置"对话框中的"新页面设置名"文本框中输入"平面图"，如图9-27所示。

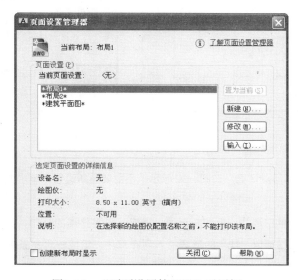

图9-26 "页面设置管理器"对话框

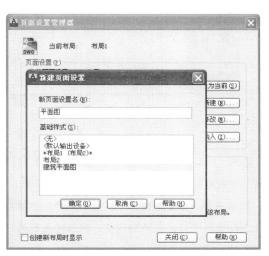

图9-27 创建"平面图"新页面

04 单击"确定"按钮,进入"页面设置"对话框,根据打印的需要进行相关参数的设置,如图9-28所示。

05 设置完成后,单击"确定"按钮,返回到"页面设置管理器"对话框。选中"平面图"选项,单击"置为当前"按钮,将其置为当前布局,如图9-29所示。

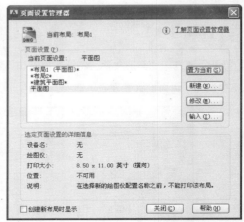

图9-28 在"页面设置 - 布局1"对话框中设置有关参数   图9-29 将"平面图"布局置为当前

06 单击"关闭"按钮,完成"平面图"布局的创建,如图9-30所示。

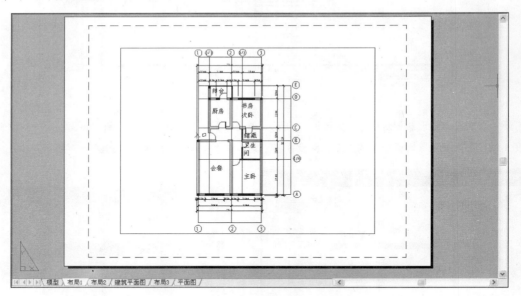

图9-30 完成"平面图"布局的创建

07 单击"标准"工具栏上的"打印"按钮,打开打印对话框,如图9-31所示,不需要重新设置,单击左下方的"预览"按钮,打印预览效果如图9-32所示。

08 如果满意,在预览窗口中右击,从弹出的快捷菜单中选择"打印"选项,完成一张零件图的打印。在布局空间里,还可以先绘制图样,然后将图框与标题栏都以"块"的形式插入到布局中,组成一份完整的技术图纸。

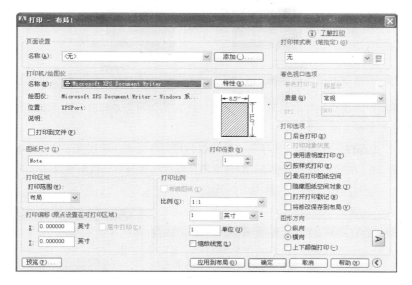

图9-31 打印对话框

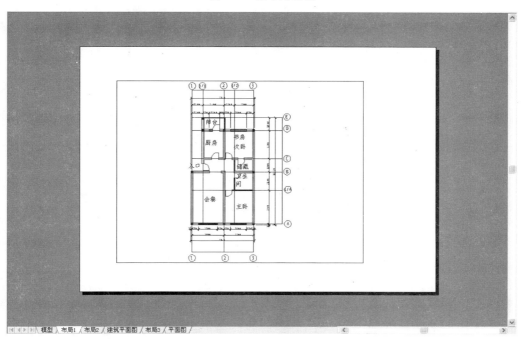

图9-32 打印预览效果

9.4 综合实例——打印别墅平面图

当完成一个图形作业后,需要设法把文件内容传给那些需要它的人。可以通过互联网,或通过U盘把图形传递给另一个公司,也可以采用硬件副本(例如一张打印或绘制的图纸)。无论技术如何先进,对众多AutoCAD用户来说,图纸副本仍是检验图形的常用方法。

01 设置打印设备。

命令：PLOT↙

系统打开如图9-33所示的打印对话框。

- ◆ "页面设置"选项组。可以在下面的"名称"下拉列表框中选择已有的页面设置，也可以单击"添加"按钮添加新页面设置。
- ◆ "打印机/绘图仪"选项组。用于指定绘图仪和打印样式表。可以在下拉列表框中选择打印机名。选择好后，可以单击"特性"按钮，打开绘图仪配置编辑器对话框配置绘图仪或打印机，如图9-34所示。

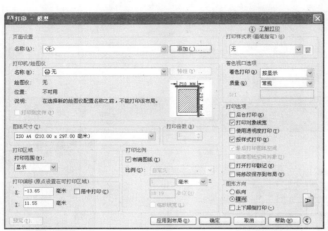

图9-33 打印对话框

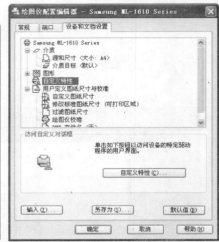

图9-34 绘图仪配置编辑器对话框

02 设置"打印"对话框中其余选项，用于配置打印参数。

- ◆ "图纸尺寸"选项组。此选项组用于选择当前打印设备出图所用纸张的大小，图9-35显示了可以打印的图纸尺寸。图纸尺寸的选择与配置的打印机有关。

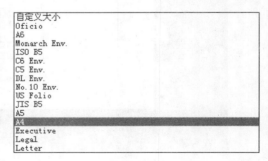

图9-35 选择图纸尺寸

- ◆ "打印区域"选项组。此选项组选择当前图形中哪些部分可被打印出来。在实际出图中，由于常常并不需要打印整个图形，因此"打印区域"选项组提供了4个选项来控制打印图形区域。

  - ➤ 图形界限：打印当前绘图界限（在绘图设置过程中定义）内的所有图形对象。
  - ➤ 范围：将当前空间内的所有图形全部打印。
  - ➤ 显示：为默认选项，只打印屏幕上当前显示的图形。如果已用放大命令把图形放大，所打印的仅是当前屏幕上显示的局部图形。
  - ➤ 窗口：此选项允许将指定的绘图区域定义为打印区域。最初"窗口"选项处于非激活状态。选择"窗口"选项，"打印"对话框将被暂时移走并提示选择打印区域，命令行显示如下。

```
命令：_PLOT
指定打印窗口
指定第一个角点：
指定对角点：
指定打印窗口：
```

系统提示用户定义一个窗口或框，以包围想要打印的内容。要创建出图窗口，移动光标并选择一点。一旦选定了窗口的第一个角点，系统将提示指定第二个角点。将光标移至对角点，在移动光标的同时，会形成一个框（窗口）。图9-36显示了运用此方法定义的绘图窗口，此窗口中所有内容都将被打印。窗口指定后，"打印"对话框将重新出现，以便继续后面的设定。

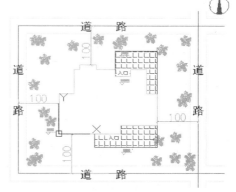

总平面图　1：500

图9-36　定义打印窗口

- ◆ "打印偏移"选项组。选择居中打印还是偏移打印。若居中打印，可以勾选"居中打印"复选框；若偏移打印，可以设置X、Y方向的偏移距离，单位为"毫米"。
- ◆ "打印比例"选项组。此选项控制出图的比例设置，包括"布满图纸"及"自定义"两个选项。

"布满图纸"选项为默认选项，在打印时可将打印图形缩放到与当前图纸相匹配的比例。除非是打印很小的细部，大多数建筑图形是不能按实际比例在打印机上进行足尺打印的。只有缩小要打印的图形，才可能把整个楼层平面图打印到A号图纸上。利用"布满图纸"选项可以缩小选定的图形，使之大小正好适合当前的打印图纸。

也可以选择"自定义"选项，通过窗口选取方法，以适当的比例打印图形的某个局部。要按比例打印图形，打开比例列表，从中选取所需的比例。

- ◆ "打印选项"选项组。

  - ➤ "打印对象线宽"复选框：打印线宽。
  - ➤ "按样式打印"复选框：用在"打印样式表"选项组中规定的打印样式打印。
  - ➤ "最后打印图纸空间"复选框：首先打印模型空间，最后打印图纸空间。通常情况下，系统首先打印图纸空间，再打印模型空间。
  - ➤ "隐藏图纸空间对象"复选框：指定是否在图纸空间视口中的对象上应用"隐藏"操作。此选项仅在"布局"选项卡上可用。设置的效果反映在打印预览中，而不反映在布局中。

- ◆ "打印样式表"选项组。

  - ➤ 下拉列表框：选择相应的参数配置文件名。
  - ➤ 按钮：打开"打印样式表编辑器"对话框的"表格视图"选项卡，如图9-37所示。在该对话框中，可以编辑有关参数。

♦ "图形方向"选项组。

➤ "纵向"单选按钮：表示用户选择纵向打印方向。

➤ "横向"单选按钮：表示用户选择横向打印方向。

➤ "上下颠倒打印"复选框：控制是否将图形旋转180°打印。

♦ "着色视口选项"选项组：该选项组指定着色和渲染视口的打印方式，并确定它们的分辨率大小和DPI值。以前只能将三维图像打印为线框，为了打印着色或渲染图像，必须将场景渲染为位图，然后在其他程序中打印此位图。现在使用着色打印便可以在AutoCAD中打印着色三维图像或渲染三维图像，还可以使用不同的着色选项和渲染选项设置多个视口。

图9-37 "表格视图"选项卡

➤ "着色打印"下拉列表框：指定视图的打印方式。

➤ "质量"下拉列表框：指定着色和渲染视口的打印质量。

➤ DPI文本框：指定渲染和着色视图每英寸的点数，最大可为当前打印设备分辨率的最大值。只有在"质量"下拉列表框中选择了"自定义"后，此选项才可用。

单击"预览"按钮，可在出图前查看当前图纸的设置效果，图9-38是一个预览的别墅平面图示例。屏幕上会显示图纸尺寸的外部轮廓，并显示所要打印的图形内容。此时，光标变为带"＋"和"－"的放大镜，它代表"缩放"命令，但不影响打印效果。按住鼠标左键向上移动，可放大图形；向下移动，可缩小图形。若不想立即打印，单击"取消"按钮，关闭对话框并返回绘图窗口。若对设置的绘图参数满意，单击"确定"按钮，则关闭对话框并开始打印。

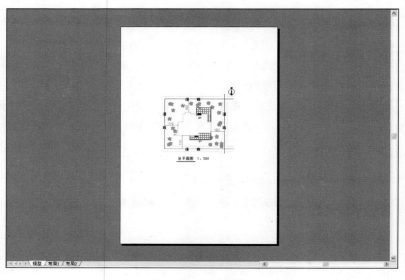

图9-38 预览图形

9.5 上机实验

实验1 利用向导建立一个布局

操作提示：

（1）执行"创建布局向导"命令打开"创建布局"对话框。

（2）按提示逐步进行设置。

实验2 完全打印预览

完全打印预览如图9-39所示的平面图。

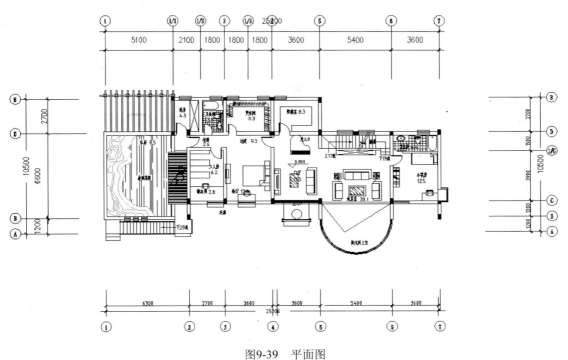

图9-39 平面图

操作提示：

（1）执行"打印"命令。

（2）进行打印设备参数设置。

（3）进行打印设置。

（4）输出预览。

第10章

住宅平面图绘制

　　本章将以住宅建筑室内设计为例，详细介绍住宅室内设计平面图的绘制过程。在讲解过程中，将逐步带领读者完成平面图的绘制，并描述关于住宅平面设计的相关知识和技巧。本章包括住宅平面图绘制的知识要点、平面图绘制、装饰图块的插入、尺寸文字标注等内容。

内容要点

◆ 住宅平面图绘制
◆ 尺寸文字的标注

10.1 住宅室内设计简介

住宅自古以来是人类生活的必需品，随着社会的发展，其使用功能及风格流派不断地变化和衍生。现代居室不仅仅是人类居住的环境和空间，同时也是房屋居住者的一种品位体现，一种生活理念的象征。独特风格的住宅不但能给居住者提供舒适的居住环境，而且还能营造不同的生活气氛，改变居住者的心情。一个好的室内设计是通过设计师精心布置、仔细雕琢、根据一定的设计理念和设计风格完成的。

典型的住宅装饰风格有：中式风格、古典主义风格、新古典主义风格、现代简约风格、实用主义风格，等等。本章将主要介绍现代简约风格的住宅平面图绘制，其他风格读者可以参考有关的书籍。

住宅室内装饰设计有以下几点原则。

（1）住宅室内装饰设计应遵循实用、安全、经济、美观的基本设计原则。

（2）住宅室内装饰设计时，必须确保建筑物安全，不得任意改变建筑物承重结构和建筑构造。

（3）住宅室内装饰设计时，不得破坏建筑物外立面，若开安装孔洞，在设备安装后，必须修整，保持原建筑立面效果。

（4）住宅室内装饰设计应在住宅的分户门以内的住房面积范围进行，不得占用公用部位。

（5）住宅室内装饰设计时，在考虑客户的经济承受能力的同时，宜采用新型的节能型和环保型装饰材料及用具，不得采用有害人体健康的伪劣建材。

（6）住宅室内装饰设计应贯彻国家颁布、实施的建筑、电气等设计规范的相关规定。

（7）住宅室内装饰设计必须贯彻现行的国家和地方有关防火、环保、建筑、电气、给排水等标准的有关规定。

10.2 两室两厅平面图

本节思路

室内设计平面图同建筑平面图类似，是将住宅结构水平剖切后、俯视得到的平面图。其作用是详细说明住宅建筑内部结构、装饰材料、平面形状、位置及大小，等等；同时还表明室内空间的构成、各个主体之间的布置形式，以及各个装饰结构之间的相互关系等。

本章将逐步完成两室两厅建筑装饰平面图的绘制。在介绍过程中，将循序渐进地讲解室内设计的基本知识及 AutoCAD 2013 的基本操作方法。

建筑平面图的最终形式如图 10-1 所示。

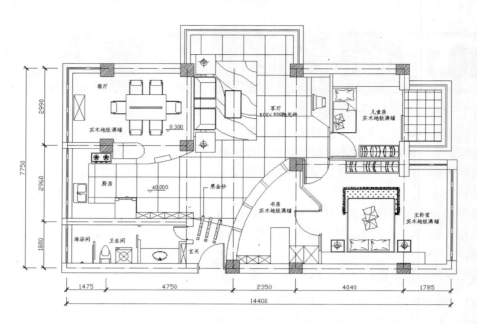

图10-1　两室两厅平面图

10.2.1　两室两厅建筑平面图

1. 绘图准备

01 单击"图层"工具栏中的"图层特性管理器"按钮，打开"图层特性管理器"对话框，如图10-2所示。

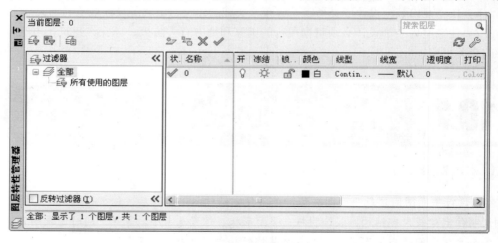

图10-2　图层特性管理器

在绘图过程中，往往有不同的绘图内容，如轴线、墙线、装饰布置图块、地板、标注、文字等。如果将这些内容均放置在一起，绘图之后如果需要删除或编辑某一类型的图形，将带来选取的困难。AutoCAD 2013 提供了图层功能，为后期编辑带来了极大的方便。在绘图初期，可以建立不同的图层，将不同类型的图形绘制在不同的图层当中。在编辑时，可以利用图层的显示和隐藏功能、锁定功能来操作图层中的图形，十分利于编辑。

02 在"图层特性管理器"对话框中单击"新建图层"按钮 ，新建图层，如图10-3所示。

03 新建图层的图层名称默认为"图层1"，将其修改为"轴线"。单击新建的"轴线"图层的图层颜色，打开图层"选择颜色"对话框，如图10-4所示。

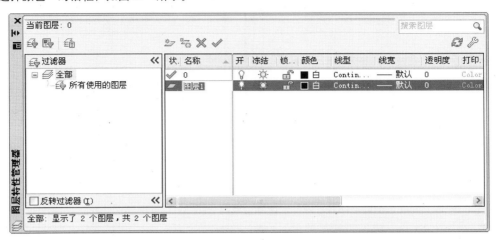

图10-3 新建图层

04 选择红色为"轴线"图层的默认颜色。在绘图中，轴线的颜色应不要太显眼，以免影响主要部分的绘制。单击"确定"按钮，回到"图层特性管理器"对话框，接下来打开"选择线型"对话框，如图10-5所示，设置轴线图层的线型。

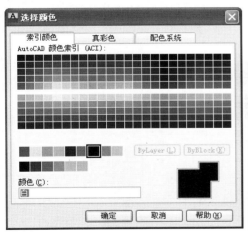

图10-4 "选择颜色"对话框　　　　　图10-5 "选择线型"对话框

05 轴线一般在绘图中应用点画线进行绘制，因此应将"轴线"图层的默认线型选择为点画线。单击"加载"按钮，打开"加载或重载线型"对话框，如图10-6所示。

06 在"可用线型"列表框中选择ACAD_ISO04 W100线型，单击"确定"按钮，回到"选择线型"对话框。选择刚刚加载的线型，单击"确定"按钮，如图10-7所示。

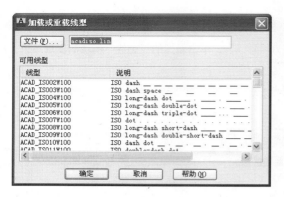

图10-6 "加载或重载线型"对话框

图10-7 加载线型

07 "轴线"图层设置完毕。依照此方法，新建其他几个图层。

- ◆ "墙线"图层：颜色，白色；线型，实线；线宽，1.4mm。
- ◆ "门窗"图层：颜色，蓝色；线型，实线；线宽，默认。
- ◆ "装饰"图层：颜色，蓝色；线型，实线；线宽，默认。
- ◆ "地板"图层：颜色，9；线型，实线；线宽，默认。
- ◆ "文字"图层：颜色，白色；线型，实线；线宽，默认。
- ◆ "尺寸标注"图层：颜色，蓝色；线型，实线；线宽，默认。

08 在绘制的平面图中，包括轴线、门窗、装饰、地板、文字和尺寸标注等内容。分别按照上面所介绍的方式设置图层。其中的颜色可以依照读者的绘图习惯自行设置，并没有特别的要求。设置完成后，图层特性管理器如图10-8所示。

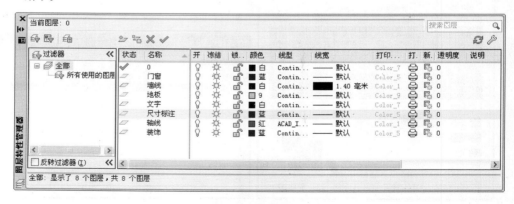

图10-8 设置图层

2. 绘制轴线

01 设置完成后，将"轴线"图层设置为当前图层。如果此时其不是当前层，可以找到绘图窗口正上方的"图层"下拉列表，选择"轴线"图层为当前层，如图10-9所示。

图10-9 设置当前图层

02 单击"绘图"工具栏中的"直线"按钮 ✎ ，在图中分别绘制一条水平直线和一条垂直直线，水平直线长度为14400，垂直直线长度为7750，如图10-10所示。

03 此时，轴线的线型虽然为点画线，但是由于比例太小，显示出来还是实线的形式。此时可以选择刚刚绘制的轴线右击，在弹出的快捷菜单中选择"特性"命令，如图10-11所示，打开"特性"选项板，如图10-12所示。

04 将"线型比例"设置为30，关闭"特性"选项板，此时刚刚绘制的轴线如图10-13所示。

05 单击"修改"工具栏中的"偏移"按钮 ⬡ ，在"偏移距离"提示行后输入1475。按Enter键确认后选择垂直直线，在直线右侧单击鼠标左键，将直线向右偏移1475的距离，如图10-14所示。

命令行中的提示与操作如下。

```
命令：_OFFSET
当前设置：删除源=否　图层=源　OFFSETGAPTYPE=0
指定偏移距离或 [通过(T)/删除(E)/图层(L)]<通过>：1475
选择要偏移的对象或 [退出(E)/放弃(U)]<退出>：（选择垂直线）
指定要偏移的那一侧上的点或[退出(E)/多个(M)/放弃(U)]<退出>（在垂直线右侧单击鼠标左键）：
选择要偏移的对象或 [退出(E)/放弃(U)]<退出>：
```

图10-10　绘制轴线　　　　图10-11　右键快捷菜单　　　　图10-12　"特性"选项板

06 单击"修改"工具栏中的"偏移"按钮 ⬡ ，偏移其他轴线，水平直线分别向上偏移1800、2440、520、2990；垂直直线分别向右偏移1475、2990、1760、2350、404 0、1785，最后结果如图10-15所示。

图10-13　轴线显示　　　　　图10-14　偏移垂直线　　　　　图10-15　偏移轴线

07 单击"修改"工具栏中的"修剪"按钮 ⫶⫶，选择图中左数第4条垂直直线，作为修剪的基准线。单击鼠标右键，再单击从上数第三条水平直线左端上一点，删除左半部分，如图10-16所示。

命令行中的提示与操作如下。

```
命令：_trim
当前设置：投影=UCS，边=无
选择剪切边...（选择左数第 4 条垂直线）
选择对象或<全部选择>：找到 1 个
选择对象：（单击鼠标右键或者按 Enter 键）
选择要修剪的对象或按住<Shift>键选择要延伸的对象或 ［栏选(F)/窗交(C)/投影(P)/边(E)/
删除(R)/放弃(U)］：（选择水平直线左端）
选择要修剪的对象或按住<Shift>键选择要延伸的对象或 ［栏选(F)/窗交(C)/投影(P)/边(E)/
删除(R)/放弃(U)］：（按 Enter 键）
```

08 用同样的方法，删除上数第二条水平线的右半段及其他多余轴线，删除后结果如图10-17所示。

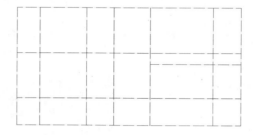 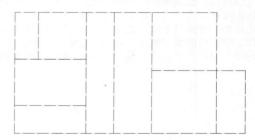

图10-16　修剪水平线　　　　　　　　　　图10-17　修剪轴线

3．编辑多线

建筑结构的墙线一般均单击 AutoCAD 2013 中的"多线"命令按钮绘制。本例中将单击"多线"、"修剪"和"偏移"按钮完成绘制。

01 在绘制多线之前，将"墙线"图层设置为当前图层。选择菜单栏"格式"→"多线样式"命令，打开"多线样式"对话框，如图10-18所示。

02 在"多线样式"对话框中，可以看到"样式"栏中只有系统自带的STANDARD样式。单击右侧的"新建"按钮，打开"创建新的多线样式"对话框，如图10-19所示。在"新样式名"文本框中输入wall_1，作为多线的名称。单击"继续"按钮，打开"新建多线样式WALL_1"对话框，如图10-20所示。

03 wall_1为绘制外墙时应用的多线样式。由于外墙的宽度为370，所以按照图10-20中所示，将偏移分别修改为185和−185，并将左端"封口"选项组中的"直线"后面的两个复选框选中。单击"确定"按钮，回到"多线样式"对话框中。单击"确定"按钮，回到绘图状态。

图10-18　"多线样式"对话框

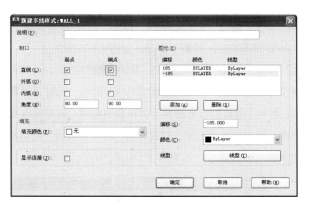

图10-19　新建多线样式　　　　　　　　　图10-20　编辑新建多线样式

4. 绘制墙线

01 在命令行中输入MLINE命令，进行设置及绘图。命令行中的提示与操作如下。

```
命令：MLINE
当前设置：对正=上，比例=20.00，样式=STANDARD
指定起点或[对正(J)/比例(S)/样式(ST)]：ST（设置多线样式）
输入多线样式名或[?]：wall_1（多线样式为 wall_1）
当前设置：对正=上，比例=20.00，样式=WALL_1
指定起点或[对正(J)/比例(S)/样式(ST)]：J
输入对正类型[上(T)/无(Z)/下(B)]<上>：Z（设置对中模式为无）
当前设置：对正=无，比例=20.00，样式=WALL_1
指定起点或[对正(J)/比例(S)/样式(ST)]：S
输入多线比例<20.00>：1（设置线型比例为1）
当前设置：对正=无，比例=1.00，样式=WALL_1
指定起点或[对正(J)/比例(S)/样式(ST)]：（选择底端水平轴线左端）
指定下一点：（选择底端水平轴线右端）
指定下一点或[放弃(U)]：↙
```

继续绘制其他外墙墙线，如图 10–21 所示。

02 按照以上方法，再次新建多线样式，并命名为wall_2，将偏移量分别设置为120和–120，作为内墙墙线的多线样式。然后在图中绘制内墙墙线，如图10–22所示。

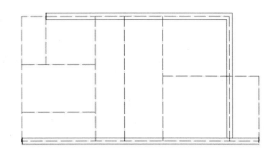

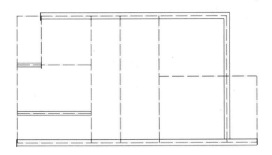

图10-21　绘制外墙墙线　　　　　　　　　图10-22　绘制内墙墙线

5. 绘制柱子

本例中柱子的尺寸为 500×500 和 500×400 两种。首先在空白处将柱子绘制好，然后再移动到适当的轴线位置。

01 单击"绘图"工具栏中的"矩形"按钮，绘制边长为500×500和500×400的两个矩形，如图10-23所示。

02 单击"绘图"工具栏中的"图案填充"按钮，打开"图案填充和渐变色"对话框，如图10-24所示。此时可以看到左侧"样例"后面的填充图案为方格状的图案。如果要改变图案选择，可以单击该图案，打开"填充图案选项板"对话框，并切换到ANSI选项卡，如图10-25所示。

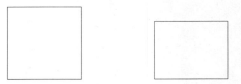

图10-23 绘制柱子轮廓

图10-24 "图案填充和渐变色"对话框

图10-25 "填充图案选项板"对话框

03 选择第一个图案ANSI31，然后单击"确定"按钮，回到"图案填充和渐变色"对话框。再单击右侧最上方的"添加：拾取点"按钮，回到绘图界面，在某一个矩形的中心单击鼠标，此时可以看到矩形的图线变成虚线，说明已经选择了边界，按Enter键确认。回到"图案填充和渐变色"对话框，再将"比例"值修改为30，单击"确定"按钮。

04 用同样的方法填充另外一个矩形。注意，不能同时填充两个矩形，因为如果同时填充，填充的图案将是一个对象，两个矩形的位置就无法变化，不利于编辑。填充后效果如图10-26所示。

05 由于柱子需要和轴线定位，为了定位方便和准确，在柱截面的中心绘制两条辅助线，分别通过两个对边的中心，此时可以单击"捕捉到中点"按钮。绘制完成后，如图10-27所示。

图10-26 填充图形　　　　　　　　图10-27 绘制辅助线

06 单击"修改"工具栏中的"复制"按钮 ⬡，单击500×500截面的柱子，选择矩形的辅助线上端与边的交点，如图10-28所示，将其复制到轴线的位置，命令行中的提示与操作如下。

指定第二个点或 ［阵列 (A) /退出 (E) /放弃 (U) ］<退出>：（选择如图 10-29 所示的位置进行复制）

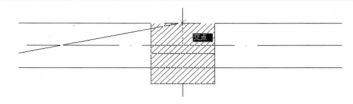

图10-28　拾取基点　　　　　　　　　　　　　　图10-29　复制图形

07 依照上面的方法，将其他柱子截面插入到轴线图中，插入完成后如图10-30所示。

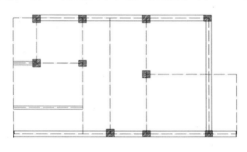

图10-30　插入柱子

6. 绘制窗线

01 选择菜单栏中的"格式"→"多线样式"命令，在系统打开的"多线样式"对话框中单击"新建"按钮，系统打开"创建新的多线样式"对话框，在对话框中输入新样式名为window，如图10-31所示。在打开的对话框中设置window样式，如图10-32所示。

图10-31　新建多线样式　　　　　　　　　　　图10-32　编辑多线样式

02 单击右侧中部的"添加"按钮两次，添加两条线段，将4条线的偏移距离分别修改为185，30，−30，−185，同时将"封口"选项组中的"直线"的"起点"和"端点"选中，如图10-33所示。

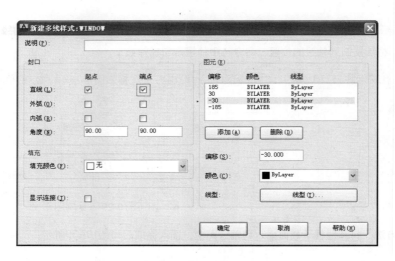

图10-33　编辑多线样式

03 在命令行中输入MLINE，将多线样式修改为window，将比例设置为1，对正方式设置为无，绘制窗线。绘制时注意对准轴线以及墙线的端点。绘制完成后如图10-34所示。

7. 编辑墙线及窗线

绘制完成了墙线和窗线，但是在多线的交点处没有进行处理，需应用"菜单"中修改多线的功能进行细部处理。

01 选择菜单栏"修改"→"对象"→"多线"命令，打开"多线编辑工具"对话框，如图10-35所示。其中共包含了12种多线样式，用户可以根据自己的需要对多线进行编辑。本例中，将要对多线与多线的交点进行编辑。

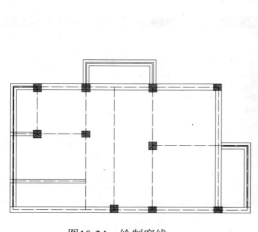

图10-34　绘制窗线

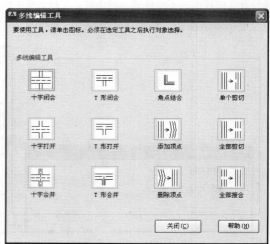

图10-35　"多线编辑工具"对话框

02 单击第一个多线样式"十形闭合"，选择图10-36中所示的多线。依次选择垂直多线、水平多线，多线交点变成如图10-37所示。

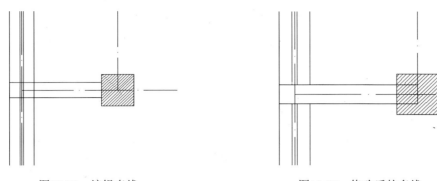

图10-36 编辑多线　　　　　　　　　　图10-37 修改后的多线

03 依据此方法，修改其他多线的交点。同时注意到图10-37中，水平的多线与柱子的交点需要编辑，单击水平多线，可以看到多线显示出其编辑点（蓝色小方块），如图10-38所示。单击右边的编辑点，将其移动到柱子边缘，如图10-39所示。多线编辑结果如图10-40所示。

图10-38 编辑多线　　　　　　　　　　图10-39 移动端点

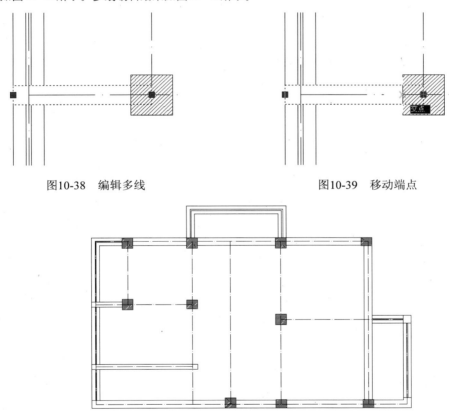

图10-40 多线编辑结果

8．绘制单扇门

　　本例中共有 5 扇单开式门和 3 扇推拉门。可以首先绘制一个门，将其保存为图块，以后需要的时候通过插入图块的方法调用，节省绘图时间。

01 绘制单开门的图块。

将"门窗"图层设置为当前图层,单击"绘图"工具栏中的"矩形"按钮 ⬜,在绘图区中绘制一个60×80的矩形。绘制后如图10-41所示。单击"修改"工具栏中的"分解"按钮 ⬚,选择刚刚绘制的矩形,按Enter键确认。单击"修改"工具栏中的"偏移"按钮 ⬚,将矩形的左侧边界和上侧边界分别向右和向下偏移40单位长度,如图10-42所示。

单击"修改"工具栏中的"修剪"按钮 ✂,将矩形右上部分及内部的直线修剪掉,结果如图10-43所示,此图形即为单扇门的门垛。再在门垛的上部绘制一个920×40的矩形,如图10-44所示。

图10-41　绘制矩形　　　　　　　图10-42　偏移边界　　　　　　　图10-43　修剪图形

单击"修改"工具栏中的"镜像"按钮 ◣,选择门垛,按Enter键后单击"捕捉到中点"按钮 ✎,选择矩形的中轴作为基准线,对称到另外一侧,如图10-45所示。

图10-44　绘制矩形　　　　　　　　　　　　图10-45　绘制门窗

单击"修改"工具栏中的"旋转"按钮 ↻,选择中间的矩形(即门扇),以右上角的点为轴,将门扇顺时针旋转90°,如图10-46所示。单击"绘图"工具栏中的"圆弧"按钮 ◝,绘制门的开启线,如图10-47所示。

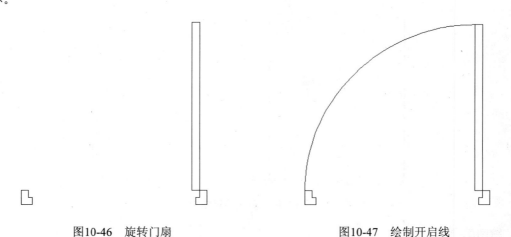

图10-46　旋转门扇　　　　　　　　　　　　图10-47　绘制开启线

绘制完成后,在命令行中输入WLOCK,打开"写块"对话框,如图10-48所示。在图形上选择一点作为基点,选取保存块的路径,将名称修改为"单扇门",选择刚刚绘制的门图块,并选中"从图形中删除"单选项。单击"确定"按钮,保存该图块。

02 将"门窗"图层设置为当前图层，单击"绘图"工具栏中的"插入块"按钮 ，打开"插入"对话框，如图10-49所示。从"名称"下拉菜单中选取"单扇门"选项，单击"确定"按钮，按照图10-50的位置插入到刚刚绘制的平面图中（此前选择基点时，为了绘图方便，可以将基点选择在右侧门垛的中点位置，如图10-51所示，这样便于插入定位）。

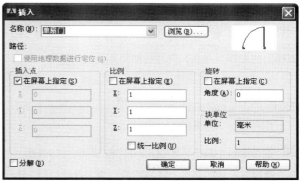

图10-48　创建门图块　　　　　　　　　　　图10-49　"插入"对话框

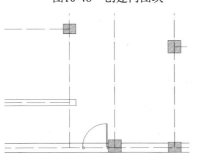

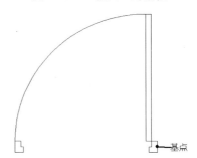

图10-50　插入门图块　　　　　　　　　　　图10-51　选择基点

03 单击"修改"工具栏中的"修剪"按钮 ，将门图块中间的墙线删除，并在左侧的墙线处绘制封闭直线，最终效果如图10-52所示。

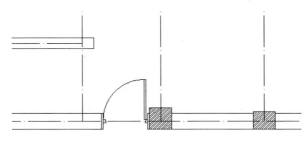

图10-52　删除多余墙线

9. 绘制推拉门

01 将"门窗"图层设置为当前图层，单击"绘图"工具栏中的"矩形"按钮⬜，在图中绘制一个1000×60的矩形，如图10-53所示。

02 单击"修改"工具栏中的"复制"按钮⬚，选择矩形，将其复制到右侧，基点先选择左侧角点，然后选择右侧角点，复制结果如图10-54所示。

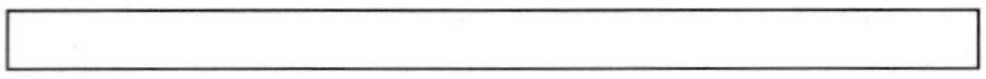

图10-53　绘制矩形 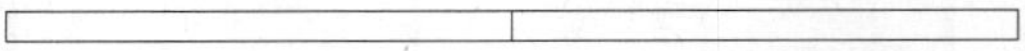　　　　　　　　　　　图10-54　复制矩形

03 单击"修改"工具栏中的"移动"按钮✥，选择右侧矩形，按Enter键确认。然后选择两个矩形交界处的直线上的点作为基点，将其移动到直线的下端点，如图10-55所示，复制结果如图10-56所示。

图10-55　基点选择　　　　　　　　　　　图10-56　移动矩形

04 在命令行中输入WBLOCK，打开"写块"对话框。在图形上选择一点作为基点，如图10-57所示的位置。然后选取保存块的路径，将名称修改为"推拉门"，选择刚刚绘制的门图块，并选中"从图形中删除"单选按钮，如图10-58所示。

━━━━━━━━━━━━━━━━━━━━━━━━**基点**

图10-57　选择基点

图10-58　"写块"对话框

05 单击"绘图"工具栏中的"插入块"按钮⬚，打开"插入"对话框。在"名称"下拉菜单中选取"推拉门"选项，如图10-59所示。单击"确定"按钮，将其插入到如图10-60所示位置。

图10-59　"插入"对话框

06 单击"修改"工具栏中的"旋转"按钮◯，选择插入的推拉门图块，然后以插入点为基点，旋转−90°，如图10−61所示。命令行中的提示与操作如下。

```
命令：_rotate
UCS 当前的正角方向：  ANGDIR=逆时针  ANGBASE=0
选择对象：指定对角点：找到 1 个
选择对象：
指定基点：
指定旋转角度或[复制(C)/参照(R)]<0>：90
```

07 单击"修改"工具栏中的"修剪"按钮 −/⋯，将门图块间的多余墙线删除，如图 10−62 所示。

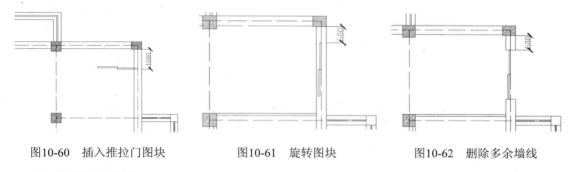

图10-60　插入推拉门图块　　　　图10-61　旋转图块　　　　图10-62　删除多余墙线

10. 设置隔墙线型

在建筑结构中，包括承载受力的承重结构和用来分割空间、美化环境的非承重墙。

01 选择菜单栏中的"格式"→"多线样式"命令，打开"多线样式"对话框，从中可以看到在绘制承重墙时创建的几种线型。单击"新建"按钮，新建一个多线样式，命名为wall_in，如图10−63所示。

图10-63　新建多线样式

02 设置多线间距分别为50和-50，如图10-64所示。

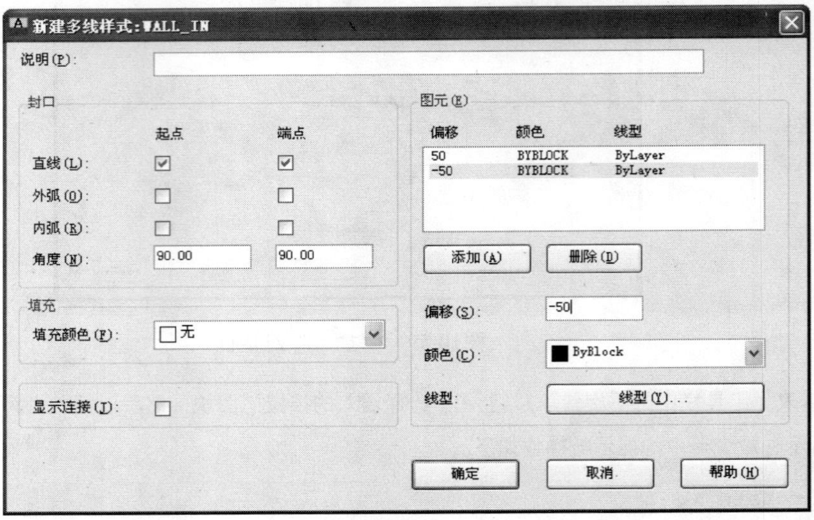

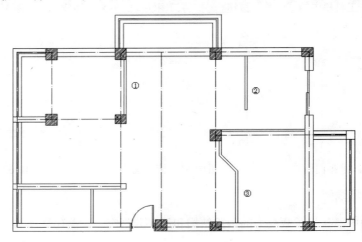

图10-64 设置隔墙多线样式

11. 绘制隔墙

设置好多线样式后，将"墙线"图层设置为当前图层，按照如图 10-65 所示的位置绘制隔墙。

图10-65 绘制隔墙

01 绘制隔墙①时，在命令行中输入MLINE命令，设置多线样式为wall_in，比例为1，对正方式为上，由A向B进行绘制，如图10-66所示。

02 绘制隔墙②时，在命令行中输入MLINE命令，当提示时首先单击图10-67的A点，然后按Enter键或单击鼠标右键，取消选择。重复 MLINE 命令，在命令行中依次输入（@1100,0）、（@0,-2400），绘制完成。

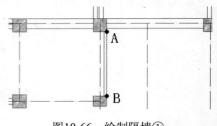

图10-66 绘制隔墙①

03 绘制隔墙③时，在命令行中输入MLINE命令，首先单击图10-68中的A点，然后在命令行中依次输入（@0,-600）、（@700,-700），再单击图中点B，即绘制完成。

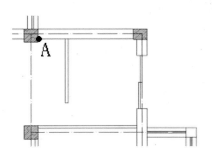

图10-67　绘制隔墙②

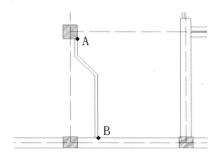

图10-68　绘制隔墙③

04 按照以上方法，绘制其他隔墙。绘制完成后，如图10-65所示。

05 单击"修改"工具栏中的"移动"按钮✥和"剪切"按钮✐，将门窗插入到图中，最后效果如图10-69所示。图10-70中阴影部分即为书房区域，其隔墙为弧形，所以绘制时需要单击"弧线"按钮绘制。

06 将"墙线"图层设置为当前图层，单击"绘图"工具栏中的"圆弧"按钮✐，以柱子的角点为基点绘制弧线，如图10-71所示。绘制过程中依次单击图中的A、B、C点，绘制弧线。

07 单击"修改"工具栏中的"偏移"按钮⬒，在命令行中输入偏移距离380，然后选择弧线，并在弧线右侧单击鼠标，绘制效果如图10-72所示。

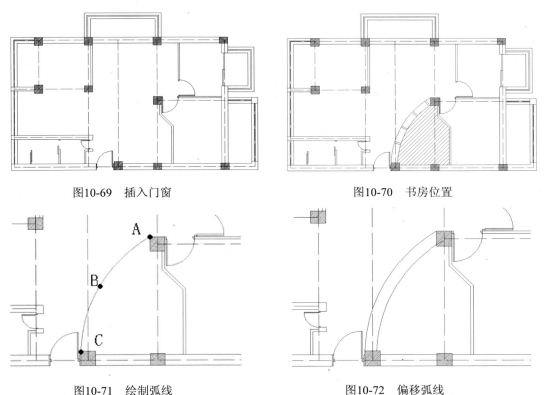

图10-69　插入门窗

图10-70　书房位置

图10-71　绘制弧线

图10-72　偏移弧线

08 最后在两条弧线中间绘制小分割线，如图10-73所示，即绘制完成。

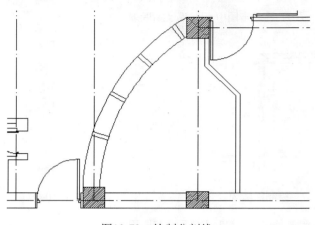

图10-73　绘制分割线

10.2.2　两室两厅装饰平面图

1. 绘制餐桌

01 将"装饰"图层设置为当前图层。单击"绘图"工具栏中的"矩形"按钮□，绘制一个长1500、宽1000的矩形，如图10-74所示。

02 单击"捕捉到中点"按钮✐，在矩形的长边和短边方向的中点各绘制一条直线作为辅助线，如图10-75所示。

03 单击"绘图"工具栏中的"矩形"按钮□，在空白处绘制一长1200，宽40的矩形，如图10-76所示。单击"修改"工具栏中的"移动"按钮✥，单击"对象捕捉"工具栏中的"捕捉到中点"按钮✐，捕捉矩形底边中点为基点，移动矩形至刚刚绘制的辅助线交叉处，如图10-77所示。

图10-74　绘制矩形　　　　　图10-75　绘制辅助线　　　　　图10-76　绘制矩形2

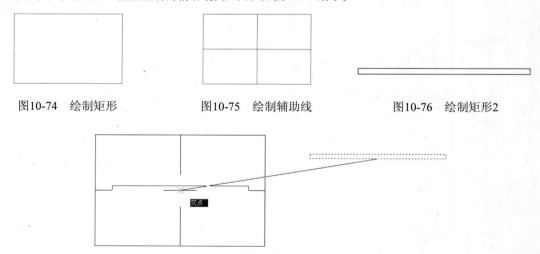

图10-77　移动矩形

04 单击"修改"工具栏中的"镜像"按钮⚐，选择刚刚移动的矩形，然后以水平辅助线为轴，镜像到下侧，如图10-78所示。

05 在空白处绘制边长为500的正方形，如图10-79所示。

06 单击"修改"工具栏中的"偏移"按钮，偏移距离设置为20，向内偏移，如图10-80所示。然后在矩形的上侧空白处，绘制一个长400，宽200的矩形，如图10-81所示。

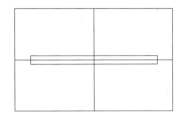

图10-78　镜像矩形

图10-79　绘制正方形

图10-80　偏移矩形

07 单击"修改"工具栏中的"圆角"按钮，命令行中的提示与操作如下。

```
命令：_fillet
当前设置：模式=修剪，半径=0.0000
选择第一个对象或 [放弃(U)/多段线(P)/半径(R)/修剪(T)/多个(M)]：R
指定圆角半径<0.0000>：50（设置圆角半径为50）
选择第一个对象或 [放弃(U)/多段线(P)/半径(R)/修剪(T)/多个(M)]：（选择矩形的一条边）
选择第二个对象或按住<Shift>键选择要应用角点的对象：（选择与其相交的另外一条边）
```

将矩形的4个角设置为圆角，如图10-82所示。

08 单击"修改"工具栏中的"移动"按钮，接着单击"对象捕捉"工具栏中的"捕捉到中点"按钮，将设置好圆角的矩形移动到刚刚绘制的正方形的上边的中心，如图10-83所示。

图10-81　绘制矩形

图10-82　圆角

图10-83　移动矩形

09 单击"修改"工具栏中的"修剪"按钮，将矩形内部的直线删除，如图10-84所示。

10 在矩形的上方绘制直线，直线的端点及位置如图10-85所示。此时椅子的图块绘制完成。移动时，将移动的基点选定为内部正方形的下侧角点，并使其与餐桌的外边重合，如图10-86所示。单击"修改"工具栏中的"修剪"按钮，将餐桌边缘内部的多余线段删除，如图10-87所示。

图10-84　删除多余直线　　　　　图10-85　绘制直线　　　　　图10-86　移动椅子

11 单击"修改"工具栏中的"镜像"按钮 及"旋转"按钮 ，将椅子图形复制，并删除辅助线，最终效果如图10-88所示。

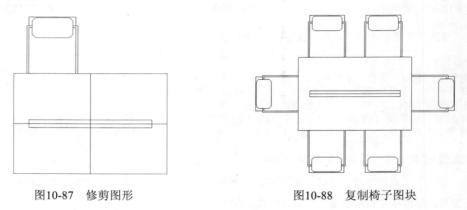

图10-87　修剪图形　　　　　　　　图10-88　复制椅子图块

12 将图形保存为图块"餐桌"，插入到平面图的餐厅位置，如图10-89所示。

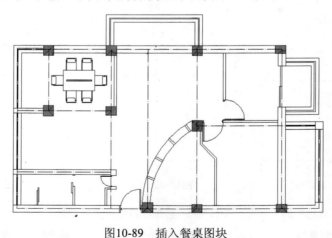

图10-89　插入餐桌图块

2. 绘制书房门窗

01 将"门窗"图层设置为当前图层，单击"插入"工具栏中的"插入块"按钮 ，将单扇门图块插入图中，并保证基点插入到图10-90中的A点。

02 单击"修改"工具栏中的"旋转"按钮 ，以刚才插入的A点为基点，旋转90°，如图10-91所示。

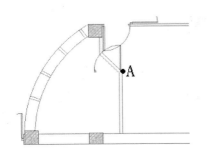

图10-90   插入门图块

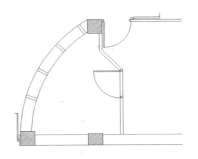

图10-91   旋转图块

03 单击"修改"工具栏中的"移动"按钮✛，将图块向下移动200个单位，命令行中的提示与操作如下。

```
命令：_move
选择对象：（选择门图块）
指定对角点：找到 1 个
选择对象：（按 Enter 键或单击鼠标右键）
指定基点或 ［位移(D)］<位移>：
指定第二个点或<使用第一个点作为位移>：@0,-200（输入移动的距离）
```

04 移动后如图10-92所示。单击"绘图"工具栏中的"直线"按钮✎，在门垛的两侧分别绘制一条直线，作为分割的辅助线，如图10-93所示。

05 单击"修改"工具栏中的"修剪"按钮✁，以辅助线为修剪的边界，将隔墙的多线修剪删除，并删除辅助线，如图10-94所示。

06 打开"创建新的多线样式"对话框，以隔墙类型为基准，新建多线样式window_2，如图10-95所示。

07 在两条多线中间添加一条线，将偏移量分别设置为50，0，−50，如图10-96所示。

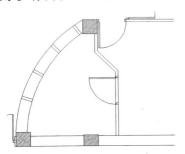

图10-92   移动图块

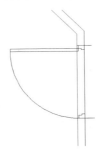

图10-93   绘制辅助线

图10-94   删除隔墙线

图10-95   新建多线样式

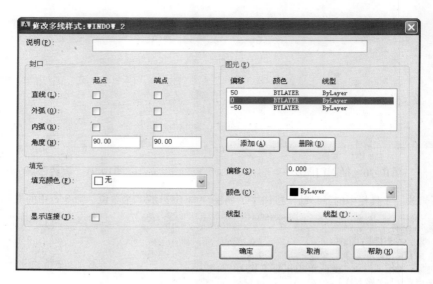

图10-96　设置线型

08 在刚刚插入的门两侧绘制多线，如图10-97所示。

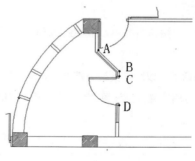

图10-97　绘制窗线

3. 绘制衣柜

衣柜是卧室中必不可少的设施。设计时要充分利用空间，并考虑人的活动范围。

01 单击"绘图"工具栏中的"矩形"按钮□，绘制一长2000，宽500的矩形，如图10-98所示。单击"修改"工具栏中的"偏移"按钮◢，输入偏移距离40，选择矩形，在矩形内部单击，将矩形偏移为图10-99的形状。

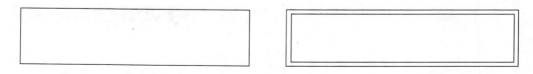

图10-98　绘制衣柜轮廓　　　　　　　　图10-99　偏移矩形

02 选择矩形，单击"修改"工具栏中的"分解"按钮◰，将矩形分解。然后在命令行中输入DIVIDE，选择内部矩形下边直线，将其分解为3部分，命令行中的提示与操作如下。

```
命令：divide
选择要定数等分的对象：（选择直线）
输入线段数目或[块(B)]：3↙
```

03 打开"对象捕捉"工具栏，单击"对象捕捉设置"按钮 🧲，打开的对话框如图10-100所示。将"节点"选项选中，单击"确定"按钮，退出对话框。

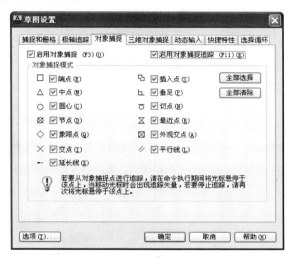

图10-100　对象捕捉设置

04 单击"绘图"工具栏中的"直线"按钮 ✏，将鼠标移动到刚刚等分的直线的三分点附近，此时可以看到黄色的提示标志，即捕捉到三分点，如图10-101所示，绘制三条垂直直线，如图10-102所示。

05 单击"绘图"工具栏中的"直线"按钮 ✏，单击"对象捕捉"工具栏中的"捕捉到中点"按钮 ✏，在矩形内部绘制一条水平直线，直线两端点分别在两侧边的中点，如图10-103所示。

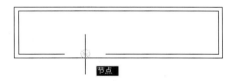

图10-101　捕捉三分点

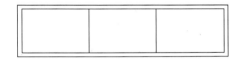

图10-102　绘制垂直线

06 绘制衣架图块。单击"绘图"工具栏中的"直线"按钮 ✏，绘制一条长为400的水平直线。单击"捕捉到中点"按钮 ✏，绘制一条通过其中点的直线，如图10-104所示。

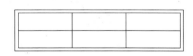

图10-103　绘制水平线

图10-104　绘制直线

单击"绘图"工具栏中的"圆弧"按钮 ✏，以水平直线的两个端点为端点，绘制一条弧线，如图10-105所示。在弧线的两端分别绘制两个直径为20的圆，如图10-106所示。以圆的下端为端点，绘制另外一条弧线，如图10-107所示。

图10-105　绘制弧线

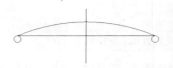

图10-106　绘制圆

删除辅助线及弧线内部的圆形部分，如图10-108所示，绘制完成衣架模块。

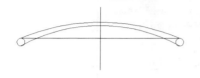

图10-107　绘制弧线

图10-108　删除多余线段

07 将"衣架模块"保存为图块，并将插入点设定为弧线的中点。将其插入到衣柜模块中，如图10-109所示。

08 将"衣柜"插入到图中，并绘制另外一个衣柜模块，最终效果如图10-110所示。

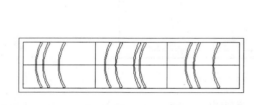

图10-109　插入衣架模块

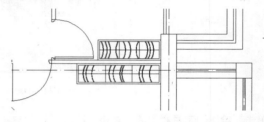

图10-110　插入衣柜图形

4．绘制橱柜

01 单击"绘图"工具栏中的"矩形"按钮 □，绘制一个边长为800的矩形，如图10-111所示。重复"矩形"命令，绘制一个150×100的矩形，绘制完成后如图10-112所示。

图10-111　绘制矩形

图10-112　绘制小矩形

02 单击"修改"工具栏中的"镜像"按钮 △△，选择刚刚绘制的小矩形，单击"对象捕捉"工具栏中的"捕捉到中点"按钮 ╱，以大矩形的上边中点为基点，引出垂直对称轴，将小矩形复制到另外一侧，如图10-113所示。

03 单击"绘图"工具栏中的"直线"按钮 ╱，单击"对象捕捉"工具栏中的"捕捉到中点"按钮 ╱，选择左上角矩形右边的中点为起点，绘制一条水平直线，作为厨柜的门，如图10-114所示。

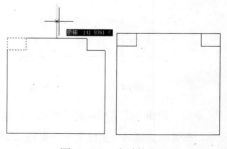

图10-113　复制矩形

```
命令: divide
选择要定数等分的对象：（选择直线）
输入线段数目或[块(B)]：3↙
```

03 打开"对象捕捉"工具栏，单击"对象捕捉设置"按钮，打开的对话框如图10-100所示。将"节点"选项选中，单击"确定"按钮，退出对话框。

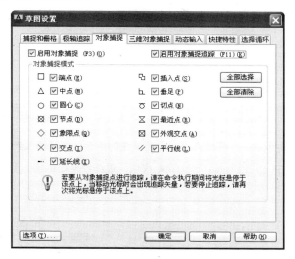

图10-100　对象捕捉设置

04 单击"绘图"工具栏中的"直线"按钮，将鼠标移动到刚刚等分的直线的三分点附近，此时可以看到黄色的提示标志，即捕捉到三分点，如图10-101所示，绘制三条垂直直线，如图10-102所示。

05 单击"绘图"工具栏中的"直线"按钮，单击"对象捕捉"工具栏中的"捕捉到中点"按钮，在矩形内部绘制一条水平直线，直线两端点分别在两侧边的中点，如图10-103所示。

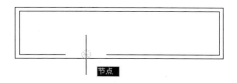

图10-101　捕捉三分点

图10-102　绘制垂直线

06 绘制衣架图块。单击"绘图"工具栏中的"直线"按钮，绘制一条长为400的水平直线。单击"捕捉到中点"按钮，绘制一条通过其中点的直线，如图10-104所示。

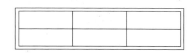

图10-103　绘制水平线

图10-104　绘制直线

单击"绘图"工具栏中的"圆弧"按钮，以水平直线的两个端点为端点，绘制一条弧线，如图10-105所示。在弧线的两端分别绘制两个直径为20的圆，如图10-106所示。以圆的下端为端点，绘制另外一条弧线，如图10-107所示。

图10-105 绘制弧线

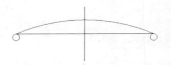

图10-106 绘制圆

删除辅助线及弧线内部的圆形部分，如图10-108所示，绘制完成衣架模块。

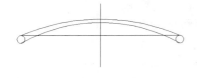

图10-107 绘制弧线

图10-108 删除多余线段

07 将"衣架模块"保存为图块，并将插入点设定为弧线的中点。将其插入到衣柜模块中，如图10-109所示。

08 将"衣柜"插入到图中，并绘制另外一个衣柜模块，最终效果如图10-110所示。

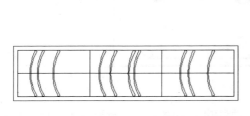

图10-109 插入衣架模块

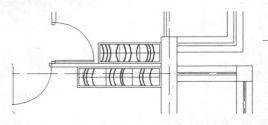

图10-110 插入衣柜图形

4. 绘制橱柜

01 单击"绘图"工具栏中的"矩形"按钮 ⬜，绘制一个边长为800的矩形，如图10-111所示。重复"矩形"命令，绘制一个150×100的矩形，绘制完成后如图10-112所示。

图10-111 绘制矩形

图10-112 绘制小矩形

02 单击"修改"工具栏中的"镜像"按钮 ⬪，选择刚刚绘制的小矩形，单击"对象捕捉"工具栏中的"捕捉到中点"按钮 ⬈，以大矩形的上边中点为基点，引出垂直对称轴，将小矩形复制到另外一侧，如图10-113所示。

03 单击"绘图"工具栏中的"直线"按钮 ⬈，单击"对象捕捉"工具栏中的"捕捉到中点"按钮 ⬈，选择左上角矩形右边的中点为起点，绘制一条水平直线，作为厨柜的门，如图10-114所示。

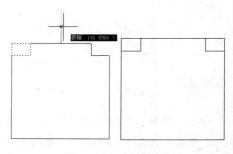

图10-113 复制矩形

04 单击"绘图"工具栏中的"直线"按钮 ✏ ，在柜门的右侧绘制一条垂直直线，单击"绘图"工具栏中的"矩形"按钮 ▭ ，在直线上侧绘制两个边长为50的小矩形，作为柜门的拉手，如图10-115所示。

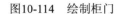

图10-114 绘制柜门

图10-115 绘制拉手

05 单击"修改"工具栏中的"移动"按钮 ✛ ，选择刚刚绘制的厨柜模块，将其移动至厨房的厨柜位置，如图10-116所示。

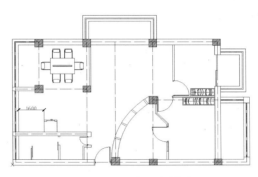

图10-116 插入厨柜模块

5. 绘制吧台

厨房与餐厅之间设置了吧台，既方便又时尚。

01 单击"绘图"工具栏中的"矩形"按钮 ▭ ，绘制一个边长为400×600的矩形，如图10-117所示。在其右侧绘制一个边长为500×600的矩形，如图10-118所示。

02 单击"绘图"工具栏中的"圆"按钮 ⊘ ，绘制一个半径为300的圆，如图10-119所示。命令行中的提示与操作如下。

```
命令：_CIRCLE
    指定圆的圆心或[三点(3P)/两点(2P)/切点、切点、半径(T)]：_mid 于（单击"捕捉到中点"按钮，将圆心选择在矩形右侧的边缘中点）
    指定圆的半径或[直径(D)]：D
    指定圆的直径：600（设定直径为600）
```

图10-117 绘制矩形

图10-118 绘制吧台的台板

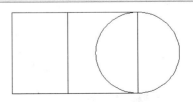

图10-119 绘制圆

03 选择右侧矩形和圆，单击"修改"工具栏中的"分解"按钮 ，将其分解。删除右侧的垂直边，如图10-120所示。单击"修改"工具栏中的"修剪"按钮 ，选择上下两条水平直线作为基准线，将圆的左侧删除，如图10-121所示。将吧台移至如图10-122所示的位置。

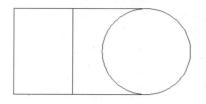

图10-120　删除直线

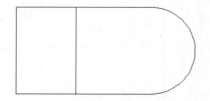

图10-121　删除半圆

04 选择与吧台重合的柱子，单击"修改"工具栏中的"分解"按钮 ，将其分解。单击"修改"工具栏中的"修剪"按钮 ，删除吧台内的部分，如图10-123所示。

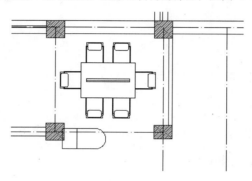

图10-122　移动吧台

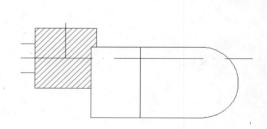

图10-123　删除多余直线

6. 绘制厨房水池和煤气灶

01 单击"绘图"工具栏中的"直线"按钮 ，在洗衣机模块底部的左端点单击，如图10-124所示。依次在命令行中输入：（@0,600）、（@-1000,0）、（@0,1520）、（@1800,0），最后将其端点与吧台相连。绘制完成效果如图10-125所示。

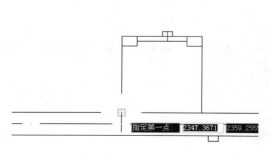

图10-124　直线起始点

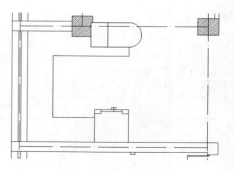

图10-125　绘制灶台

02 单击"绘图"工具栏中的"圆弧"按钮 ，单击刚刚绘制的灶台线结束点，绘制如图10-126所示的弧线，作为客厅与餐厅的分界线，同时也代表一级台阶。

03 选择弧线，单击"修改"工具栏中的"偏移"按钮 ，然后在命令行中输入偏移距离为200，代表台阶宽度为200mm。将弧线偏移，单击"修改"工具栏中的"修剪"按钮，接着单击"绘图"工具栏中的"直线"按钮，绘制第二级台阶，最终效果如图10-127所示。

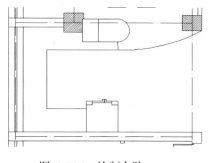

图10-126　绘制台阶

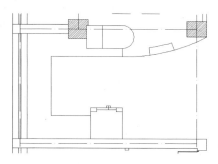

图10-127　绘制台阶

04 单击"绘图"工具栏中的"矩形"按钮，在灶台左下部，绘制一个边长为500×750矩形，如图10-128所示。在矩形中绘制两个边长为300的矩形，并排放置，如图10-129所示。

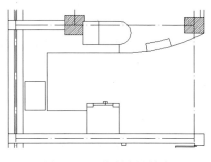

图10-128　绘制水池轮廓

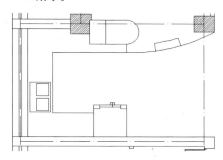

图10-129　绘制小矩形

05 单击"修改"工具栏中的"圆角"按钮，设置圆角的半径为50，将矩形的角均修改为圆角，如图10-130所示。

06 在两个小矩形的中间部位绘制水龙头，如图10-131所示。绘制完成后，将其保存为水池图块。另外，以同样的方法绘制厕所的水池和便池。

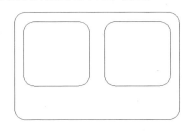

图10-130　修改圆角

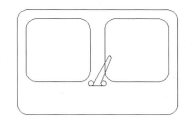

图10-131　绘制水龙头

07 煤气灶的绘制与水池类似，同样绘制一个边长为750×400的矩形，如图10-132所示。

08 在距离底边50的位置，绘制一条水平直线，如图10-133所示，作为控制板与灶台的分界线。在控制板的中心位置绘制一条垂直直线，作为辅助线。单击"绘图"工具栏中的"矩形"按钮，绘制一个边长为70×40的矩形，将其放在辅助线的中点，如图10-134所示。在矩形左侧绘制控制旋钮的图形，如图10-135所示。

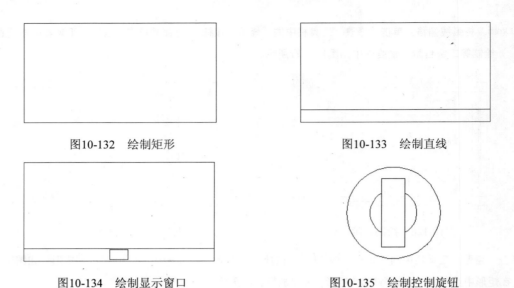

图10-132　绘制矩形　　　　　　　　　　图10-133　绘制直线

图10-134　绘制显示窗口　　　　　　　　图10-135　绘制控制旋钮

09 将控制旋钮复制到另外一侧，对称轴为显示窗口的中线，如图10-136所示。

10 单击"绘图"工具栏中的"矩形"按钮 ▢，在空白处绘制一个边长为700×300的矩形，并再绘制其中线作为辅助线，如图10-137所示。同时在刚刚绘制的燃气灶上边的中点绘制一条垂直直线作为辅助线，如10-138所示。

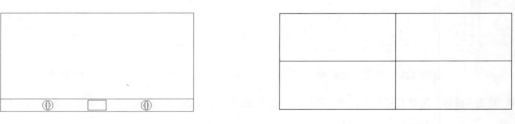

图10-136　复制控制旋钮　　　　　　　　图10-137　绘制矩形

11 将小矩形的中心与燃气灶的辅助线中点对齐，单击"修改"工具栏中的"圆角"按钮 ▢，将矩形的角修改为圆角，圆角直径为30，如图10-139所示。

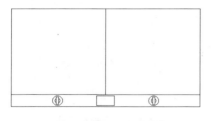　　　　　　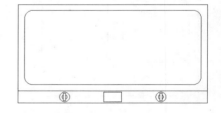

图10-138　绘制辅助线　　　　　　　　　图10-139　圆角

12 单击"绘图"工具栏中的"圆"按钮 ⊘，绘制一个直径为200的圆，如图10-140所示。单击"修改"工具栏中的"偏移"按钮 ⬰，将圆向内偏移50、70、90，绘制完成后如图10-141所示。

13 单击"绘图"工具栏中的"矩形"按钮 ▢，在图中绘制一个边长为20×60的矩形，将其按照图10-142的图形位置移动矩形，并将多余的线删除。选择刚刚绘制的矩形，单击"修改"工具栏中的"复制"按钮 ⬡，在原位置复制矩形，此时两个矩形重合，在图上看不出。单击"修改"工具栏中的"旋转"按钮⟳，选择矩形，按Enter键，单击大圆的圆心作为旋转的基准点，在命令行中输入72，按Enter键后如图10-143所示。

14 用同样的方法，继续旋转复制，共绘制5个矩形，删除矩形内部的圆弧，最终效果如图10-144所示。

图10-140　绘制圆　　　　　　图10-141　偏移圆形　　　　　　图10-142　绘制矩形

图10-143　旋转矩形　　　　　　　　　　图10-144　复制矩形

15 将绘制好的图形移动到燃气灶图块的左侧，然后单击辅助线，复制到另外对称一侧，如图10-145所示。

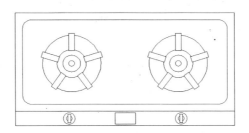

图10-145　燃气灶图块

16 最后将燃气灶图形保存为"燃气灶"图块，方便以后绘图时使用。

17 用同样的方法，绘制其他房间的装饰图形，并填充地板，最终图形如图10-146所示。

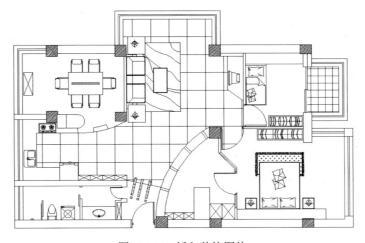

图10-146　插入装饰图块

10.2.3 尺寸文字标注

1. 尺寸标注

01 选择菜单栏中的"标注"→"标注样式"命令，打开"标注样式管理器"对话框，如图10-147所示。

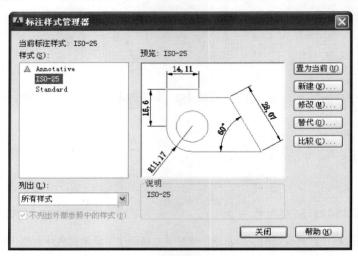

图10-147　标注样式管理器

02 单击"修改"按钮，打开"修改标注样式"对话框。单击"线"选项卡，如图10-148所示，按照图中的参数修改标注样式。单击"符号和箭头"选项卡，按照图10-149的样式修改，"箭头"设置为"建筑标记"，"箭头大小"设置为150。用同样的方法，设置"文字"选项卡中的"文字高度"为150，"从尺寸线偏移"为50。

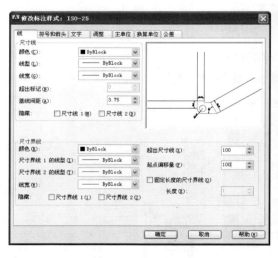

图10-148　修改直线

图10-149　修改箭头

03 单击"标注"工具栏中的"线性"按钮，标注轴线间的距离，如图10-150所示。

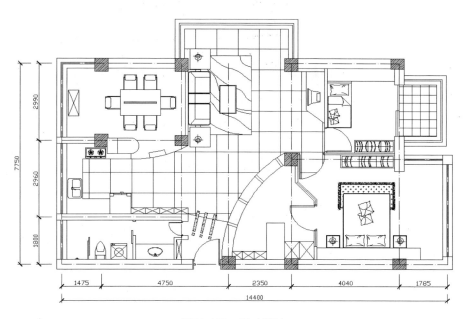

图10-150　尺寸标注

2. 文字标注

01 单击"样式"工具栏中"文字样式"按钮 **A**，打开"文字样式"对话框，如图10-151所示。

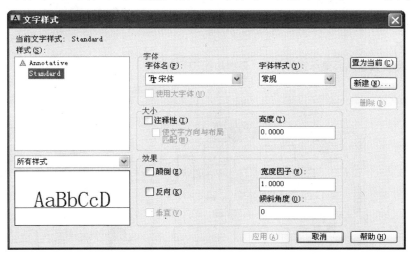

图10-151　"文字样式"对话框

02 单击"新建"按钮，将文字样式命名为"说明"，如图10-152所示。

图10-152　"新建文字样式"对话框

03 取消选中字体下面的"使用大字体"复选框，在"字体名"下拉列表框中选择"仿宋体"选项，高度设置为150.000，如图10-153所示。

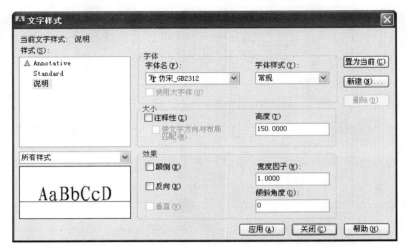

图10-153 修改字体

04 在AutoCAD 2013中输入汉字时，可以选择不同的字体。打开"字体名"下拉列表框，可以看到有些字体前面有"@"的标记，如"@仿宋_GB2312"，这说明该字体是横向输入汉字用的，即输入的汉字逆时针旋转90°，如图10-154所示。如果我们要输入正向的汉字，不能选择前面带"@"的字体。

图10-154 横向汉字

05 在图中相应位置输入需要标注的文字，最终如图10-155所示。

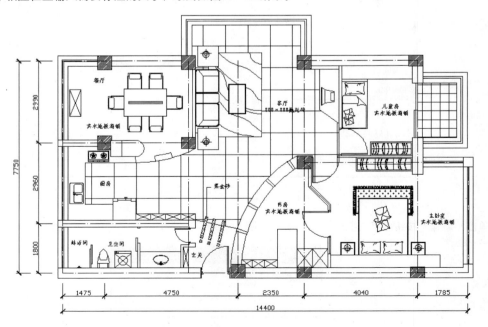

图10-155 输入文字标注

3. 标高

01 单击"样式"工具栏中"文字样式"按钮 ⚒️ ，打开"文字样式"对话框，新建样式"标高"，将文字字体设置为Times New Roman，如图10-156所示。

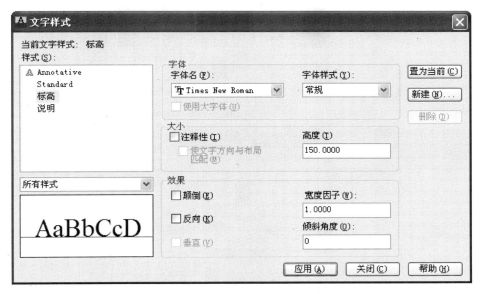

图10-156　标高文字样式

02 绘制标高符号。插入标高，最终如图10-157所示。

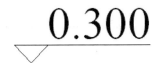

图10-157　标高样式

10.3. 一室一厅平面图

📖 **本节思路**

本节将论述如图10-158所示一室一厅（小户型）的室内装饰设计思路及其相关装饰图的绘制方法与技巧，包括：一居室的建筑平面轴线绘制、墙体绘制、文字尺寸标注；客厅的家具布置方法、卧室的家具布置方法、厨房厨具与卫生间洁具布置方法。

图 10-158　一室一厅平面图

10.3.1　一室一厅建筑平面图

　视频文件：讲解视频\第 10 章\一室一厅建筑平面图.avi

一居室的建筑平面图中，大部分房间是方正的矩形形状。一般先建立房间的开间和进深轴线，然后根据轴线绘制房间墙体，再创建门窗洞口造型，最后完成一居室的建筑图形。

居室在进行装修前，是建筑开发商交付的无装饰房子，即通常所说的毛坯房，大部分需进行二次装修。住宅居室应按套型设计，每套住宅应设卧室、起居室（厅）、厨房和卫生间等基本空间。在一居室中，其主要功能房间有客厅、卧室、厨房、卫生间、门厅及阳台等，且各个功能房间的数量多为 1 个或没有，例如，餐厅与客厅合一、卧室与客厅合一等。

下面介绍如图10-158所示的一居室（小户型）装修前其建筑平面设计相关知识及其绘图方法与技巧。

1. 墙体绘制

在进行装饰设计前，需绘制房子的各个房间的墙体轮廓。

01 建立居室的轴线，如图10-159所示。

::::: 注意

先绘制 1 条垂直方向的直线，其长度要略大于居室建筑垂直方向的总长度尺寸。

02 将该直线改变为点画线线型，如图10-160所示。

> **注意**
>
> 改变线型为点画线的方法是用鼠标单击所绘的直线，在"对象特性"工具栏上打开"线型"下拉列表，选择点画线，所选择的直线将改变线型，得到建筑平面图的轴线点画线。若还未加载此种线型，则选择"其他"选项，先加载此种点画线线型。

03 按照上述方法绘制1条水平方向的轴线，如图10-161所示。

图 10-159　绘制轴线　图 10-160　改变轴线线型

04 根据居室每个房间的长度、宽度（即进深与开间）尺寸大小，通过偏移生成相应位置的轴线，如图10-162所示。

图10-161　绘制水平轴线

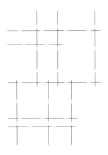

图10-162　偏移轴线

> **注意**
>
> 轴线的长短可以使用 STRETCH 命令或快捷键进行调整。

05 标注轴线尺寸，如图10-163所示。

06 按上述方法完成相关轴线的尺寸标注，如图10-164所示。

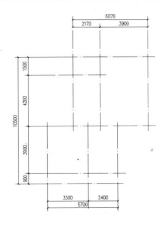

图10-163　标注轴线尺寸

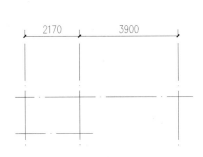

图10-164　标注相关轴线尺寸

07 使用MLINE、MLEDIT命令绘制墙体，如图10-165所示。

墙体可以通过调整比例得到不同宽度。

08 根据居室布局和轴线情况，完成墙体绘制，如图10-166所示。

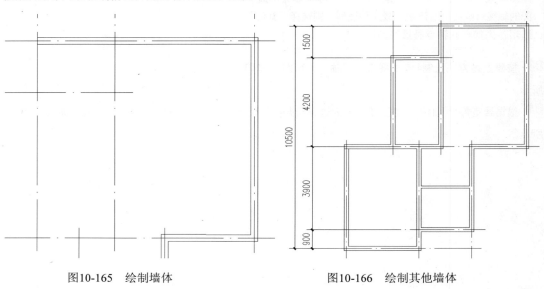

图10-165　绘制墙体　　　　　　　　　图10-166　绘制其他墙体

2. 门窗绘制

01 单击"绘图"工具栏中的"直线"按钮 ，按阳台门的大小绘制两条与墙体垂直的平行线，如图10-167所示。

02 单击"修改"工具栏中的"修剪"按钮 ，对平行线内的线条进行剪切，得到门洞造型，如图10-168所示。

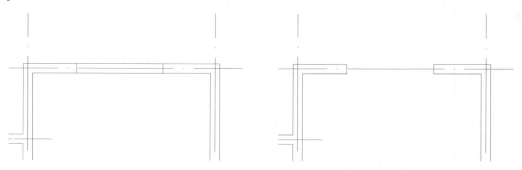

图10-167　绘制平行线　　　　　　　　　图10-168　绘制门洞

03 单击"绘图"工具栏中的"直线"按钮 ，绘制两条与墙体垂直的平行线，重复"直线"命令，绘制两条与墙体平行的线条，形成窗户造型，可绘制直线后用"偏移"命令来生成，如图10-169所示。

04 门扇造型的绘制。先按前述步骤绘制安装门扇的门洞造型，如图10-170所示。

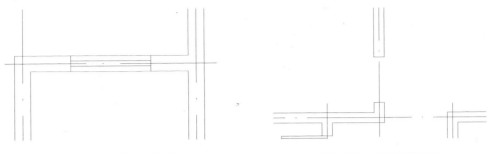

　　图10-169　勾画窗户造型　　　　　　　　　　图10-170　绘制门扇洞口

05 单击"绘图"工具栏中的"矩形"按钮 ▭，绘制矩形门扇造型，如图10-171所示。

06 单击"绘图"工具栏中的"圆弧"按钮 ╱，绘制弧线，构成完整的门扇造型，如图10-172所示。

　　图10-171　绘制门扇造型　　　　　　　　　　图10-172　完整的门扇造型

07 其他门扇及其窗户造型可以按上述方法绘制，如图10-173所示。

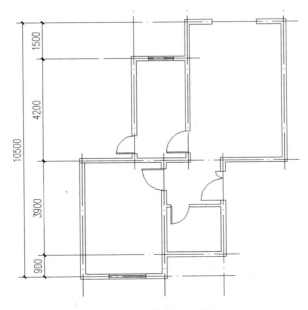

图10-173　其他门窗绘制

3. 阳台/管道井等辅助空间绘制

居室中还有一些辅助功能空间需要绘制，如阳台、排烟管道等。

01 单击"绘图"工具栏中的"多段线"按钮 ⤴，绘制客厅阳台造型轮廓，如图10-174所示。

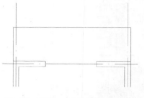

图10-174 绘制阳台轮廓

注意

可以使用 PLINE 命令绘制轮廓线。

指定起点：（确定起点位置）
当前线宽为 0.0000
指定下一个点或 [圆弧(A)/半宽(H)/长度(L)/放弃(U)/宽度(W)]：（依次输入多段线端点的坐标或直接在屏幕上使用鼠标选取）
指定下一点或 [圆弧(A)/闭合(C)/半宽(H)/长度(L)/放弃(U)/宽度(W)]：（下一点）
指定下一点或 [圆弧(A)/闭合(C)/半宽(H)/长度(L)/放弃(U)/宽度(W)]：（下一点）
……
指定下一点或 [圆弧(A)/闭合(C)/半宽(H)/长度(L)/放弃(U)/宽度(W)]：（按 Enter 键结束操作）

其他形状的阳台，如弧形，可按类似方法绘制得到。

02 单击"修改"工具栏中的"偏移"按钮 ⤴，对轮廓线进行偏移，得到具有一定厚度的阳台栏杆造型，如图10-175所示。

03 其他位置的阳台（如厨房阳台）造型，按上述同样的方法进行绘制，如图10-176所示。

04 单击"绘图"工具栏中的"矩形"按钮 ▭，绘制厨房的排烟管道造型，如图10-177所示。

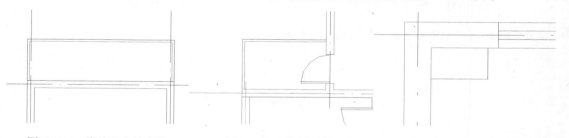

图10-175 偏移阳台轮廓线　　　　图10-176 绘制厨房阳台　　　　图10-177 绘制厨房排烟管道

注意

一般在厨房及卫生间有通风及排烟管道，需要绘制。

05 偏移形成管道外轮廓造型，如图10-178所示。

06 排烟管道一般分为两个空间，利用"直线"与"偏移"命令完成，如图10-179所示。

07 单击"绘图"工具栏中的"直线"按钮 ✏，勾画管道折线，形成管道空洞，效果如图10-180所示。

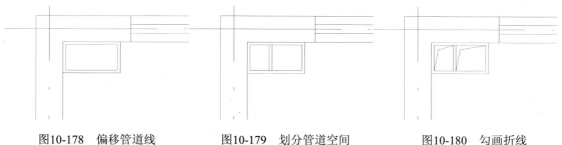

图10-178　偏移管道线　　　　图10-179　划分管道空间　　　　图10-180　勾画折线

08 卫生间的通风管道造型也可以按上述方法进行绘制，如图10-181所示。

09 至此，一居室未装修的建筑平面图绘制完成。缩放视图观察图形并保存图形，如图10-182所示。

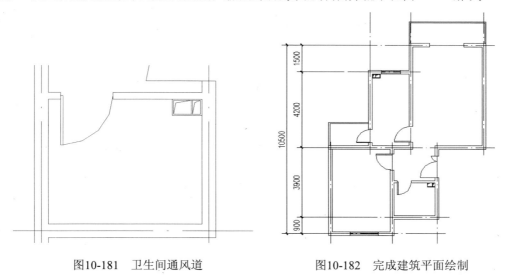

图10-181　卫生间通风道　　　　　　图10-182　完成建筑平面绘制

10.3.2　一室一厅装饰平面图

 视频文件：讲解视频\第 10 章\一室一厅装饰平面图.avi

　　一居室的装修平面图中，如何合理布置家具是关键。先从门厅开始考虑布置，门厅是一个过渡性空间，一般布置鞋柜等简单家具，若空间稍大，则可以设置玄关进行美化。客厅与餐厅是一个平面空间，客厅一般安排沙发和电视，而餐厅布置一个小型的餐桌。卧室先布置一个床和衣柜，再根据房间大小布置梳妆台或写字台。卫生间中大便器和洗脸盆是按住宅已有的排水管道的位置进行布置的。

　　小居室装修施工图设计，要把形式、色彩、功能统一起来，使之互相协调，既实用，又具有艺术性。在设计时，对室内空间的利用和开发，是居室设计的主要方向，为了使现有的空间更好地利用起来，可采用一些方法，例如：

- ◆ 用众多高大的植物装饰居室，可以使杂乱的房间趋向平稳和增大感。
- ◆ 在室内采用靠墙的低柜和吊柜形式，既充分利用了空间，也避免了局促感。
- ◆ 对于小空间和低空间的居室，可以在墙面、顶部、柜门、墙角等处安装镜面装饰玻璃，通过玻璃的反射，利用人们的错觉，收到室内空间的长度、宽度、高度和空间感扩大的效果。

下面介绍如图 10-183 所示的一居室（小户型）装饰平面的设计相关知识及其绘图方法与技巧。

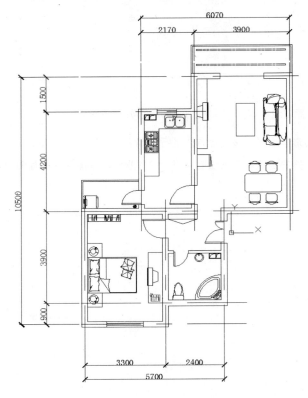

图10-183　一居室装饰平面

1. 门厅布置

01 还没有进行家具布置前的门厅，如图10-184所示。

02 单击"绘图"工具栏中的"矩形"按钮 ▭，绘制矩形鞋柜轮廓，如图10-185所示。

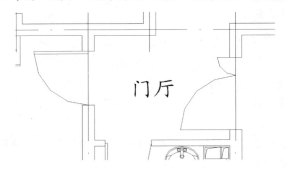

图10-184　布置家具前的门厅

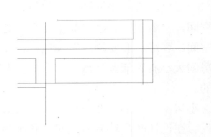

图10-185　绘制鞋柜轮廓

> **注意**
>
> 该门厅较小，仅考虑布置鞋柜。综合考虑门厅的空间平面情况，鞋柜布置在左上角位置。

03 依次单击"绘图"工具栏中的"直线"按钮 ![直线图标]、"修改"工具栏中的"镜像"按钮 ![镜像图标]，绘制鞋柜门扇轮廓，如图10-186所示。

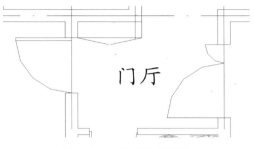

图10-186 绘制鞋柜门扇

2. 客厅及餐厅布置

01 还没有进行家具布置前的客厅与餐厅，如图10-187所示。

02 单击"绘图"工具栏中的"插入块"按钮 ![插入块图标]，打开"插入"对话框，如图10-188所示。

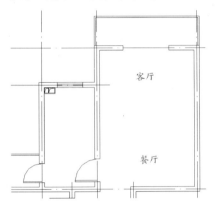

图10-187 布置家具前的客厅与餐厅

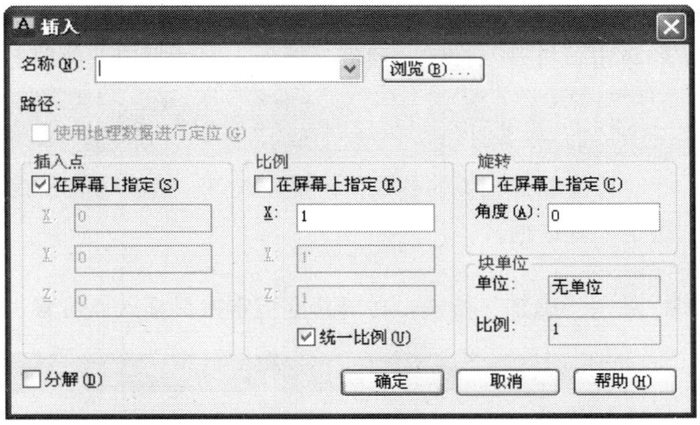

图10-188 "插入"对话框

03 单击"插入"对话框中的"浏览"按钮，打开"选择图形文件"对话框，如图10-189所示。

图10-189 "选择图形文件"对话框

04 在"选择图形文件"对话框中，选择家具所在的目录路径。单击要选择的家具沙发，系统同时在对话框的右侧显示该家具的图形，如图10-190所示。

图10-190　选择家具

05 单击"打开"按钮，回到"插入"对话框中，此时名称已是所选择的沙发家具名称，如图10-191所示。

> **注意**
>
> 此时可以设置相关的参数，包括插入点、缩放比例和旋转等。也可以不设置，在每一项前选中"在屏幕上指定"复选框。

06 单击"确定"按钮，在屏幕上指定家具插入点位置，输入比例因子、旋转角度等，如图10-192所示。

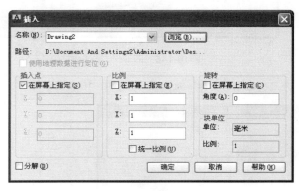

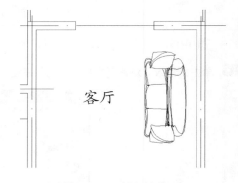

图10-191　"插入"对话框 　　　　　　　　　图10-192　插入沙发

07 其他家具的插入方法与沙发的插入方法相同，讲述从略，如图10-193所示。

> **注意**
>
> 若插入的位置不合适，则可以使用MOVE等命令对其位置进行调整。

08 单击"绘图"工具栏中的"矩形"按钮，绘制矩形茶几造型，如图10-194所示。

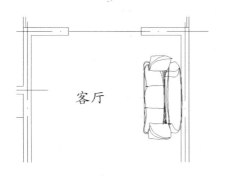

图10-193　调整位置

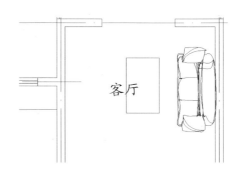

图10-194　绘制茶几造型

09 单击"绘图"工具栏中的"直线"按钮 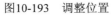，绘制电视柜轮廓造型，如图10-195所示。

> **::::: 注意**
>
> 电视柜的位置与沙发是相对应的。

10 单击"绘图"工具栏中的"插入块"按钮，在电视柜上插入电视机造型，如图10-196所示。

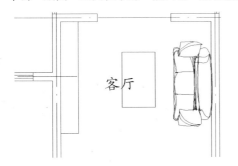

图10-195　绘制电视柜造型

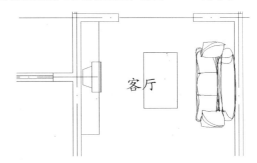

图10-196　插入电视机

11 单击"绘图"工具栏中的"插入块"按钮，插入餐桌，如图10-197所示。

12 单击"绘图"工具栏中的"插入块"按钮，现在冰箱多放置在客厅，因此需插入冰箱，如图10-198所示。

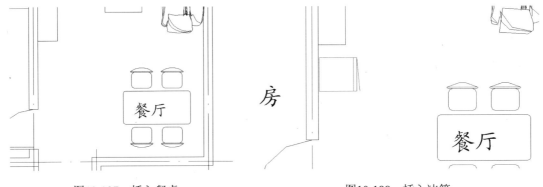

图10-197　插入餐桌　　　　　　　　图10-198　插入冰箱

13 完成客厅及餐厅的家具布置，注意保存图形，如图10-199所示。

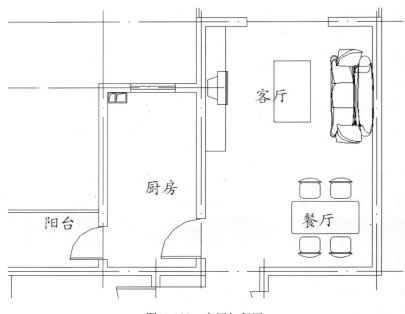

图10-199　客厅与餐厅

3. 卧室平面布置

01 需要布置家具设施的卧室平面，如图10-200所示。

注意

一居室一般只有一个卧室，没有书房，其主要家具设施有床、衣柜等，可根据房间的大小和朝向进行布置。

02 单击"绘图"工具栏中的"插入块"按钮，插入双人床造型，如图10-201所示。

03 单击"绘图"工具栏中的"插入块"按钮，插入一个床头柜造型，如图10-202所示。

04 单击"修改"工具栏中的"镜像"按钮，得到对称的床头柜造型，如图10-203所示。

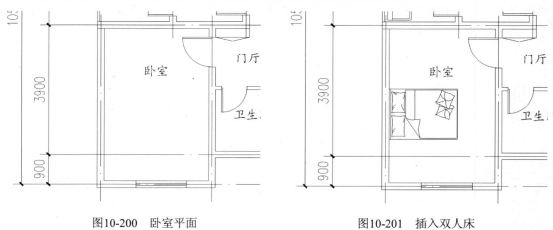

图10-200　卧室平面　　　　　图10-201　插入双人床

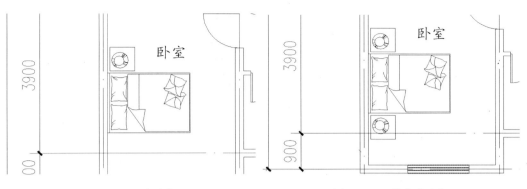

图10-202　插入床头柜　　　　　　　　　　　　图10-203　镜像床头柜

注意

除了进行镜像外，也可以通过复制方法得到。

05 单击"绘图"工具栏中的"插入块"按钮，插入衣柜造型，如图10-204所示。

06 单击"绘图"工具栏中的"直线"按钮，绘制卧室的矮柜造型，如图10-205所示。

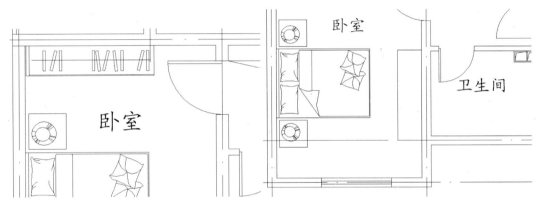

图10-204　插入衣柜　　　　　　　　　　　　图10-205　绘制矮柜

07 单击"绘图"工具栏中的"插入块"按钮，插入卧室专用的电视机造型，如图10-206所示。

08 单击"绘图"工具栏中的"插入块"按钮，插入电话机造型，如图10-207所示。

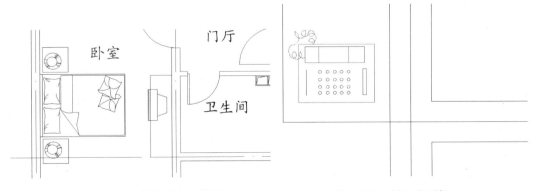

图10-206　插入卧室电视机　　　　　　　　　　图10-207　插入电话机

09 完成卧室的家具布置，如图10-208所示。

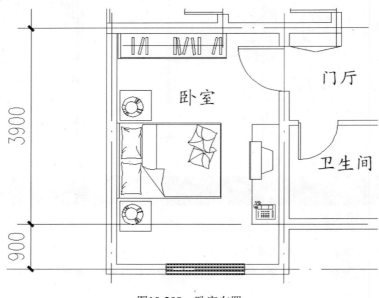

图10-208　卧室布置

4. 厨房布置

01 未布置厨房设施的厨房功能空间平面，如图10-209所示。

::::: 注意

厨房和卫生间在居室的室内设计中同样十分重要，其布置是否合理，对日常使用影响很大。

02 单击"绘图"工具栏中的"直线"按钮，绘制橱柜轮廓线，如图10-210所示。

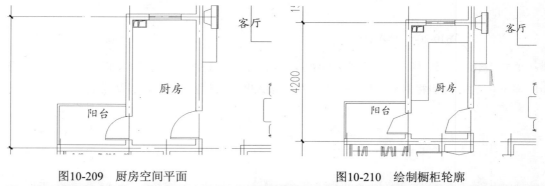

图10-209　厨房空间平面　　　　　图10-210　绘制橱柜轮廓

::::: 注意

考虑到厨房空间呈长方形，因此布置L型橱柜造型。

03 单击"绘图"工具栏中的"插入块"按钮，插入洗菜盆造型，如图10-211所示。

04 单击"绘图"工具栏中的"插入块"按钮，把燃气灶造型插入到橱柜中，如图10-212所示。

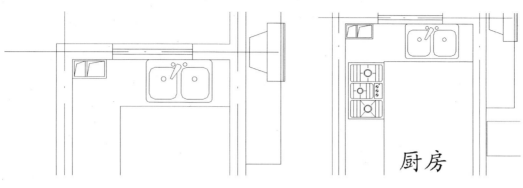

图10-211　插入洗菜盆　　　　　　　　　图10-212　插入燃气灶

5. 卫生间布置

01 未布置洁具的卫生间空间平面如图10-213所示。

02 单击"绘图"工具栏中的"插入块"按钮，布置大便器，如图10-214所示。

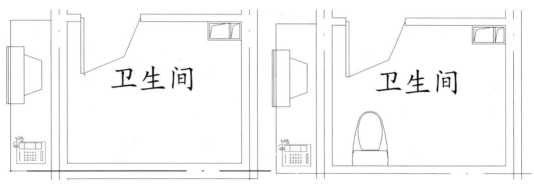

图10-213　卫生间平面　　　　　　　　　图10-214　布置大便器

03 单击"绘图"工具栏中的"插入块"按钮，在大便器右侧布置整体淋浴设施，如图10-215所示。

04 单击"绘图"工具栏中的"插入块"按钮，根据卫生间的空间情况，在门口处布置洗脸盆，如图10-216所示。

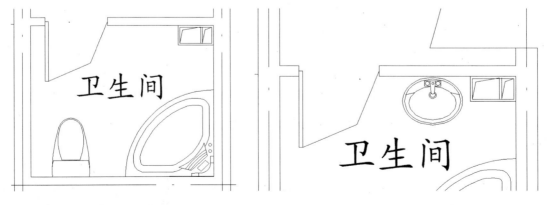

图10-215　布置淋浴　　　　　　　　　图10-216　布置洗脸盆

05 完成卫生间的洁具布置。缩放视图观察，保存图形，如图10-217所示。

图10-217　完成卫生间布置

6. 阳台等其他空间平面布置

下面对阳台等其他空间进行布置。

01 两个阳台的位置，如图10-218所示。

> **注意**
>
> 在该一居室中，有两个阳台，一个是厨房的阳台，一个是客厅的阳台。根据户型的特点，因为一居室空间小，所以考虑在厨房的阳台放置洗衣机。

02 单击"绘图"工具栏中的"插入块"按钮，在厨房的阳台布置洗衣机，如图10-219所示。

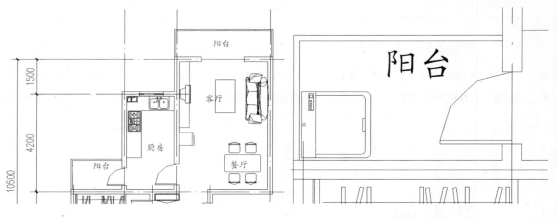

图10-218　阳台位置　　　　　　　　　　图10-219　布置洗衣机

03 单击"绘图"工具栏中的"圆"按钮，绘制排水地漏造型，如图10-220所示。

04 单击"绘图"工具栏中的"图案填充"按钮，对地漏进行图案填充，如图10-221所示。

05 客厅的阳台一般需晾晒衣服，布置晾衣架，如图10-222所示。

> **注意**
>
> 晾衣架一般在吊顶上，所以绘制为虚线形式。

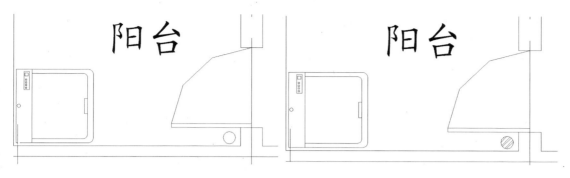

图10-220　绘制地漏　　　　　　　　　　　　图10-221　填充图案

06 单击"修改"工具栏中的"复制"按钮 ，复制一个晾衣架，如图10-223所示。

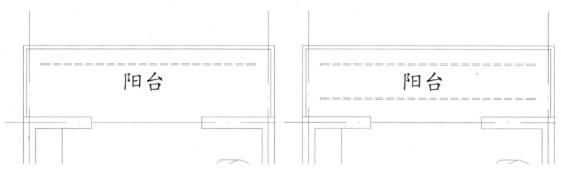

图10-222　绘制晾衣架　　　　　　　　　　　图10-223　复制晾衣架

10.4. 三室两厅平面图

📖 **本节思路**

　　本节将详细论述如图 10-224 所示三居室（大户型）的室内装饰设计思路及其相关装饰图的绘制方法与技巧，包括：三居室装修前的建筑墙体、轴线和门窗绘制；房间的开间和进深及其尺寸标注；各个房间的名称及文字标注方法；门厅、餐厅和客厅的餐桌与沙发等相关家具布置方法；主卧室、次卧室中的床、衣柜和书柜等家具布置方法；厨房操作台、灶具和洗菜盆等橱具安排；主次卫生间中的大便器、洗脸盆和淋浴设施等洁具布置方法。

⠿ 10.4.1　三室两厅建筑平面图

　　📹 视频文件：讲解视频\第 10 章\三室两厅建筑平面图.avi

　　在三居室中，其功能房间有客厅、餐厅、主卧室及其卫生间、次卧室、书房、厨房、公用卫生间（客卫）、阳台等。通常所说的三居室类型有三室两厅一卫、三室两厅两卫等。其建筑平面图的绘制方法与一居室和二居室类似，同样是先建立各个功能房间的开间和进深轴线，然后按轴线位置绘制各个功能房间墙体及相应的门窗洞口的平面造型，最后绘制阳台及管道等辅助空间的平面图形, 同时标注相应的尺寸和文字说明。

住宅的基本功能不外乎睡眠、休息、饮食、盥洗、家庭团聚、会客、视听、娱乐、学习、工作等。这些功能是相对的, 其中又有静或闹、私密或外向等不同特点, 如睡眠、学习要求静, 睡眠又有私密性的要求。下面介绍如图10-225所示的三居室的建筑平面图设计相关知识及其绘图方法与技巧。

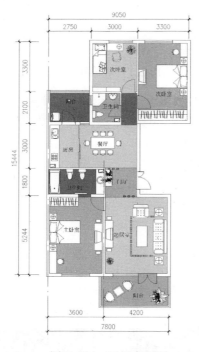

图10-224　三居室平面

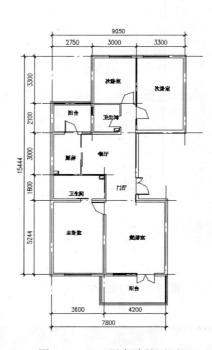

图10-225　三居室建筑平面

1. 墙体绘制

本小节介绍居室的各个房间的墙体轮廓线的绘制方法与技巧。

01 居室墙体的轴线长度要略大于居室的总长度或总宽度尺寸, 如图10-226所示。

> **注意**
>
> 在建筑绘图中, 轴线的长度一般要略大于房间墙体水平或垂直方向的总长度尺寸。

02 将轴线的线型由"实线"线型改为"点画线"线型, 如图10-227所示。

03 根据居室开间或进深创建轴线, 如图10-228所示。

> **注意**
>
> 若某个轴线的长短与墙体实际长度不一致, 可以使用 STRETCH ("拉伸"命令) 或快捷键进行调整。

04 按上述方法完成整个三居室的墙体轴线绘制, 如图10-229所示。

05 单击"标注"工具栏中的"线性"按钮, 进行轴线尺寸的标注, 如图10-230所示。

06 按上述方法完成三居室所有相关轴线尺寸的标注, 如图10-231所示。

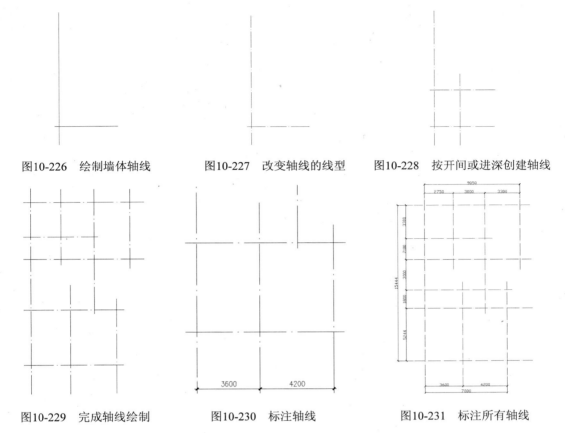

图10-226 绘制墙体轴线 图10-227 改变轴线的线型 图10-228 按开间或进深创建轴线

图10-229 完成轴线绘制 图10-230 标注轴线 图10-231 标注所有轴线

07 分别选择菜单栏中的"绘图"→"多线"命令和"修改"→"对象"→"多线"命令来完成三居室的墙体绘制，墙体厚度设置为240mm，如图10-232所示。

> **注意**
>
> 高层住宅建筑的墙体一般情况下是钢筋混凝土剪力墙，厚度200～500mm 不等。

08 对一些厚度比较薄的隔墙，如卫生间、过道等位置的墙体，通过调整多线的比例，可以得到不同的厚度墙体造型，如图10-233所示。

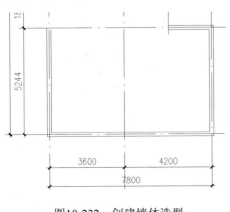

图10-232 创建墙体造型

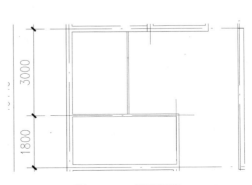

图10-233 创建隔墙

墙体的厚度应根据建筑高度、结构形式和建筑类型等因素确定。

09 按照三居室的各个房间开间与进深，继续进行其他位置的墙体的创建，最后完成整个墙体造型的绘制，如图10-234所示。

2. 门窗绘制

下面介绍如何在墙体上绘制门和窗的造型。

01 创建三居室的户门造型，如图10-235所示。

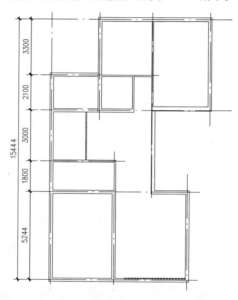

门厅

图10-234　完成墙体绘制　　　　　图10-235　确定户门宽度

按户门的大小绘制两条与墙体垂直的平行线，确定户门宽度。

02 单击"修改"工具栏中的"修剪"按钮，对线条进行剪切，得到户门的门洞，如图10-236所示。

03 单击"绘图"工具栏中的"多段线"按钮，绘制户门的门扇造型，如图10-237所示。

该户门的门扇为一大一小的造型。

04 单击"绘图"工具栏中的"圆弧"按钮，绘制两段长度不一样的弧线，得到户门的造型，如图10-238所示。

05 单击"绘图"工具栏中的"直线"按钮，对阳台门连窗户的造型绘制，如图10-239所示。

06 单击"修改"工具栏中的"修剪"按钮，在门的位置进行剪切边界线，得到门洞，如图10-240所示。

07 单击"绘图"工具栏中的"直线"按钮，在门洞旁边绘制窗户造型，如图10-241所示。

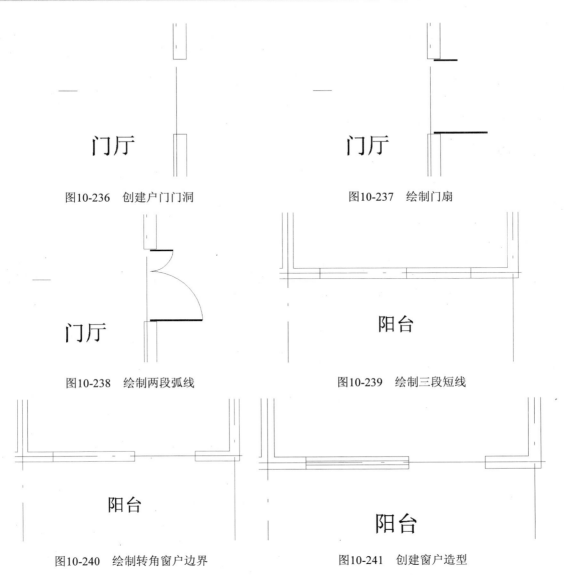

图10-236　创建户门门洞　　　　　图10-237　绘制门扇

图10-238　绘制两段弧线　　　　　图10-239　绘制三段短线

图10-240　绘制转角窗户边界　　　　图10-241　创建窗户造型

08 按门大小的一半绘制其中一扇门扇，如图10-242所示。

09 单击"修改"工具栏中的"镜像"按钮，得到阳台门扇造型，完成门连窗户造型的绘制，如图10-243所示。

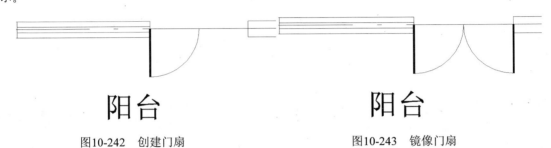

图10-242　创建门扇　　　　　图10-243　镜像门扇

10 绘制餐厅与厨房之间的推拉门造型。先绘制门的宽度范围，如图10-244所示。

11 单击"修改"工具栏中的"修剪"按钮，剪切后得到门洞形状，如图10-245所示。

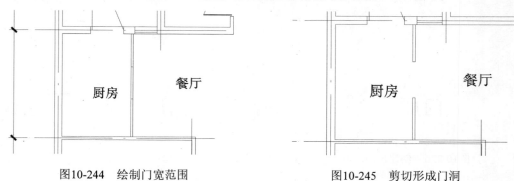

图10-244　绘制门宽范围　　　　　　　图10-245　剪切形成门洞

12 单击"绘图"工具栏中的"矩形"按钮，在靠餐厅一侧绘制矩形推拉门，如图10-246所示。

:::: 注意

推拉门造型在住宅建筑中经常使用到，如衣柜门也常设计成推拉门形式。

13 其他位置的门扇和窗户造型可以参照上述方法进行创建，如图10-247所示。

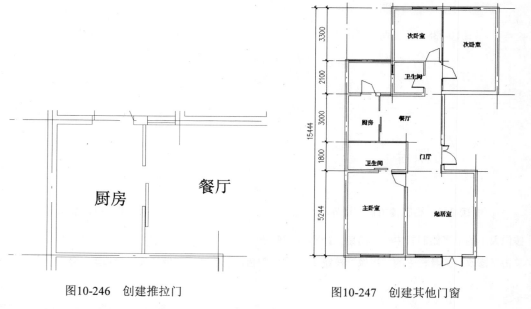

图10-246　创建推拉门　　　　　　　图10-247　创建其他门窗

3. 阳台/管道井等辅助空间绘制

无论是小户型，还是大户型，在卫生间和厨房中都需要设置通风道或排烟道等管道。

01 单击"绘图"工具栏中的"矩形"按钮，绘制卫生间中的矩形通风道造型，如图10-248所示。

:::: 注意

卫生间和厨房的通风道作用有所不同，卫生间主要用于通风和排气，而厨房主要用于排油烟。

02 单击"修改"工具栏中的"偏移"按钮 ，得到通风道墙体造型，如图10-249所示。

03 单击"绘图"工具栏中的"直线"按钮 ，在通风道内绘制折线造型，如图10-250所示。

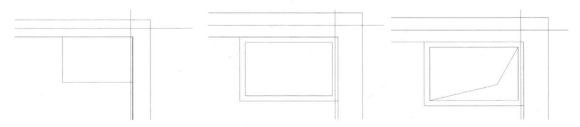

图10-248　绘制通风道造型　　　　图10-249　创建通风道墙体　　　　图10-250　绘制折线

04 其他卫生间和厨房的通风及排烟管道等管道造型轮廓按上述方法创建，如图10-251所示。

05 单击"绘图"工具栏中的"多段线"按钮 ，按阳台的大小尺寸绘制其外轮廓，如图10-252所示。

06 单击"修改"工具栏中的"偏移"按钮 ，得到阳台及其栏杆造型效果，如图10-253所示。

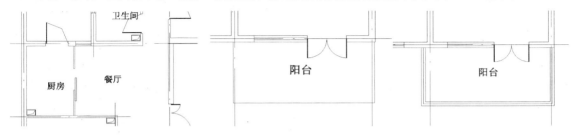

图10-251　绘制其他管道造型　　　　图10-252　绘制阳台外轮廓　　　　图10-253　创建阳台栏杆造型

07 未装修的三居室建筑平面图绘制完成，可以缩放视图观察并保存图形，如图10-254所示。

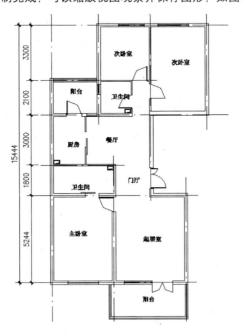

图10-254　完成建筑平面绘制

10.4.2　三室两厅装饰平面图

1. 门厅布置

01 本案例的三居室中，该门厅呈方形，如图10-255所示。

02 根据该方形门厅的空间平面特点，在其两侧设置玄关。单击"绘图"工具栏中的"多边形"按钮 ⬡，绘制正方形小柱子造型，如图10-256所示。

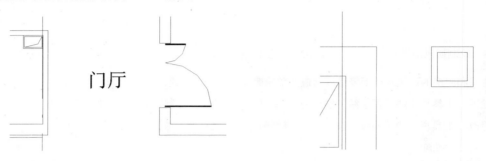

图10-255　方形门厅   图10-256　绘制小柱子

03 单击"修改"工具栏中的"复制"按钮 ⌗，通过复制得到玄关造型平面，如图10-257所示。

04 单击"绘图"工具栏中的"直线"按钮 ✎，绘制中间连线造型，如图10-258所示。

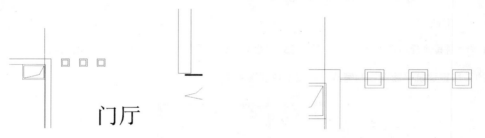

图10-257　复制小柱子   图10-258　绘制连线

05 单击"修改"工具栏中的"复制"按钮 ⌗，得到另外一侧的造型如图10-259所示。

注意

各个造型的位置可以通过移动等功能来进行调整。

06 在门厅布置一个鞋柜，如图10-260所示。

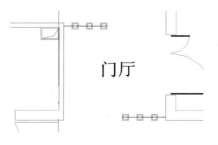
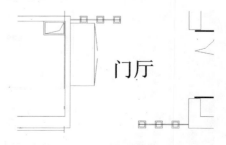

图10-259　创建另外一侧造型   图10-260　布置鞋柜

07 单击"绘图"工具栏中的"插入块"按钮 ，在鞋柜上布置花草进行装饰，如图10-261所示。

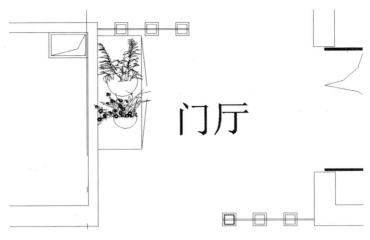

图10-261　布置鞋柜花草

花草造型使用图库的已有图形。

2. 客厅及餐厅布置

01 起居室（即客厅）的空间平面，如图10-262所示。

02 单击"绘图"工具栏中的"插入块"按钮 ，在起居室平面上插入沙发造型等，如图10-263所示。

图10-262　起居室平面

图10-263　插入沙发

::::· 注意

该沙发造型包括沙发、茶几和地毯等综合造型。沙发等家具若插入的位置不合适，则可以通过"移动"、"旋转"等命令对其位置进行调整。

03 单击"绘图"工具栏中的"插入块"按钮 ，为客厅配置电视柜造型，如图10-264所示。

04 单击"绘图"工具栏中的"插入块"按钮 ，在起居室布置适当的花草进行美化，如图10-265所示。

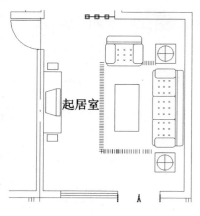

图10-264　配置电视柜

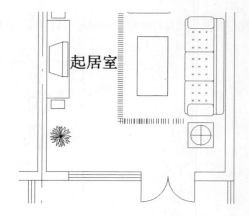

图10-265　布置花草

05 没有布置餐桌等家具的餐厅空间平面，如图10-266所示。

06 单击"绘图"工具栏中的"插入块"按钮，在餐厅平面上插入餐桌，如图10-267所示。

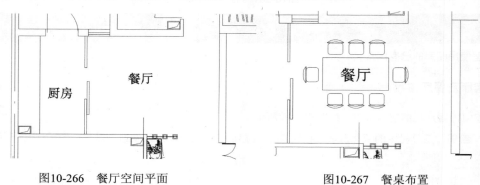

图10-266　餐厅空间平面　　　　　　　　　　图10-267　餐桌布置

07 完成起居室及餐厅的家具布置，如图10-268所示。

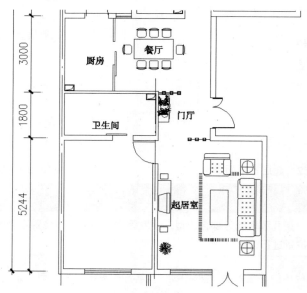

图10-268　起居室与餐厅平面

> **注意**
>
> 局部缩放视图进行效果观察，注意保存图形。

3. 卧室平面布置

卧室在功能上比较简单，基本上都是以满足睡眠、更衣的生活需要为主。然而在室内设计中，简单意味着更深刻的内涵、更丰富的层次、更精到的内功、更深厚的底蕴。要做到满足使用不难，但要做到精致、别致、独具风采，就需要下一番工夫了。

> **注意**
>
> 在卧室的设计上，要追求的是功能与形式完美统一，优雅独特、简洁明快的设计风格。在卧室设计的审美上，要追求时尚而不浮躁，庄重典雅而不乏轻松浪漫的感觉。因此，在卧室的设计上，会更多地运用丰富的表现手法，使卧室看似简单，实则韵味无穷。

01 主卧室及其专用卫生间平面，如图10-269所示。

02 单击"绘图"工具栏中的"插入块"按钮，在主卧室中插入双人床及床头柜造型，如图10-270所示。

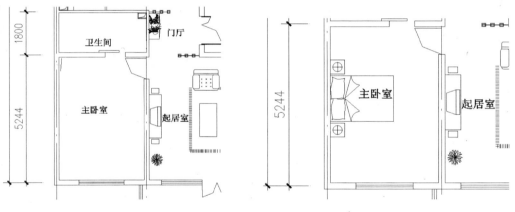

图10-269　主卧室与主卫　　　　　　图10-270　插入双人床及床头柜

03 单击"绘图"工具栏中的"插入块"按钮，布置卧室的衣柜，如图10-271所示。

04 单击"绘图"工具栏中的"插入块"按钮，插入梳妆台造型及其椅子造型，如图10-272所示。

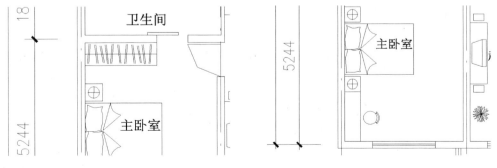

图10-271　布置衣柜　　　　　　　　图10-272　插入梳妆台

05 单击"绘图"工具栏中的"插入块"按钮，在双人床右侧布置卧室电视柜造型，如图10-273所示。

06 单击"绘图"工具栏中的"插入块"按钮 ，为主卧室卫生间插入一个浴缸，如图10-274所示。

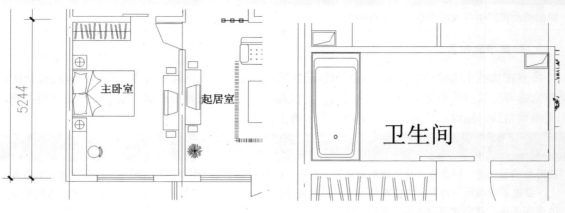

图10-273　插入卧室电视柜　　　　　　　　　　图10-274　插入浴缸

07 单击"绘图"工具栏中的"插入块"按钮 ，为主卧室卫生间布置大便器和洁身器各一个，如图10-275所示。

注意

洁具布置数量根据卫生间大小确定。

08 单击"绘图"工具栏中的"直线"按钮 ，创建主卧室洗脸盆台面，如图10-276所示。

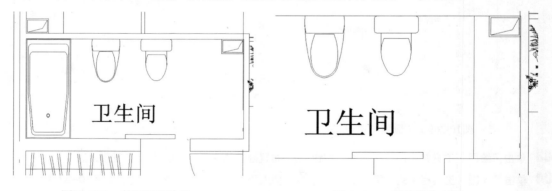

图10-275　布置便器洁具　　　　　　　　　　图10-276　创建脸盆台面

09 单击"绘图"工具栏中的"插入块"按钮 ，在台面位置布置一个洗脸盆造型，如图10-277所示。

注意

有的洗脸盆不设台面。

10 主卧室及其卫生间的家具和洁具布置完成，如图10-278所示。

11 两个次卧室空间平面位置图，如图10-279所示。

12 单击"绘图"工具栏中的"插入块"按钮 ，为两个次卧室分别布置一个双人床和一个单人床，如图10-280所示。

注意

两个次卧室也可以分别布置成儿童房和书房。

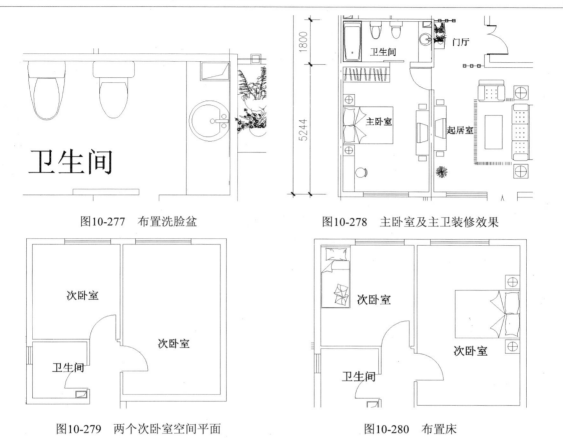

图10-277　布置洗脸盆　　　　　　　　图10-278　主卧室及主卫装修效果

图10-279　两个次卧室空间平面　　　　　　图10-280　布置床

13 单击"绘图"工具栏中的"插入块"按钮，为两个次卧室分别布置一个大小不同的桌子，如图10-281所示。

14 单击"绘图"工具栏中的"插入块"按钮，根据两个次卧室房间不同情况，分别布置一个衣柜和书柜，如图10-282所示。

图10-281　布置桌子

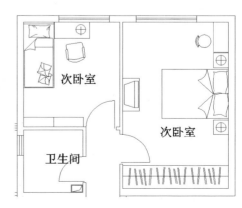

图10-282　布置衣柜和书柜

15 主次卧室平面装饰图绘制完成，缩放视图观察并保存图形，如图10-283所示。

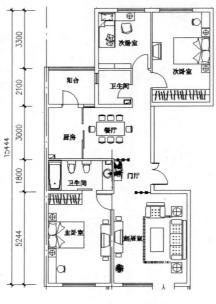

图10-283 主次卧室装饰图

4. 厨房布置

01 厨房空间平面，如图10-284所示。

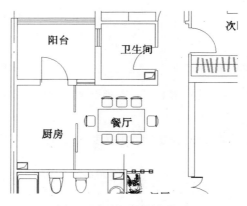

图10-284 厨房空间平面

厨房设计应合理布置灶具、排油烟机、热水器等设备，必须充分考虑这些设备的安装、维修及使用安全。厨房的装饰材料应色彩素雅，表面光洁，易于清洗。厨房装饰设计不应影响厨房的采光、通风、照明等效果。厨房的顶面、墙面宜选用防火、抗热、易于清洗的材料，如釉面瓷砖墙面、铝板吊顶等。厨房的地面宜用防滑、易于清洗的陶瓷块材地面。

02 本案例的厨房平面空间呈|形，单击"绘图"工具栏中的"插入块"按钮，按其形状布置橱柜，如图10-285所示。

03 单击"绘图"工具栏中的"插入块"按钮 🔒 ，为厨房布置一个燃气灶造型，如图10-286所示。

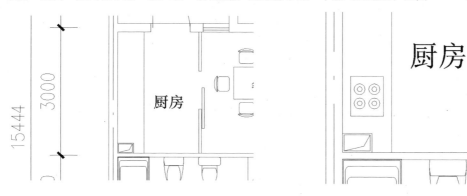

图10-285　绘制橱柜轮廓　　　　　　　　图10-286　插入燃气灶

04 单击"绘图"工具栏中的"插入块"按钮 🔒 ，为厨房布置一个洗菜盆，如图10-287所示。

05 单击"绘图"工具栏中的"插入块"按钮 🔒 ，在厨房阳台处安排洗衣机设备，如图10-288所示。

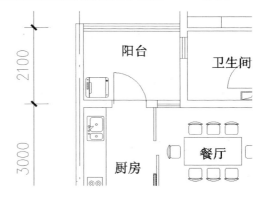

图10-287　插入洗菜盆　　　　　　　　图10-288　插入洗衣机

06 完成厨房的基本设施布置，如图10-289所示。

5. 卫生间（客卫）布置

01 客卫的空间平面图，如图10-290所示。

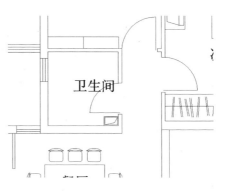

图10-289　厨房装饰平面　　　　　　　　图10-290　客卫空间平面

02 单击"绘图"工具栏中的"直线"按钮，绘制整体淋浴设施外轮廓，如图10-291所示。

03 依次单击"绘图"工具栏中的"直线"按钮和"圆"按钮，绘制淋浴水龙头造型，如图10-292所示。

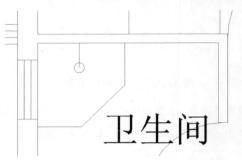

图10-291　绘制整体淋浴设施　　　　　　图10-292　绘制淋浴水龙头

04 单击"绘图"工具栏中的"插入块"按钮，为客卫布置一个大便器，如图10-293所示。

05 单击"绘图"工具栏中的"插入块"按钮，在客卫整体淋浴设施的另外一侧布置洗脸盆，如图10-294所示。

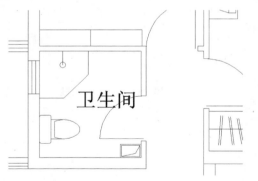
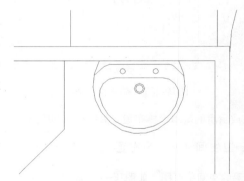

图10-293　插入大便器　　　　　　　　图10-294　插入洗脸盆

06 客卫相关洁具设施布置完成，如图10-295所示。

注意

图形绘制完成后，缩放视图观察，并注意保存图形。

6. 阳台等其他空间平面布置

本案例的客厅阳台布置为休闲型，供休息休闲。下面介绍阳台的布置。

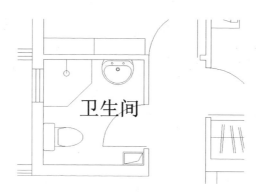

图10-295　客卫装饰图

> **注意**
>
> 房子四周的环境和景观关系着阳台的利用方式。如果房子是在郊区，阳台外是美丽的自然风光、空气清新舒适，就有保留的必要。但如果阳台面对大马路或是抽油烟机，阳台成了空气污染和噪声的场所，就必须考虑是否有利用价值。

01 客厅阳台空间平面，如图10-296所示。

02 单击"绘图"工具栏中的"插入块"按钮，根据阳台与客厅门的关系，在该阳台布置小桌子和椅子，如图10-297所示。

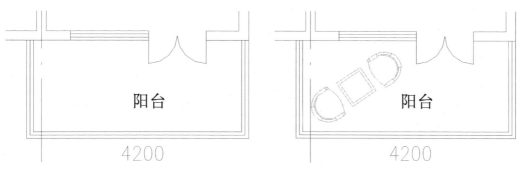

图10-296　客厅阳台空间平面　　　　　图10-297　布置小桌子

03 单击"绘图"工具栏中的"插入块"按钮，配置一些花草或盆景进行室内美化，如图10-298所示。

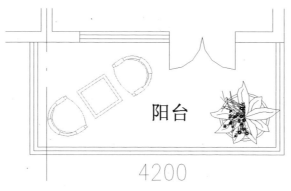

图10-298　配置花草

10.5. 上机实验

实验　绘制居室平面图

绘制如图 10-299 所示的居室平面图。

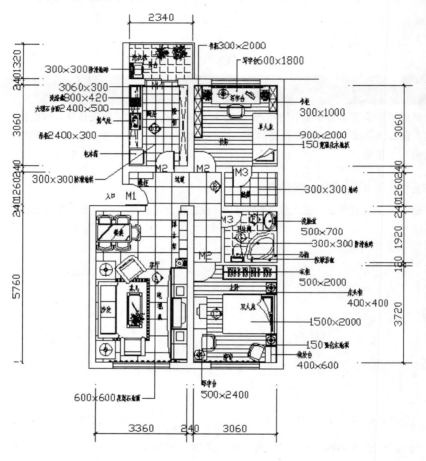

平面图 1∶100

图10-299　居室平面图

操作提示：

(1) 利用"直线"命令，绘制轴线。

(2) 利用"多线"命令，绘制平面图墙体。

(3) 利用"插入块"命令，对平面图进行布置。

(4) 利用"多行文字"命令，对平面图进行文字标注。

(5) 利用"标注"命令，对平面图进行尺寸标注。

第11章

住宅顶棚布置图绘制

本章将在上一章平面图的基础上，绘制住宅顶棚布置图。讲述过程中，将逐步带领读者完成顶棚图的绘制，并讲述关于住宅顶棚平面设计的相关知识和技巧。本章包括住宅平面图绘制的知识要点、顶棚布置概念和样式、顶棚布置图绘制等。

内容要点

- ◆ 两室两厅顶棚图
- ◆ 一室一厅顶棚图
- ◆ 三室两厅顶棚图

11.1 概述

顶棚是室内装饰不可缺少的重要组成部分，也是室内空间装饰中最富有变化、引人注目的界面，其透视感较强，通过不同的处理方法，配以灯具造型，能增强空间感染力，使顶面造型丰富多彩，新颖美观。顶棚设计的好坏直接影响到房间整体特点、氛围的体现。比如古典型的风格，顶棚要显得高贵典雅；而简约型风格的顶棚，则要充分体现现代气息。可以从不同的角度出发，依据设计理念进行合力搭配。

1．顶棚的设计原则

（1）要注重整体环境效果。顶棚、墙面、基面共同组成室内空间，共同创造室内环境效果。设计中要注意三者的协调统一，在统一的基础上各具自身的特色。

（2）顶棚的装饰应满足适用美观的要求。一般来讲，室内空间效果应是下重上轻，所以要注意顶面装饰力求简洁完整，突出重点，同时造型要具有轻快感和艺术感。

（3）顶棚的装饰应保证顶面结构的合理性和安全性，不能因为单纯追求造型而忽视安全。

2．顶面设计形式

（1）平整式顶棚。这种顶棚构造简单，外观朴素大方、装饰便利，适用于教室、办公室、展览厅等，它的艺术感染力来自顶面的形状、质地、图案及灯具的有机配置。

（2）凹凸式顶棚。这种顶棚造型华美富丽，立体感强，适用于舞厅、餐厅、门厅等，要注意各凹凸层的主次关系和高差关系，不宜变化过多，要强调自身节奏韵律感及整体空间的艺术性。

（3）悬吊式顶棚。在屋顶承重结构下面悬挂各种折板、平板或其他形式的吊顶。这种顶棚往往是为了满足声学、照明等方面的要求或为了追求某些特殊的装饰效果，常用于体育馆、电影院等。近年来，在餐厅、茶座、商店等建筑中也常用这种形式的顶棚，使人产生特殊的美感和情趣。

（4）井格式顶棚。它是结合结构梁形式、主次梁交错及井字梁的关系，配以灯具和石膏花饰图案的一种顶棚，朴实大方，节奏感强。

（5）玻璃顶棚。现代大型公共建筑的门厅、中厅等常用这种形式，主要解决大空间采光及室内绿化需要，使室内环境更富于自然情趣，为大空间增加活力。其形式一般有圆顶形、锥形和折线形。

11.2 两室两厅顶棚图

 光盘路径 | 视频文件：讲解视频\第 11 章\两室两厅顶棚图.avi

📖 本节思路

本节主要介绍两室两厅顶棚图的绘制。首先复制建筑平面图，然后布置各个房间的屋顶，最后布置灯具，结果如图11-1所示。

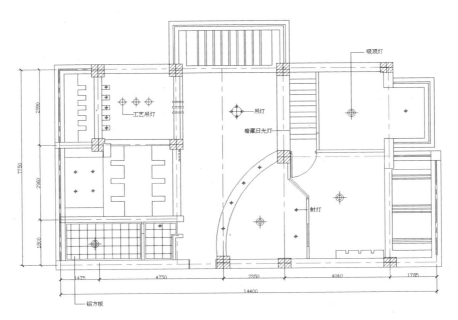

图11-1　两室两厅顶棚图

11.2.1　复制图形

01 选择菜单栏中的"文件"→"新建"命令，建立新文件，命名为"顶棚布置图"，并放置到适当的位置。

02 打开上一章中绘制的平面图，单击图层下拉按钮 ![v]，将"装饰"、"文字"、"地板"图层关闭。关闭后，图形如图11-2所示。

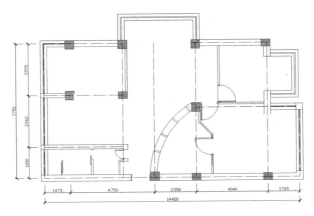

图11-2　关闭图层后的图形

03 选中图中的所有图形，然后按Ctrl+C键进行复制。再单击菜单栏中的"窗口"菜单，切换到"顶棚布置图"中，按Ctrl+V键进行粘贴，将图形复制到当前的文件中。

11.2.2　设置图层

01 单击"图层"工具栏中的"图层特性管理器"按钮 ![icon]，打开"图层特性管理器"对话框，可以看到刚刚随着图形的复制，图形所在的图层也同样复制到本文件中，如图11-3所示。

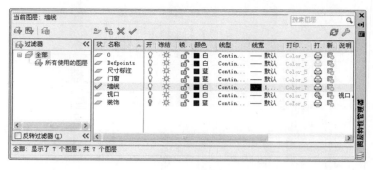

图11-3　图层特性管理器

02 单击"新建图层"按钮 ![], 新建"屋顶"、"灯具"、"文字"3个图层, 图层设置如图11-4所示。

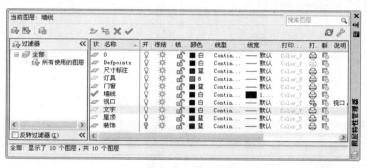

图11-4　设置图层

11.2.3　绘制餐厅屋顶

01 将"屋顶"图层设置为当前图层, 选择菜单栏中的"格式"→"多线样式"命令, 打开"多线样式"对话框, 如图11-5所示。

02 单击"新建"按钮, 新建多线样式, 命名为CEILING。参照如图11-6所示设置此样式, 即多线的偏移距离分别设置为150、−150。

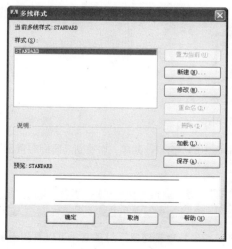

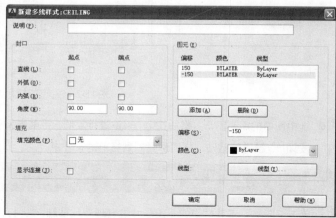

图11-5　"多线样式"对话框　　　　　　　　　　　　图11-6　设置多线样式

命令行中的提示与操作如下。

```
命令：MLINE
当前设置：对正=上，比例=20.00，样式=STANDARD
指定起点或[对正(J)/比例(S)/样式(ST)]：J
输入对正类型[上(T)/无(Z)/下(B)]<上>：Z（设置对中为无）
当前设置：对正=无，比例=20.00，样式=STANDARD
指定起点或[对正(J)/比例(S)/样式(ST)]：ST
输入多线样式名或[?]：ceiling（设置多线样式为 ceiling）
当前设置：对正=无，比例=20.00，样式=CEILING
指定起点或[对正(J)/比例(S)/样式(ST)]：S
输入多线比例<20.00>：1（设置绘图比例为1）
当前设置：对正=无，比例=1.00，样式=CEILING
指定起点或[对正(J)/比例(S)/样式(ST)]：
指定下一点：（选择绘图起点）
指定下一点或[放弃(U)]：（选择绘制终点）
指定下一点或[放弃(U)]：↙
```

绘制完成后，如图 11-7 所示。

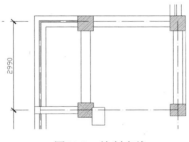

图11-7　绘制多线

03 在工具栏中右击，在打开的菜单中选择"对象捕捉"选项，打开"对象捕捉"工具栏，如图11-8所示。在餐厅左侧空间绘制一条垂直直线，将空间分割为两部分。单击"捕捉到中点"按钮，在餐厅中部绘制一条辅助线，如图11-9所示。

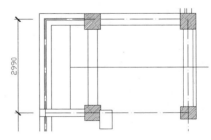

图11-8　"对象捕捉"工具栏

图11-9　绘制辅助线

04 单击"绘图"工具栏中的"矩形"按钮，在空白处绘制一个边长为300×180的矩形，如图11-10所示。单击"捕捉到中点"按钮，将其移动到图11-11的位置。命令行中的提示与操作如下。

```
命令：_move（单击"修改"工具栏中的"移动"按钮）
选择对象：指定对角点：找到 1 个（选择矩形）
选择对象：
指定基点或[位移(D)]<位移>：_mid 于（单击"捕捉到中点"按钮，选择矩形左侧边的中点作为移动
的基点）
```

指定第二个点或<使用第一个点作为位移>：（将其移动到如图11-11所示的位置）

05 单击"修改"工具栏中的"复制"按钮 🗇，复制矩形。选择一个基点，在命令行中输入移动的坐标(@0,400)。重复"复制"命令，复制4个矩形，如图11-12所示。

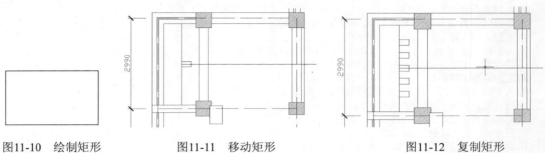

图11-10　绘制矩形　　　　　图11-11　移动矩形　　　　　图11-12　复制矩形

06 单击"修改"工具栏中的"分解"按钮 🗗，选择5个矩形，按Enter键或将矩形分解。单击"修改"工具栏中的"修剪"按钮 ⊹，将多余的线删除，如图11-13所示。

07 单击"绘图"工具栏中的"矩形"按钮 □，绘制一个边长为420×50的矩形，并复制3个，移动到如图11-14的位置，并删除多余的线段，绘图过程和上面的方法类似。

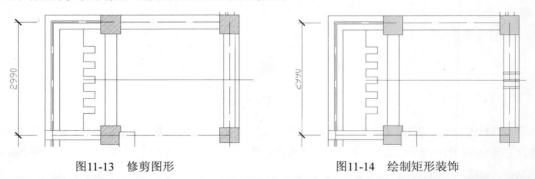

图11-13　修剪图形　　　　　　　　　图11-14　绘制矩形装饰

11.2.4　绘制厨房屋顶

01 单击"绘图"工具栏中的"直线"按钮 ⟋，将厨房顶棚分割为如图11-15所示的几个部分。

02 在命令行中输入MLINE命令，选择多线样式为ceiling，绘制多线，如图11-16所示。

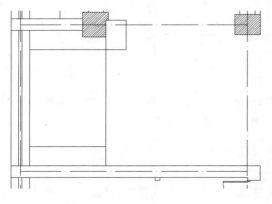

图11-15　分割屋顶

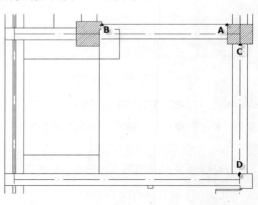

图11-16　绘制多线

03 单击"修改"工具栏中的"分解"按钮 ，将多线分解，删除多余直线。

04 单击"绘图"工具栏中的"直线"按钮 ，在厨房右侧的空间绘制两条垂直直线，如图11-17所示。

05 同餐厅的屋顶样式一样，单击"绘图"工具栏中的"矩形"按钮 ，绘制边长为500×200的矩形，并修改为如图11-18的样式。

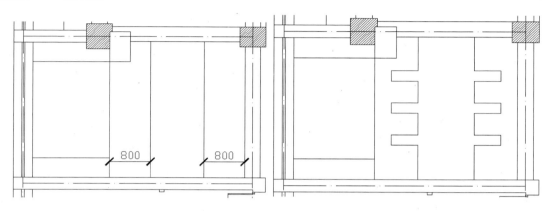

图11-17　绘制直线　　　　　　图11-18　绘制屋顶图形

06 单击"绘图"工具栏中的"矩形"按钮 ，绘制一个边长为60×60的矩形，单击"修改"工具栏中的"移动"按钮 ，将绘制的矩形移动到右侧柱子下方，如图11-19所示。

07 单击"修改"工具栏中的"矩形阵列"按钮 ，设置"行数"为4，"列数"为1，"行间距"为-120，在图中选择刚刚绘制的小矩形，阵列图形，如图11-20所示。

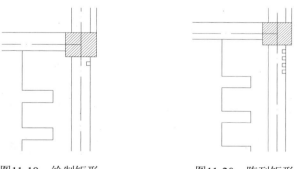

图11-19　绘制矩形　　　　　　图11-20　阵列矩形

11.2.5　绘制卫生间屋顶

01 选择菜单栏中的"格式"→"多线样式"命令，打开"多线样式"对话框，单击"新建"按钮，打开"创建新的多线样式"对话框，新建多线样式，并命名为t_ceiling，如图11-21所示。

图11-21　"创建新的多线样式"对话框

02 设置多线的偏移距离分别为25和-25，如图11-22所示。

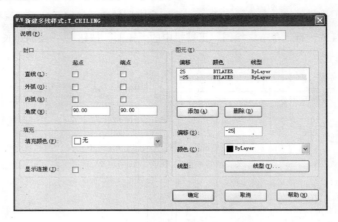

图11-22 设置多线样式

03 删除复制图形时的门窗，删除后如图11-23所示。

04 在命令行中输入MLINE命令，在图中绘制顶棚图案，如图11-24所示。

05 单击"绘图"工具栏中的"图案填充"按钮 🔳，打开"图案填充和渐变色"对话框，如图11-25所示。单击"图案"后的 🔳 按钮，打开"填充图案选项板"对话框，在"其他预定义"选项卡中找到NET填充图案，如图11-26所示。单击"确定"按钮，回到如图11-25所示的对话框。单击"添加：拾取点"按钮，在卫生间的两个空间内分别连续单击鼠标左键，选择后如图11-27所示。

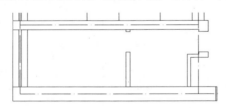

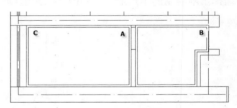

图11-23 删除门窗   图11-24 绘制顶棚图案

图11-25 "图案填充和渐变色"对话框   图11-26 选择填充图案

06 按Enter键确认，将填充比例设置为100，填充后如图11-28所示。

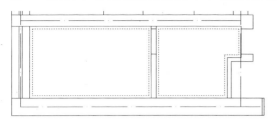 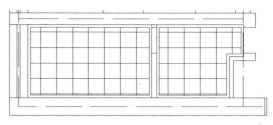

图11-27 选择填充区域   图11-28 填充顶棚图案

⊞ 11.2.6 绘制客厅阳台屋顶

01 单击"绘图"工具栏中的"直线"按钮 ✐，绘制直线，如图11-29所示。

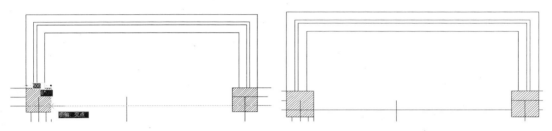

图11-29 绘制直线

02 选择阳台的多线，单击"修改"工具栏中的"分解"按钮 ⬚，将多线分解。单击"修改"工具栏中的"偏移"按钮 ⬚，在命令行中将偏移距离设置为300，将刚刚绘制的水平直线和阳台轮廓的内侧两条垂直线向内偏移，命令行中的提示与操作如下。

```
命令：_OFFSET
当前设置：删除源=否  图层=源  OFFSETGAPTYPE=0
指定偏移距离或[通过(T)/删除(E)/图层(L)]<通过>：300          （设置偏移距离为300）
选择要偏移的对象或 [退出(E)/放弃(U)]<退出>：                （单击水平直线）
指定要偏移的那一侧上的点或 [退出(E)/多个(M)/放弃(U)]<退出>： （在阳台内侧单击）
选择要偏移的对象或 [退出(E)/放弃(U)]<退出>：                （单击左侧直线）
指定要偏移的那一侧上的点或 [退出(E)/多个(M)/放弃(U)]<退出>： （在阳台内侧单击）
选择要偏移的对象或 [退出(E)/放弃(U)]<退出>：                （单击右侧直线）
指定要偏移的那一侧上的点或 [退出(E)/多个(M)/放弃(U)]<退出>： （在阳台内侧单击）
选择要偏移的对象或 [退出(E)/放弃(U)]<退出>：↙
```

偏移后如图11-30所示。

03 单击"修改"工具栏中的"修剪"按钮 ✂，将直线修改为如图11-31所示的形状。

 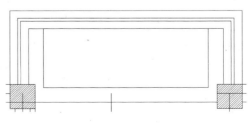

图11-30 偏移直线   图11-31 修改直线

04 在命令行中输入MLINE命令，保持多线样式为t_ceiling，在水平线的中点绘制多线，如图11-32所示。

05 单击"修改"工具栏中的"矩形阵列"按钮 ⊞⊞，将"行数"设置为1，"列数"设置为5，"列间距"设置为300，选择刚刚绘制的多线阵列，完成后如图11-33所示。

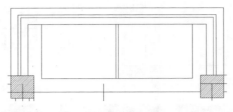

图11-32　绘制多线

06 单击"修改"工具栏中的"镜像"按钮 ⚎，将右侧的多线镜像到左侧，如图11-34所示。

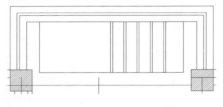

图11-33　阵列多线

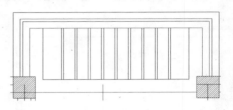

图11-34　镜像多线

07 用同样的方法，绘制其他室内空间的顶棚图案，绘制完成后，如图11-35所示。

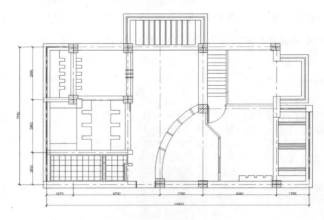

图11-35　屋顶绘制

⣿ 11.2.7　绘制吸顶灯

01 将"灯具"图层设置为当前图层，如图11-36所示。单击"绘图"工具栏中的"圆"按钮 ⊘，在图中绘制一个直径为300的圆，如图11-37所示。

02 单击"修改"工具栏中的"偏移"按钮 ⬸，将偏移距离设置为50，即将圆向内偏移50，如图11-38所示。单击"绘图"工具栏中的"直线"按钮 ✎，在空白处绘制一条长为500的水平直线，绘制一条长为500的垂直直线，将其中点对齐，单击"修改"工具栏中的"移动"按钮 ✛，移动至圆心位置，如图11-39所示。

图11-36　图层设置　　　图11-37　绘制圆　　图11-38　偏移圆形　　图11-39　绘制十字图形

03 选择此图形，单击"绘图"工具栏中的"创建块"按钮 ，如图11-40所示，打开"块定义"对话框。在"名称"文本框中输入"吸顶灯"，将插入点选择为圆心，其他设置保持默认，单击"确定"按钮，保存成功。

04 单击"绘图"工具栏中的"插入块"按钮 ，打开"插入"对话框，如图11-41所示，在"名称"下拉列表框中选择"吸顶灯"选项，将其插入到图中的固定位置，最终效果如图11-42所示。

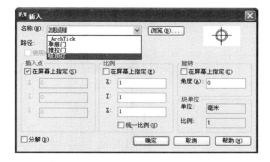

图11-40　创建块　　　　　　　　　　　图11-41　"插入"对话框

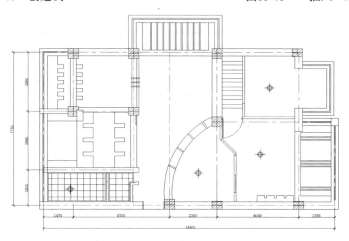

图11-42　插入吸顶灯图块

11.2.8　绘制吊灯

01 单击"绘图"工具栏中的"圆"按钮 ，绘制一个直径为400的圆，如图11-43所示。单击"绘图"工具栏中的"直线"按钮 ，绘制两条相交的直线，长度均为600，如图11-44所示。

02 单击"绘图"工具栏中的"圆"按钮 ，以直线和圆的交点作为圆心，绘制4个直径为100的小圆，如图11-45所示。

03 同样将此图形保存为图块，命名为"吊灯"，并插入到相应的位置。绘制"工艺吊灯"，如图11-46所示，绘制"射灯"，最后效果如图11-47所示。

图11-43 绘制圆

图11-44 绘制直线

图11-45 绘制小圆

图11-46 工艺吊灯

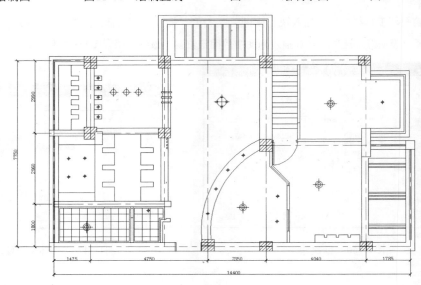
图11-47 插入吊灯及射灯

11.2.9 文字标注

文字样式与上一章编辑方法相同，此处不再赘述。插入文字后，如图11-48所示。

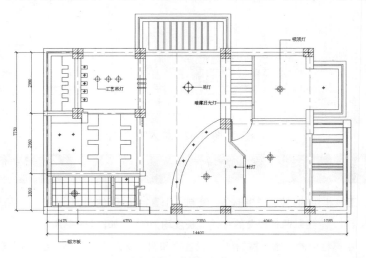
图11-48 插入文字

11.3 一室一厅顶棚图

光盘路径	视频文件：讲解视频\第 11 章\一室一厅顶棚图.avi

📖 本节思路

本节主要介绍一室一厅天花造型的设计方法、灯具布置方法等。天花受层高限制，吊顶一般是在门厅和餐厅处设计一些造型，其他房间吊顶多为乳胶漆，如图11-49所示。

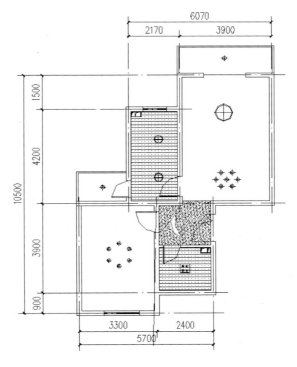

图11-49　一室一厅顶棚图

11.3.1　绘制门厅吊顶

01 未布置家具和洁具等设施的居室平面，如图11-50所示。

▦ 注意

由于这种住宅的层高在 2700mm 左右，相对比较矮，因此不建议做复杂的造型。但在门厅处可以设计局部的造型，卫生间、厨房等安装铝扣板天花吊顶。其他天花一般通过刷不同色彩的乳胶漆就可以得到很好的效果。一般取没有布置家具和洁具等设施的居室平面进行天花设计。

02 在门厅处设计一个石膏板天花造型。单击"绘图"工具栏中的"直线"按钮，绘制其边界轮廓线，如图11-51所示。

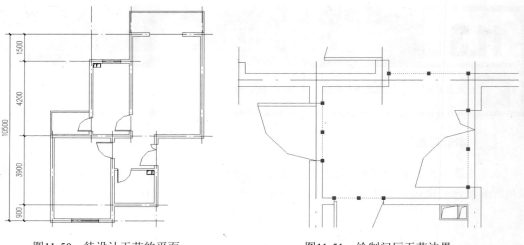

图11-50 待设计天花的平面   图11-51 绘制门厅天花边界

03 单击"绘图"工具栏中的"圆弧"按钮 ，在门厅绘制月亮造型，如图11-52所示。

04 单击"绘图"工具栏中的"直线"按钮 ，绘制星星造型，如图11-53所示。

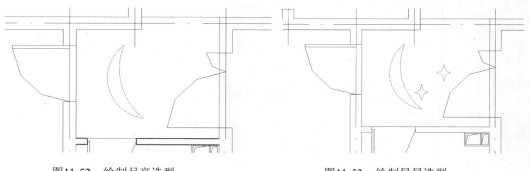

图11-52 绘制月亮造型   图11-53 绘制星星造型

05 单击"绘图"工具栏中的"图案填充"按钮 ，对门厅石膏板天花造型进行图案填充，如图11-54所示。

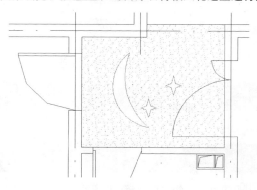

图11-54 填充天花图案

11.3.2 绘制卫生间和厨房吊顶

01 单击"绘图"工具栏中的"图案填充"按钮 ，对卫生间天花造型进行填充，如图11-55所示。

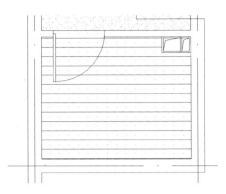

图11-55　填充卫生间天花

02 先绘制好厨房天花的边界范围，准备绘制天花造型，如图11-56所示。

03 单击"绘图"工具栏中的"图案填充"按钮 ⬚，绘制厨房天花造型，如图11-57所示。

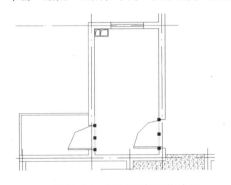

图11-56　绘制厨房天花边界

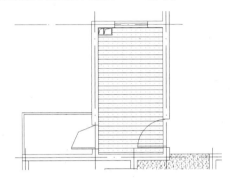

图11-57　绘制厨房天花

04 单击"绘图"工具栏中的"插入块"按钮 🔲，在卫生间安装浴霸，如图11-58所示。

05 单击"绘图"工具栏中的"插入块"按钮 🔲，在餐厅处布置造型灯一个，单击"修改"工具栏中的"复制"按钮 🔲，复制得到其他的造型，如图11-59所示。

> ::: **注意**
>
> 根据各个房间的不同情况，安装不同的灯具造型。

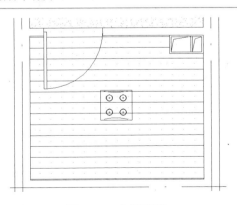

图11-58　布置浴霸

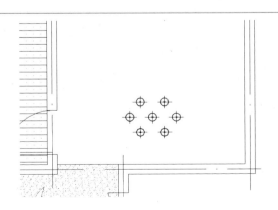

图11-59　布置餐厅造型灯

11.3.3　绘制客厅吊顶

01 单击"绘图"工具栏中的"插入块"按钮，在客厅布置吸顶灯一个。单击"绘图"工具栏中的"直线"按钮，绘制两条相互垂直的短线，如图11-60所示。

02 单击"绘图"工具栏中的"圆"按钮，在两条相互垂直的短线处绘制两个同心圆，其中一个半径为20，单击"修改"工具栏中的"偏移"按钮，生成另一个圆，形成吸顶灯造型，如图11-61所示。

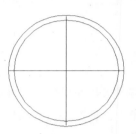

图11-60　绘制相互垂直的短线　　　　　　　　图11-61　形成吸顶灯造型

03 其他房间，如卧室、厨房等，按上述方法布置相应的照明灯造型，如图11-62所示。

04 完成吊顶施工图绘制。使用折线引出标注相应的说明文字，步骤在此从略，如图11-63所示。

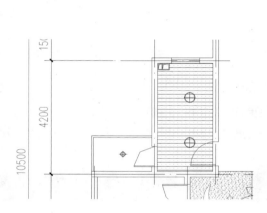
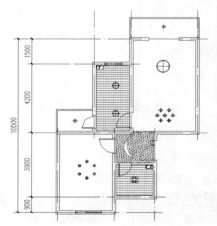

图11-62　布置其他房间照明灯　　　　　　　　图11-63　完成天花造型布置

11.4　三室两厅顶棚图

光盘路径	视频文件：讲解视频\第11章\三室两厅顶棚图.avi

📖 本节思路

本节主要介绍三室两厅中门厅、客厅和卧室等不同房间的吊顶照明灯具及天花造型等绘制方法，如图11-64所示。

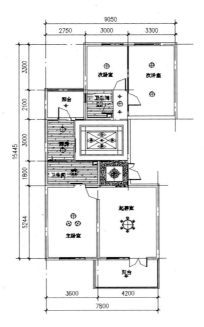

图11-64　三室两厅顶棚图

11.4.1　绘制门厅吊顶

01 天花设计所采用的空间平面，如图11-65所示。

说明

基于工程建设的经济成本等考虑，目前国内城市的住房普遍较低，层高2700~2900mm。若增加吊顶，则可能会使人感到压抑和沉闷。为避免这种压抑感，创造舒适的生活，普通住宅的顶面大部分空间不加修饰。

02 单击"绘图"工具栏中的"矩形"按钮 ⬜，在门厅吊顶范围内绘制一个矩形造型，如图11-66所示。

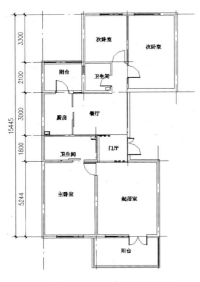

图11-65　天花设计平面

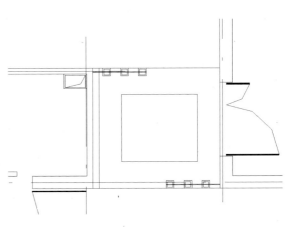

图11-66　绘制一个矩形

03 单击"绘图"工具栏中的"直线"按钮 ，在矩形内勾画一个门厅吊顶的造型，如图11−67所示。

⠿ 注意

可以创建其他形式的吊顶造型。

04 单击"修改"工具栏中的"镜像"按钮 ，通过镜像得到对称造型效果，如图11−68所示。

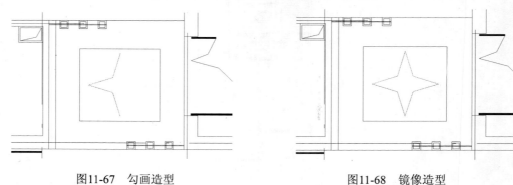

图11-67　勾画造型　　　　　　　　　　　　　图11-68　镜像造型

05 单击"绘图"工具栏中的"圆"按钮 ，在造型处绘制一个圆形，如图11−69所示。

06 单击"修改"工具栏中的"修剪"按钮 ，进行图线剪切，得到需要的造型效果，如图11−70所示。

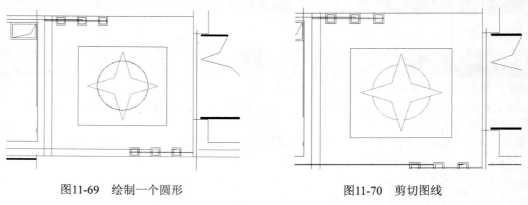

图11-69　绘制一个圆形　　　　　　　　　　　图11-70　剪切图线

07 单击"绘图"工具栏中的"图案填充"按钮 ，对该图形选择填充图案，得到更为形象的效果，如图11−71所示。

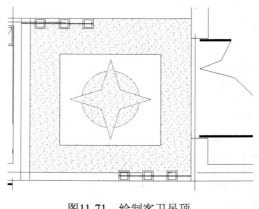

图11-71　绘制客卫吊顶

11.4.2　绘制餐厅吊顶

01 单击"绘图"工具栏中的"矩形"按钮▢，绘制两个矩形作为餐厅吊顶造型轮廓线，如图11-72所示。

⁙ 注意

无论是在餐厅或门厅，吊顶造型都以简洁为宜。

02 单击"绘图"工具栏中的"直线"按钮╱，在矩形内绘制水平和垂直方向的直线造型，如图11-73所示。

03 单击"绘图"工具栏中的"矩形"按钮▢，在内侧绘制一个小矩形，单击"绘图"工具栏中的"直线"按钮╱，连接对角线，如图11-74所示。

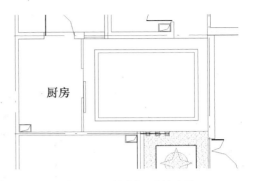

图 11-72　绘制矩形轮廓线

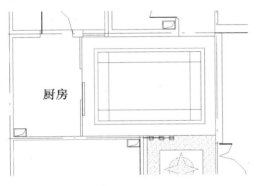

图11-73　绘制直线造型

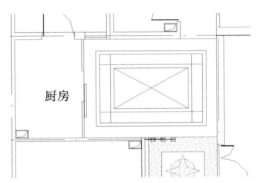

图11-74　连接对角线

04 单击"修改"工具栏中的"偏移"按钮，偏移图形线条，如图11-75所示。

05 单击"修改"工具栏中的"修剪"按钮，通过剪切得到餐厅天花造型，如图11-76所示。

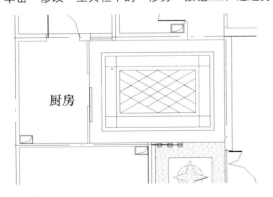

图11-75　偏移线条

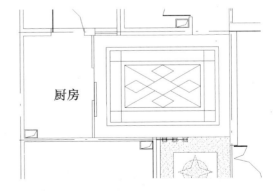

图11-76　通过剪切得到餐厅天花造型

11.4.3　绘制厨卫吊顶

01 创建厨卫天花，如图11-77所示。

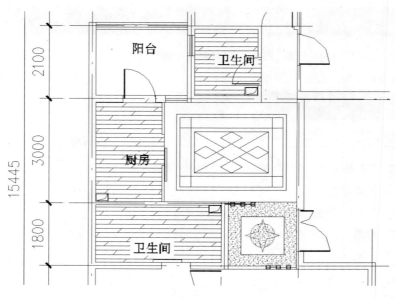

图11-77　创建厨卫天花

⠿⠿ 注意

选择合适的填充图案填充厨房或卫生间铝扣板天花造型。

02 单击"绘图"工具栏中的"插入块"按钮🔲，在卫生间配置浴霸造型，如图11-78所示。

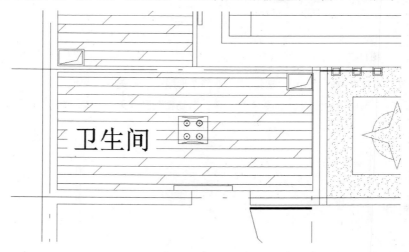

图11-78　配置浴霸

⠿⠿ 11.4.4　绘制灯

01 单击"绘图"工具栏中的"插入块"按钮🔲，布置厨房的造型灯，如图11-79所示。

02 单击"绘图"工具栏中的"插入块"按钮🔲，配置餐厅灯，如图11-80所示。

03 按上述方法布置其他房间的照明灯，如卧室、阳台等，如图11-81所示。

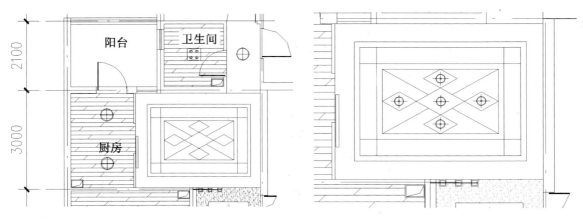

图11-79　布置厨房灯　　　　　　　　　　　图11-80　配置餐厅灯

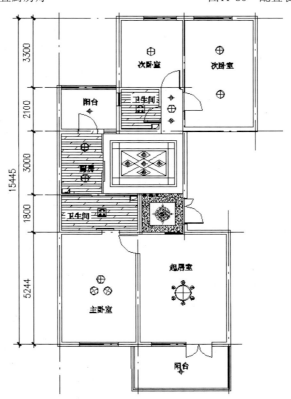

图11-81　布置其他位置的灯

11.5　上机实验

实验 1　绘制居室顶棚图

绘制如图 11-82 所示的居室顶棚图。

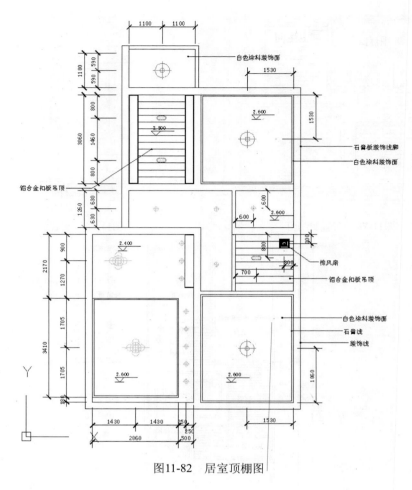

图11-82 居室顶棚图

操作提示：

(1) 利用"直线"命令，绘制轴线。

(2) 利用"多线"命令，绘制墙体。

(3) 利用"插入块"命令，对顶棚图进行布置。

(4) 利用"多行文字"命令，对顶棚图进行文字标注。

(5) 利用"标注"命令，对顶棚图进行尺寸标注。

实验 2 绘制办公楼大厅顶棚图

绘制如图11-83所示的办公楼大厅顶棚图。

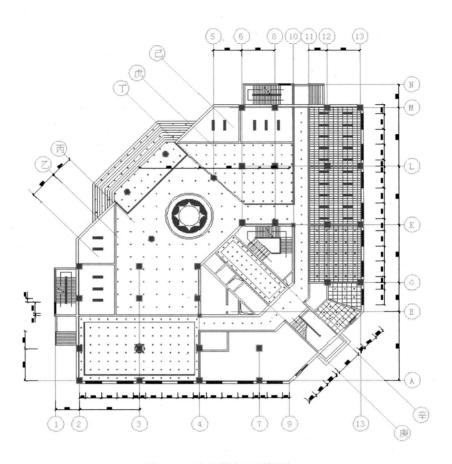

图11-83　办公楼大厅顶棚图

操作提示：

(1) 利用"直线"命令，绘制轴线。

(2) 利用"多线"命令，绘制平面图墙体。

(3) 利用"插入块"命令和"图案填充"命令及"阵列"命令，对平面图进行布置。

(4) 利用"多行文字"命令，对平面图进行文字标注。

(5) 利用"标注"命令，对平面图进行尺寸标注。

第12章

住宅楼地面装饰图绘制

本章介绍关于室内地面装饰的基本概念和基本理论。在掌握了基本概念的基础上，才能理解和领会室内设计布置图中的内容和安排方法，更好地学习室内设计的知识。

内容要点

♦ 一室一厅地面平面图
♦ 三室两厅地面图

12.1 一室一厅地面平面图

光盘路径	视频文件：讲解视频\第 12 章\一室一厅地面平面图.avi

📖 本节思路

一居室的地面和天花装修平面图中，地面和天花的绘制，主要是装饰材料的选用和局部造型设计。一般地面装修材料为地砖、实木地板和复合木地板等，通过填充不同图案即可表示其不同的材质。

下面介绍如图 12-1 所示的地面装修效果图的绘制方法与相关技巧。

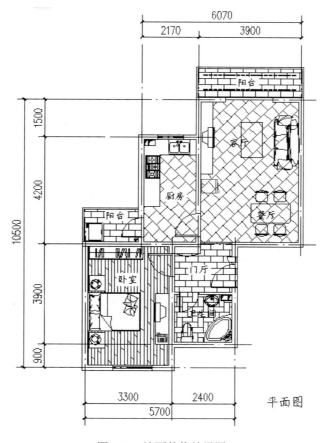

图12-1　地面装修效果图

12.1.1　布置门厅地面图

01 打开"源文件\第10章\一室一厅装饰平面图"，绘制门厅的范围，以便确定填充图案的边界位置，如图 12-2所示。

02 单击"绘图"工具栏中的"图案填充"按钮，对门厅范围填充地砖图案，如图12-3所示。

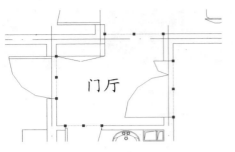

图12-2 绘制门厅边界

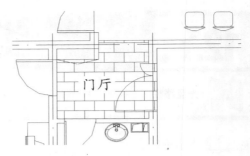

图12-3 填充门厅图案

03 在门洞等开口处绘制界定客厅范围线，如图12-4所示。

04 单击"绘图"工具栏中的"图案填充"按钮 ，对客厅范围填充地砖图案，如图12-5所示。

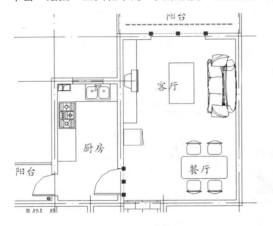

图12-4 绘制客厅范围线

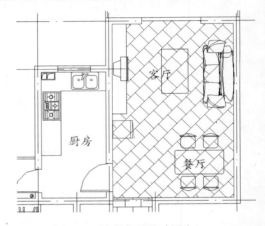

图12-5 填充客厅地砖图案

∷∷· 注意

填充图案样式根据效果进行选择，地砖地面一般为矩形或方形。

∷∷· 12.1.2 布置其他地面图

01 单击"绘图"工具栏中的"图案填充"按钮 ，对厨房、卫生间及阳台进行图案填充，如图12-6所示。

02 单击"绘图"工具栏中的"图案填充"按钮 ，对卧室填充木地板图案造型，如图12-7所示。

图12-6 填充厨房等图案

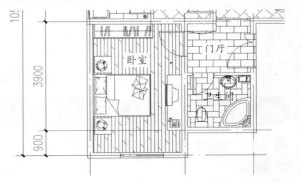

图12-7 填充木地板造型

03 完成地面装修材料的绘制。可以引出标注各种文字，对装修采用的材料进行说明，具体步骤在此从略，结果如图12-8所示。

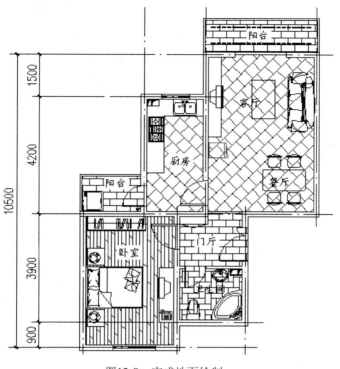

图12-8　完成地面绘制

>>::::: **注意**

文字标注时采用 TEXT 或 MTEXT 功能命令。

12.2 三室两厅地面图

 光盘路径 │ 视频文件：讲解视频\第 12 章\三室两厅地面图.avi

📖 **本节思路**

三居室的地面和天花装修平面图中，地面装修材料为地砖、实木地板和复合木地板等，其中门厅、餐厅和客厅、厨房、卫生间等采用地砖地面，而主次卧室则采用地板地面，通过选择不同图案填充来表示其不同的材质。

除了合适的家具与墙面修饰外，居室地面选材也不容忽视。既然是为生活而设计，安全与舒适两个条件便同等重要。地砖、软木地板、橡胶和合成橡胶地板或硬质纤维板等相关地面材料都是不错的选择。它们均符合安全原则，而且易于清理，确保睡房的清洁卫生。若在地板上铺设地毯，可为房间多增添点温馨感，如图 12-9 所示。

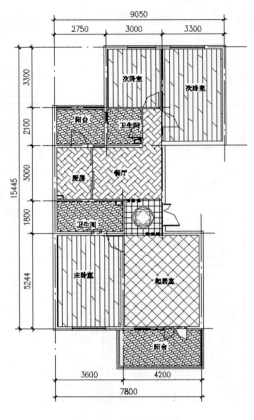

图12-9　地面装修图

12.2.1　布置门厅地面图

01 本案例的门厅地面范围，如图12-10所示。

02 单击"绘图"工具栏中的"直线"按钮，在门厅地面中部位置绘制一条直线，如图12-11所示。

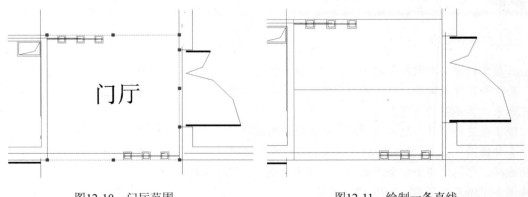

图12-10　门厅范围　　　　　　　　　　图12-11　绘制一条直线

03 单击"绘图"工具栏中的"圆"按钮 ⊘，以直线中心为圆心绘制两个同心圆，如图12-12所示。

04 单击"绘图"工具栏中的"多边形"按钮 ⬠，以直线为中心绘制一个正方形，如图12-13所示。

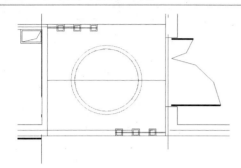 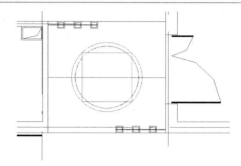

图12-12 绘制同心圆　　　　　　　　图12-13 绘制正方形

05 单击"绘图"工具栏中的"直线"按钮 ／，连接正方形与圆形的不同交点，如图12-14所示。

06 单击"绘图"工具栏中的"多边形"按钮 ⬠，在内侧绘制一个菱形，如图12-15所示。

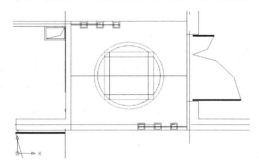

图12-14 连接交点　　　　　　　　图12-15 绘制菱形

07 单击"修改"工具栏中的"修剪"按钮 ⁒，进行图形剪切，将相关图线剪切，如图12-16所示。

08 单击"绘图"工具栏中的"直线"按钮 ／和"修改"工具栏中的"矩形阵列"按钮 ▦，绘制方格网地面，如图12-17所示。

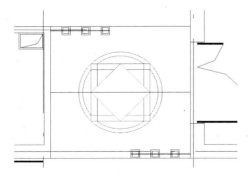 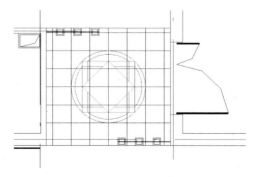

图12-16 进行图线剪切　　　　　　　　图12-17 绘制方格网

09 单击"修改"工具栏中的"修剪"按钮，对图线进行修剪，最后得到门厅地面的拼花图案造型效果，如图12-18所示。

10 单击"绘图"工具栏中的"图案填充"按钮，选定客厅范围进行图案填充，得到其地面装修效果，如图12-19所示。

注意

对不同的房间地面，选择相应的图案进行填充。

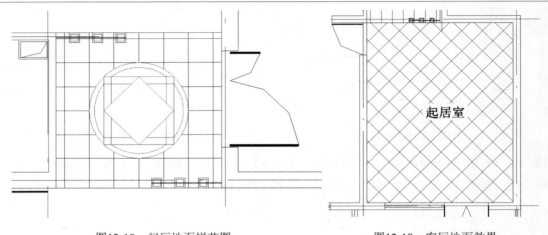

图12-18　门厅地面拼花图　　　　图12-19　客厅地面效果

12.2.2　布置其他地面图

01 单击"绘图"工具栏中的"图案填充"按钮，选择适合厨房和餐厅的地面图案填充，得到其地面铺装效果，如图12-20所示。

02 对卫生间和阳台的地面，采用不同的装修材料。单击"绘图"工具栏中的"图案填充"按钮，选择合适的图案填充后，得到其效果造型，如图12-21所示。

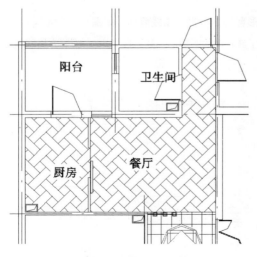

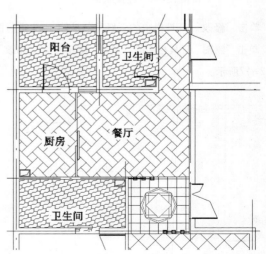

图12-20　餐厅和厨房地面效果　　　　图12-21　卫生间等地面效果

03 主卧室和两个次卧室的地面一般采用木地板装修，单击"绘图"工具栏中的"图案填充"按钮　，选择合适的图案进行填充，两个次卧室地面效果如图12-22所示。

04 本案例的三居室地面装修材料绘制完成，如图12-23所示。

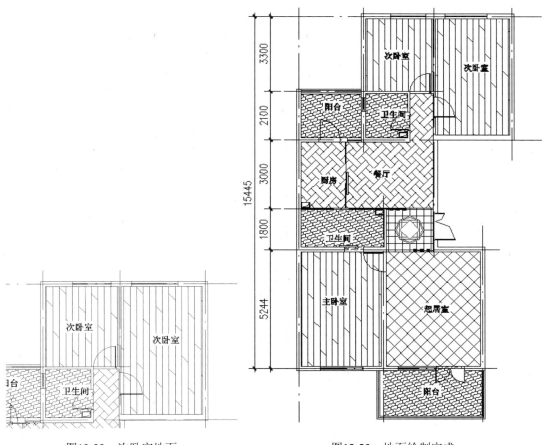

图12-22　次卧室地面　　　　　　　图12-23　地面绘制完成

12.3 上机实验

⋮⋮⋮⋮ 实验　绘制居室地坪图

绘制如图12-24所示的居室地坪图。

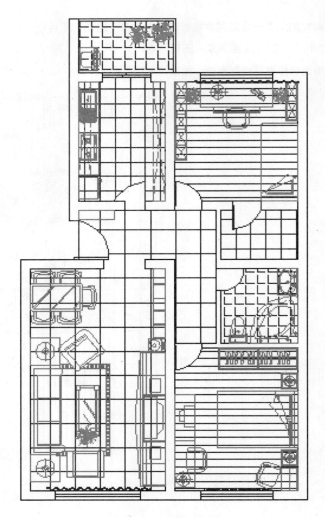

图12-24　居室地坪图

 操作提示：

(1) 利用"直线"命令，绘制轴线。

(2) 利用"多线"命令，绘制地坪图墙体。

(3) 利用"插入块"命令，对地坪图进行布置。

(4) 利用"图案填充"命令，对地坪图进行填充。

住宅立面图绘制

本章将逐步绘制住宅中的各立面图,包括客厅立面图、厨房立面图,以及书房立面图。本章还将讲解部分陈设的立面图绘制方法。通过本章的学习,读者将掌握装饰图中立面图的基本画法,并初步学会住宅建筑立面的布置方法。

内容要点

♦ 客厅立面图
♦ 厨房立面图
♦ 书房立面图

13.1 客厅立面图

📖 **本节思路**

首先根据绘制的客厅平面图绘制立面图轴线，并绘制窗帘及墙上饰物，最后对所绘制的客厅立面图进行尺寸标注和文字说明。

13.1.1 客厅立面一

视频文件：讲解视频\第 13 章\客厅立面一.avi

01 选择菜单栏中的"文件"→"新建"命令，建立新文件，命名为"立面图"，并放置到适当的位置。打开"图层特性管理器"对话框，建立图层，如图13-1所示。

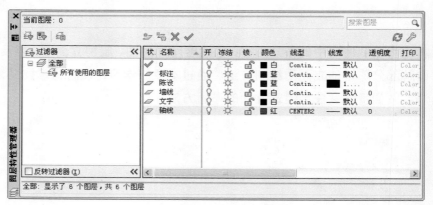

图13-1 设置图层

02 将0图层设置为当前图层，即默认层。单击"绘图"工具栏中的"矩形"按钮 ▭，绘制边长为4930×2700的矩形，作为正立面的绘图区域，如图13-2所示。

03 将"轴线"图层设置为当前图层。单击"绘图"工具栏中的"直线"按钮 ✎，在矩形的左下角点单击，在命令行中依次输入(@1105,0)、(@0,2700)，如图13-3所示。此时轴线的线型虽设置为"点画线"，但是由于线型比例设置的问题，在图中仍然显示为实线。右击刚刚绘制的直线，选择"特性"命令，将"线型比例"修改为10，修改后轴线如图13-4所示。

图13-2 绘制矩形

图13-3 绘制轴线

04 单击"修改"工具栏中的"复制"按钮🔾，选择绘制的轴线，以下端点为基点复制直线，复制的距离依次为445、500、650、650、400、280、800、100。复制结果如图13-5所示。

图13-4　修改轴线线型比例　　　　　　　　　　　图13-5　复制轴线

05 用同样的方法绘制水平轴线，水平轴线之间的间距依次为（由下至上）300、1100、300、750、250。绘制结果如图13-6所示。

06 将"墙线"图层设置为当前图层，在第一条和第二条垂直轴线上绘制柱线，再绘制顶棚装饰线，如图13-7所示。

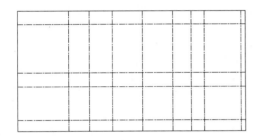

图13-6　绘制水平轴线　　　　　　　　　　　图13-7　绘制柱线

07 单击"绘图"工具栏中的"直线"按钮✎，在地面绘制一条距离底边100的地脚线，如图13-8所示。

08 单击"绘图"工具栏中的"直线"按钮✎，在柱左侧距离上边150处绘制直线，如图13-9所示。

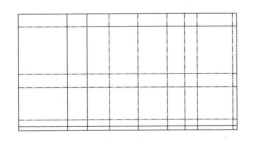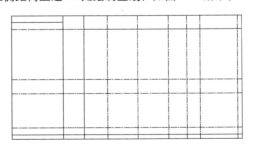

图13-8　绘制地脚线　　　　　　　　　　　图13-9　绘制屋顶线

09 将"陈设"图层设置为当前图层，绘制装饰图块。柱左侧为落地窗，需绘制窗框和窗帘。绘制辅助线，打开"对象捕捉"工具栏，单击"捕捉到中点"按钮，单击"绘图"工具栏中的"直线"按钮✎，绘制一条通过左侧屋顶线中点的直线，如图13-10所示。单击"绘图"工具栏中的"矩形"按钮▭，在其上部绘制一个长为50，高为200的矩形，如图13-11所示。

10 在窗户下的地脚线上50距离的位置绘制一条水平直线，作为窗户的下边缘轮廓线，如图13-12所示。单击

"修改"工具栏中的"修剪"按钮 ⊸ ，将多余直线修剪，如图13-13所示。

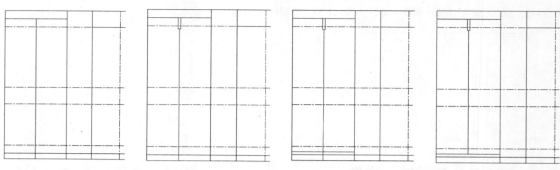

图13-10 绘制辅助线   图13-11 绘制窗帘夹   图13-12 绘制窗户下边缘   图13-13 修剪图形

11 单击"修改"工具栏中的"偏移"按钮 ⊆ ，将垂直线和窗户下边缘线分别偏移50的距离，如图13-14所示。命令行中的提示与操作如下。

```
命令：_offset
当前设置：删除源=否   图层=源   OFFSETGAPTYPE=0
指定偏移距离或 [通过(T)/删除(E)/图层(L)]<通过>：50              （设置偏移距离为50）
选择要偏移的对象或 [退出(E)/放弃(U)]<退出>：                    （选择竖直中线）
指定要偏移的那一侧上的点或 [退出(E)/多个(M)/放弃(U)]<退出>：（在中线左侧单击）
选择要偏移的对象或 [退出(E)/放弃(U)]<退出>：                    （选择竖直中线）
指定要偏移的那一侧上的点或 [退出(E)/多个(M)/放弃(U)]<退出>：（在中线右侧单击）
选择要偏移的对象或 [退出(E)/放弃(U)]<退出>：                    （选择窗户下边缘）
指定要偏移的那一侧上的点或 [退出(E)/多个(M)/放弃(U)]<退出>：（在上侧单击）
选择要偏移的对象或 [退出(E)/放弃(U)]<退出>：✓
```

12 单击"修改"工具栏中的"偏移"按钮 ⊆ ，将中线两侧的线段分别向两侧偏移10，地面线向上偏移10。单击"修改"工具栏中的"修剪"按钮 ⊸ ，将多余线段删除，最终效果如图13-15所示。

13 单击"绘图"工具栏中的"圆弧"按钮 ⌒ ，绘制窗帘的轮廓线。绘制时要细心，有些线型特殊的曲线可以单击"绘图"工具栏中的"样条曲线"按钮 ∿ 。绘制完成后，单击"修改"工具栏中的"镜像"按钮 ⚏ ，将左侧窗帘复制到右侧，如图13-16所示。

14 单击"绘图"工具栏中的"直线"按钮 ╱ ，在窗户的中间绘制倾斜直线，代表玻璃，如图13-17所示。

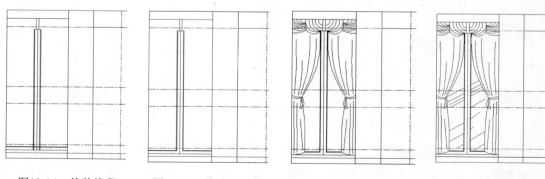

图13-14 偏移线段   图13-15 偏移并修剪   图13-16 绘制窗帘   图13-17 绘制玻璃

15 柱右侧为电视柜位置。单击"绘图"工具栏中的"矩形"按钮 ▭ ，绘制边长为200×100的顶棚上的6个装饰小矩形，如图13-18所示。

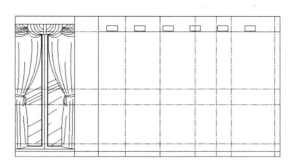

图13-18　绘制矩形

16 单击"绘图"工具栏中的"图案填充"按钮 ，填充矩形。在"图案填充和渐变色"对话框的"图案填充"选项卡中，单击"图案"后的 按钮，打开"填充图案选项板"对话框，在其中的"其他预定义"选项卡中选择AR-SAND图案进行填充，如图13-19所示。

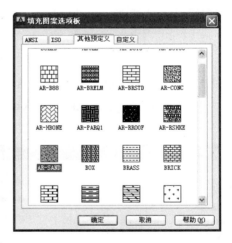

图13-19　填充图形

17 填充后的效果如图13-20所示。

18 单击水平轴线和垂直轴线，绘制电视柜的外轮廓线，如图13-21所示。

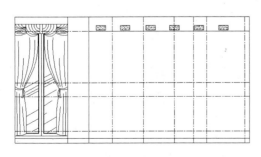
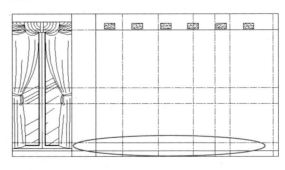

图13-20　填充装饰图块　　　　　　　　图13-21　绘制电视柜轮廓

19 参考窗口的直线绘制方法，单击"绘图"工具栏中的"直线"按钮 ✏ 和"修改"工具栏中的"偏移"按钮 ⬚，将电视柜的隔板绘制出来，如图13-22所示。

20 电视柜左侧为实木条纹装饰板，单击"绘图"工具栏中的"直线"按钮 ✏，依照轴线的位置绘制一条垂直直线，单击"绘图"工具栏中的"矩形"按钮 ▭，在中部绘制一个边长为200×80的矩形，如图13-23所示。

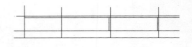

图13-22　电视柜隔板

21 单击"修改"工具栏中的"分解"按钮 ⬚，将矩形分解。单击"修改"工具栏中的"修剪"按钮 ⚡，将矩形右侧直线删除，如图13-24所示。

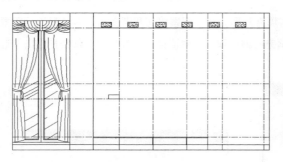

图13-23　绘制矩形装饰　　　　　　　　　　　　　图13-24　删除直线

22 单击"绘图"工具栏中的"图案填充"按钮 ▩，设置填充图案为LINE，填充比例为10。选择填充区域时，可以单击"添加：拾取点"按钮，在要填充区域内部单击，如图13-25所示。填充装饰木板后，效果如图13-26所示。

图13-25　填充设置

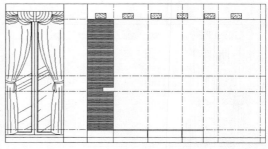

图13-26　填充装饰木板

23 在客厅正面墙面中部设置凹陷部分，起装饰作用。绘制时，单击"绘图"工具栏中的"矩形"按钮，单击轴线的交点，绘制矩形，如图13-27所示。

24 在台阶上绘制摆放的装饰物和灯具，如图13-28所示。

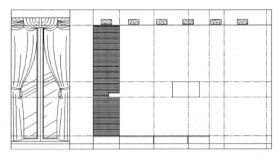

图13-27　绘制矩形

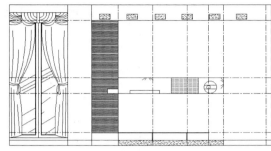

图13-28　绘制墙壁装饰和灯具

25 下面绘制电视模块。

　　单击"绘图"工具栏中的"直线"按钮，在电视柜上方绘制辅助线，如图13-29所示。

　　单击"绘图"工具栏中的"矩形"按钮，在空白处绘制边长为 600×360 的矩形，如图 13-30 所示。

　　单击"修改"工具栏中的"分解"按钮，将矩形分解。单击"修改"工具栏中的"偏移"按钮，将左侧竖直边内偏移100。右侧也进行同样的偏移，结果如图13-31所示。

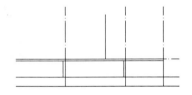

图13-29　绘制辅助线

图13-30　绘制矩形

图13-31　偏移边

　　单击"修改"工具栏中的"偏移"按钮，将水平的两个边及偏移后的内侧两个竖线分别向矩形内侧偏移30，如图13-32所示。删除多余部分线段，结果如图13-33所示。重复执行"偏移"命令，将内侧的矩形向内再次偏移，偏移距离为20，如图13-34所示。

图13-32　偏移水平边

图13-33　修剪图形

图13-34　偏移内侧矩形

　　在内侧矩形中绘制斜向直线。单击"绘图"工具栏中的"直线"按钮，绘制一条斜线，单击"修改"工具栏中的"复制"按钮，将绘制的斜线进行复制，如图13-35所示。

　　单击"绘图"工具栏中的"图案填充"按钮，打开"图案填充和渐变色"对话框，在"图案填充"

选项卡中设置填充图案为 AR-SAND，如图 13-36 所示。单击其中的"添加：拾取点"按钮，在斜线中空白部位间隔选取，按 Enter 键确认，将图案的填充比例设置为 0.5，填充后删除斜向直线，结果如图 13-37 所示。

图13-35 绘制斜向直线　　　　图13-36 填充图案　　　　图13-37 填充结果

在电视下部绘制台座，用矩形和直线共同完成，具体细节不再详述。绘制完成后，插入到立面图中，删除辅助线，如图13-38所示。

26 将"文字"图层设置为当前图层，选择菜单栏中的"格式"→"文字样式"命令，打开"文字样式"对话框，单击"新建"按钮，将新建文字样式命名为"文字标注"，如图13-39所示。

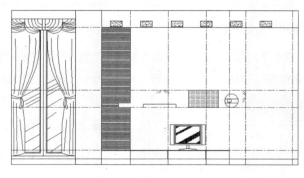

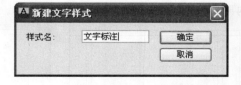

图13-38 插入电视　　　　　　图13-39 新建文字样式

27 取消选择"使用大字体"复选框，在"字体名"下拉列表框中选择"宋体"选项，设置文字高度为100，如图13-40所示。

图13-40　设置文字样式

28 将文字标注插入到图中，如图13—41所示。

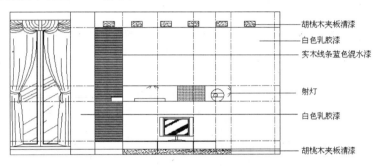

图13-41　添加文字标注

29 选择菜单栏中的"格式"→"标注样式"命令，打开"标注样式管理器"对话框，单击"新建"按钮，在打开的对话框中将样式命名为"立面标注"，如图13—42所示。

30 单击"继续"按钮，编辑标注样式，具体设置如图13—43～图13—45所示。

图13-42　新建标注样式

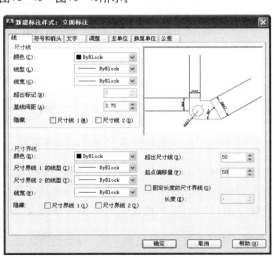

图13-43　设置尺寸线

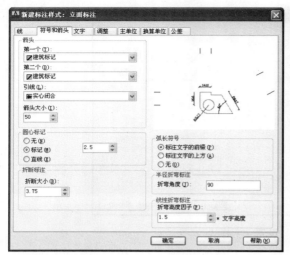

图13-44　设置箭头

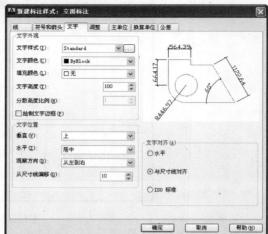

图13-45　设置文字

31 标注的基本参数设置如下："超出尺寸线"为50，"起点偏移量"为50，箭头样式为"建筑标记"，"箭头大小"为50，文字大小为100。

32 完成标注后，关闭轴线图层，如图13-46所示。

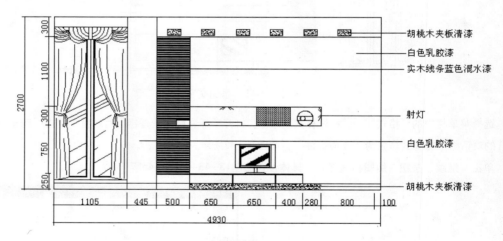

图13-46　添加尺寸标注

13.1.2　客厅立面二

视频文件：讲解视频\第13章\客厅立面二.avi

客厅的背立面为客厅与餐厅的隔断，绘制时多为直线的搭配。本设计采用栏杆和吊灯进行分隔，达到了美观、简洁的效果，并考虑了采光和通风的要求，从客厅既可以看到客厅的阳台，同时还能得到餐厅窗户的阳光和通风。具体操作步骤如下。

01 复制"客厅立面一"的轮廓矩形，作为绘图区域。将"轴线"图层设置为当前图层，然后按照图13-47所示绘制轴线。

02 单击"修改"工具栏中的"移动"按钮✛，选择矩形，将矩形右侧的边移动至与轴线重合，如图13-48所示。

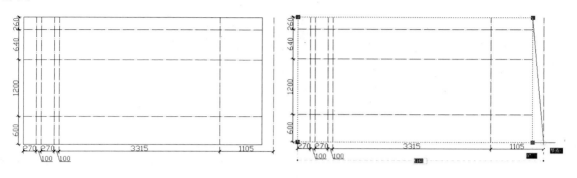

图13-47　绘制轴线　　　　　　　　　　　　　图13-48　修改矩形

03 单击"修改"工具栏中的"延伸"按钮⟶，将轴线延伸到矩形的侧边。命令行中的提示与操作如下。

```
命令：_extend
当前设置：投影=UCS，边=无
选择边界的边...
选择对象或<全部选择>：找到 1 个（选择矩形右侧边为延伸边界）
选择对象：↙
选择要延伸的对象或按住<Shift>键选择要修剪的对象或 ［栏选(F)/窗交(C)/投影(P)/边(E)/
放弃(U)］：（选择轴线进行延伸）
……
选择要延伸的对象或按住<Shift>键选择要修剪的对象或 ［栏选(F)/窗交(C)/投影(P)/边(E)/
放弃(U)］：↙
```

延伸后的效果如图13-49所示。

04 将"墙线"图层设置为当前图层。单击"绘图"工具栏中的"矩形"按钮▭，以左上角为起点，绘制边长为3700×260的矩形，单击"绘图"工具栏中的"直线"按钮╱，在其中间绘制距离上边缘150的直线，如图13-50所示。

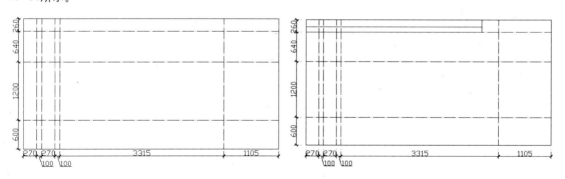

图13-49　延伸轴线　　　　　　　　　　　　　图13-50　绘制矩形

05 单击"绘图"工具栏中的"矩形"按钮▭，在右侧绘制边长为1200×150的矩形，如图13-51所示。

06 选择"客厅立面图一"中的窗户，单击"修改"工具栏中的"复制"按钮🗗，将其复制到立面图二中，结果如图13-52所示。

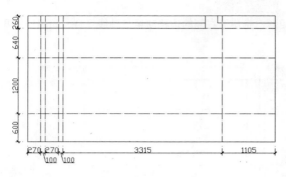

图13-51　绘制窗户顶面

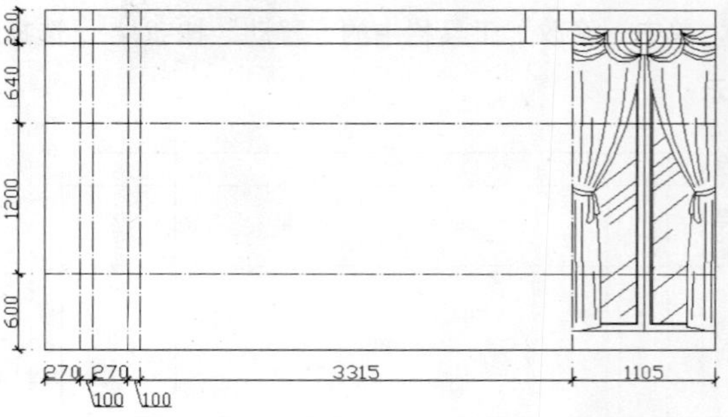

图13-52　复制窗户图形

07 单击"绘图"工具栏中的"直线"按钮 ，在左侧绘制隔断边界和柱子轮廓，结果如图13-53所示，柱子宽度为445。

08 单击"绘图"工具栏中的"矩形"按钮 ，在间隔线旁边绘制高度为100，宽度为3400的矩形，作为地脚线，如图13-54所示。

09 单击"修改"工具栏中的"偏移"按钮 ，在左侧的隔断线条中将其向两侧偏移50，如图13-55所示。

10 将"陈设"图层设置为当前图层，在隔断线的中间单击轴线，绘制玻璃边界，并绘制斜线作为填充的辅助线，如图13-56所示。

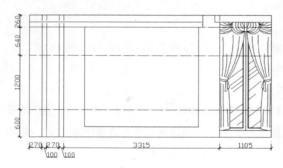

图13-53　绘制柱子等

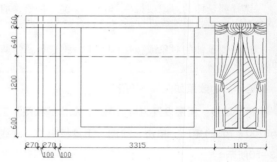

图13-54　绘制地脚线

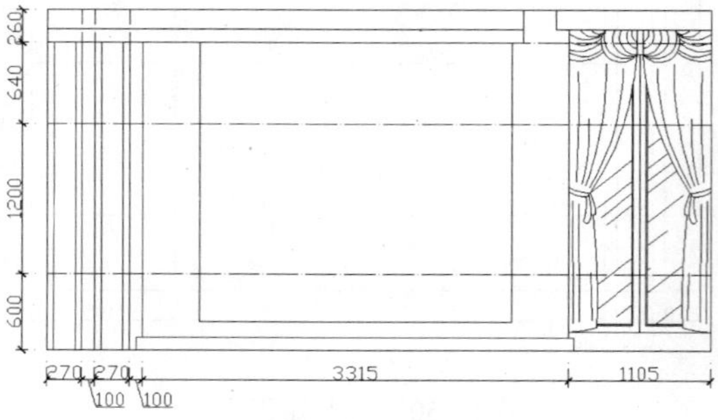

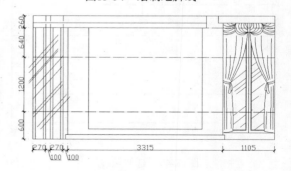

图13-55　偏移隔断线

图13-56　绘制玻璃

11 单击"绘图"工具栏中的"图案填充"按钮 ，打开"图案填充和渐变色"对话框，将填充图案设置为AR-SAND，填充比例设置为0.5，以填充斜线间的空间。删除辅助线，如图13-57所示。

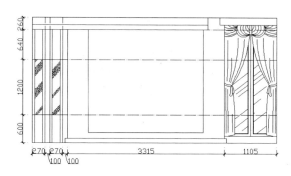

图13-57　填充玻璃图案

12 单击"绘图"工具栏中的"矩形"按钮 ⬜，在左侧柱子上绘制边长为460×30的矩形，如图13-58所示。

13 单击"修改"工具栏中的"修剪"按钮 ✂，将矩形内部的柱子轮廓线删除，如图13-59所示。

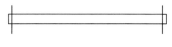

图13-58　绘制矩形　　　　　　　　　　　　　图13-59　删除多余直线

14 单击"修改"工具栏中的"矩形阵列"按钮 ▦，选择刚刚绘制的矩形进行矩形阵列。将"行数"设置为10，"列数"设置为1，"行间距"设置为−60，阵列效果如图13-60所示。

15 同样，顶棚上也绘制类似的装饰，如图13-61所示。

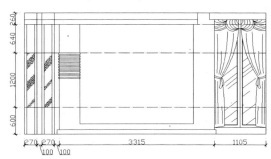 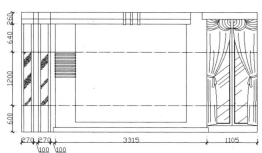

图13-60　绘制柱装饰　　　　　　　　　　　　图13-61　绘制顶棚装饰

16 单击"绘图"工具栏中的"直线"按钮 ✎ 和"矩形"按钮 ⬜，绘制栏杆和扶手。在柱子中间绘制两条相距50的直线，如图13-62所示。

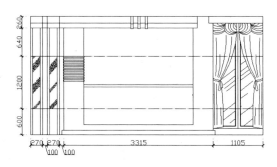

图13-62　绘制栏杆和扶手

17 单击"绘图"工具栏中的"矩形"按钮□，在空白位置绘制一个边长为60×600和两个50×200的矩形，并按图13-63所示位置摆放。

18 单击"修改"工具栏中的"偏移"按钮，将小矩形向内侧偏移10，大矩形向外侧偏移10，如图13-64所示。修剪多余直线，如图13-65所示。

图13-63　绘制矩形　　　　　图13-64　偏移矩形　　　　　图13-65　修剪直线

19 将栏杆复制到扶手以下，调整高度，使其与地面重合，如图13-66所示。

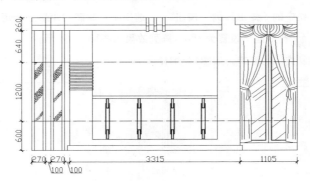

图13-66　复制栏杆

20 选择菜单栏中的"格式"→"多线样式"命令，打开"多线样式"对话框，新建多线样式，命名为LANGAN，偏移距离分别设置为5和−5，如图13-67所示。

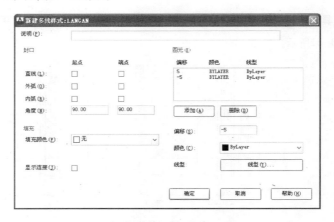

图13-67　设置多线样式

21 选择菜单栏中的"绘图"→"多线"命令，绘制水平的栏杆，如图13-68所示。

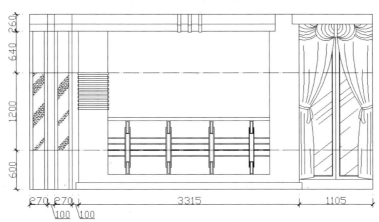

图13-68　绘制水平栏杆

22 单击"绘图"工具栏中的"多行文字"按钮 **A**、"标注"工具栏中的"线性"按钮和执行QLEADER 命令，添加文字标注和尺寸标注，如图13-69所示。立面图二绘制完成。

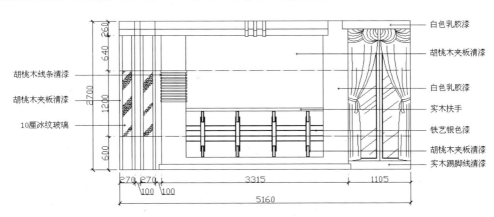

图13-69　添加文字标注和尺寸标注

13.2. 厨房立面图

 光盘路径　视频文件：讲解视频\第13章\厨房立面图.avi

📖 本节思路

首先绘制厨房立面图的轴线，然后绘制各家具和厨具的立面图，最后对所绘制的厨房立面图进行尺寸标注和文字说明。

01 将0图层设置为当前图层，单击"绘图"工具栏中的"矩形"按钮，绘制边长为4320×2700的矩形，作为绘图边界，如图13-70所示。

02 将"轴线"图层设置为当前图层，单击"修改"工具栏中的"偏移"按钮，以如图13-71所示的距离绘制轴线。

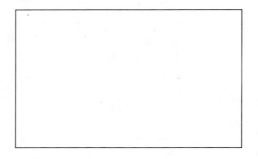

图13-70　绘制绘图边界

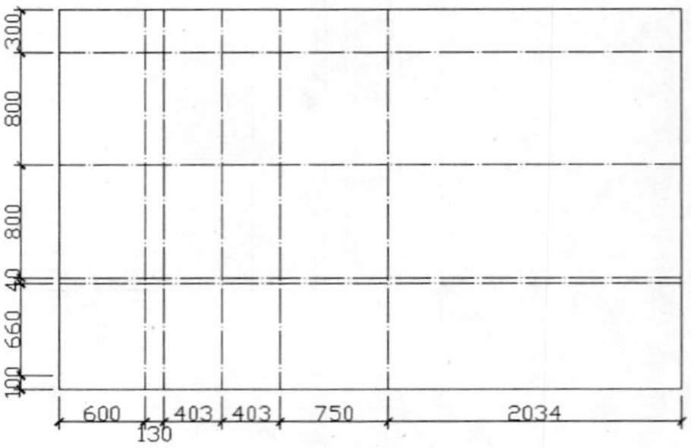

图13-71　绘制轴线

03 单击"修改"工具栏中的"复制"按钮，复制客厅立面图中的柱子图形，放置到此图右侧，如图13-72所示。

04 在顶棚和地面绘制装饰线和踢脚线，如图13-73所示。

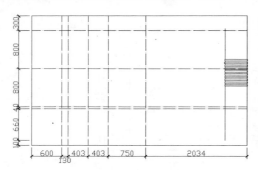

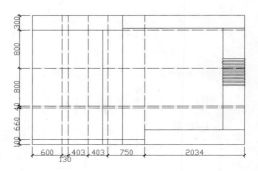

图13-72　复制柱子

图13-73　绘制装饰线和踢脚线

05 将"陈设"图层设置为当前图层，单击"绘图"工具栏中的"矩形"按钮，通过轴线的交点，绘制灶台的边缘线，并删除多余的柱线，如图13-74所示。

06 单击"绘图"工具栏中的"矩形"按钮，在轴线的边界绘制灶台下面的柜门，以及分割空间的挡板，如图13-75所示。

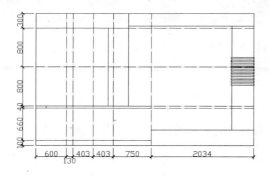

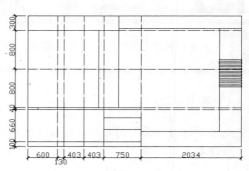

图13-74　绘制灶台的边缘线

图13-75　绘制柜门

07 单击"修改"工具栏中的"偏移"按钮 ⊄，选择柜门，向内偏移10，如图13-76所示。单击"线型"下拉列表框，从中选择点画线线型，如果没有，可以选择其他线型进行加载。

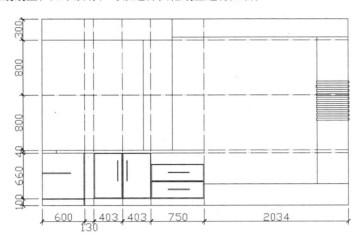

图13-76　偏移柜门

08 选择柜门的中间靠上角点，如图13-77中A点，单击"捕捉到中点"按钮 ⬦，选择柜门侧边的中点，绘制柜门的装饰线，如图13-77所示。选取刚刚绘制的装饰线并右击，在弹出的快捷菜单中选择"特性"命令，打开"特性"选项板，在"线型比例"中将线型比例设置为80，如图13-78所示。

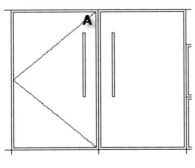

图13-77　绘制装饰线

图13-78　修改线型

09 单击"修改"工具栏中的"镜像"按钮 ⚏，选择刚刚绘制的装饰线，以柜门的中轴线为基准线，将其镜像到另外一侧，最终效果如图13-79所示。

10 用同样的方法绘制灶台上的壁柜，绘制完成后，效果如图13-80所示。

11 以上壁柜的交点为起始点，单击"绘图"工具栏中的"矩形"按钮 ▢，绘制一个边长为700×500的矩形，作为抽油烟机的外轮廓，如图13-81所示。

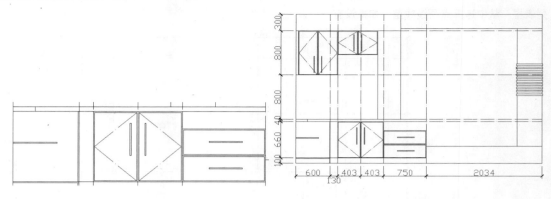

图13-79　镜像装饰线　　　　　　　　　图13-80　绘制壁柜

12 选取刚刚绘制的矩形，单击"修改"工具栏中的"分解"按钮，按Enter键确认，将矩形分解。单击"修改"工具栏中的"偏移"按钮，命令行中的提示与操作如下。

```
命令：_offset
当前设置：删除源=否　图层=源　OFFSETGAPTYPE=0
指定偏移距离或 [通过(T)/删除(E)/图层(L)]<通过>：100　　　　　　（设置偏移距离100）
选择要偏移的对象或 [退出(E)/放弃(U)]<退出>：　　　　　　　　　（选择矩形的下边）
指定要偏移的那一侧上的点或 [退出(E)/多个(M)/放弃(U)]<退出>：　（在矩形内部单击鼠标）
选择要偏移的对象或 [退出(E)/放弃(U)]<退出>：↵
```

绘制完成后，效果如图13-82所示。

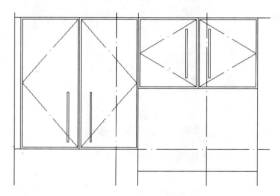
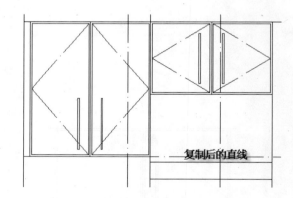

复制后的直线

图13-81　绘制抽油烟机　　　　　　　　图13-82　偏移直线

13 单击"绘图"工具栏中的"直线"按钮，选择偏移后直线的左侧端点，在命令行中输入(@30,400)，按Enter键确认。单击"绘图"工具栏中的"直线"按钮，在直线的右端点单击，然后在命令行中输入(@-30,400)，绘制完成后，效果如图13-83所示。

14 选择下部的水平直线，单击"修改"工具栏中的"复制"按钮，选择直线的左端点，在命令行中输入复制图形移动的距离(@0,200)、(@0,280)、(@0,330)、(@0,350)、(@0,380)、(@0,390)、(@0,395)，如图13-84所示。

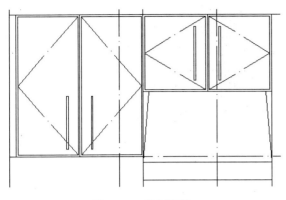

图13-83　绘制斜线	图13-84　绘制抽油烟机波纹线

15 单击"绘图"工具栏中的"直线"按钮 ✎，单击"捕捉到中点"按钮 ✎，选择水平底边的中点，绘制辅助线，如图13-85所示。

16 在中线左边绘制一长度为150的垂直线，单击"修改"工具栏中的"镜像"按钮 ⚎，将其复制到另外一侧，命令行中的提示与操作如下。

```
命令：_line
指定第一点：(在底边左侧单击一点)
指定下一点或[放弃(U)]：@0,150（输入下一点坐标）
指定下一点或[放弃(U)]：*取消*（按 Enter 键取消）
命令：_mirror
选择对象：找到 1 个（选择刚刚绘制的直线）
选择对象：↵
指定镜像线的第一点：
指定镜像线的第二点：(选择辅助中线为对称轴)
要删除源对象吗？[是(Y)/否(N)]<N>：↵
```

17 单击"绘图"工具栏中的"圆弧"按钮 ✎，把两个短竖直线顶部端点作为两个端点，中间点在辅助直线上单击，如图13-86所示。单击"修改"工具栏中的"偏移"按钮 ☏，设置偏移距离为20，选择两个短竖直线和弧线，在其内部单击，如图13-87所示。

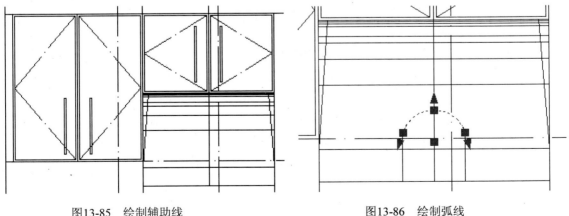

图13-85　绘制辅助线	图13-86　绘制弧线

18 单击"绘图"工具栏中的"圆"按钮 ⊘，在弧线下面绘制直径为30和10的圆形，作为抽油烟机的指示灯。再在右侧绘制开关，如图13-88所示。

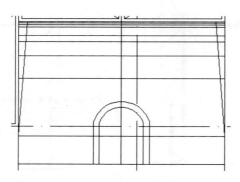

图13-87 偏移弧线及竖直线

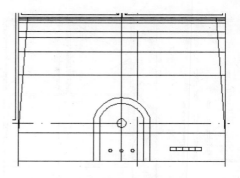

图13-88 绘制指示灯和开关

19 在右侧绘制椅子模块。单击"绘图"工具栏中的"矩形"按钮 ▭，在右侧绘制一个边长为20×900的矩形，如图13-89所示。选择矩形，单击"修改"工具栏中的"旋转"按钮 ↻，命令行中的提示与操作如下。

```
命令：_rotate
UCS 当前的正角方向：  ANGDIR=逆时针  ANGBASE=0
找到 1 个（选择矩形）
指定基点：（选择图 13-90 中 A 点作为旋转轴）
指定旋转角度或[复制(C)/参照(R)]<0>：-30（顺时针旋转 30°，旋转效果如图 13-90 所示）
```

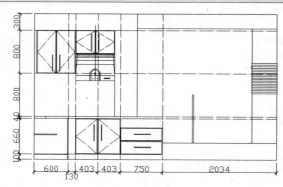

图13-89 绘制椅子靠背

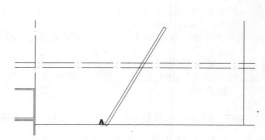

图13-90 旋转轴

单击"修改"工具栏中的"修剪"按钮 ✂，将位于地面以下的椅子部分删除。

单击"绘图"工具栏中的"矩形"按钮 ▭，在右侧绘制一个边长为50×600的矩形，用同样方法将矩形逆时针旋转45°，如图13-91所示。

单击"绘图"工具栏中的"矩形"按钮 ▭，在短矩形的顶部绘制一个尺寸为400×50的矩形，作为坐垫，如图13-92所示。

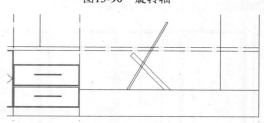

图13-91 绘制椅子腿

单击"修改"工具栏中的"分解"按钮 ⬚，将矩形分解。单击"修改"工具栏中的"圆角"按钮 ⬠，选择相交的边，将外侧圆角半径设置为50，内侧圆角半径设置为20，最终效果如图13-93所示。

单击"绘图"工具栏中的"圆"按钮 ◎，以椅背的顶端中点为圆心，绘制一个半径为80的圆。单击"绘图"工具栏中的"直线"按钮 ╱，绘制直线进行装饰，作为椅背的靠垫，如图13-94所示。

20 用同样的方法，绘制此立面图的其他基本设施模块，如图13-95所示。

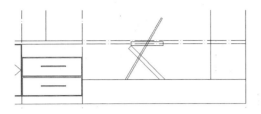

图13-92　绘制坐垫　　　　　　　　　　　图13-93　设置圆角

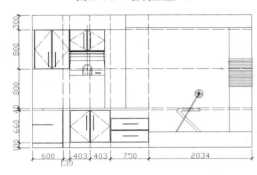

图13-94　绘制椅子模块完成

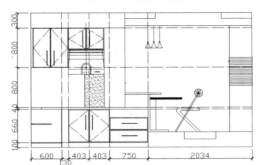

图13-95　绘制其他设施

21 将"文字"图层设置为当前图层，为图形标注尺寸并添加文字标注，如图13-96所示。

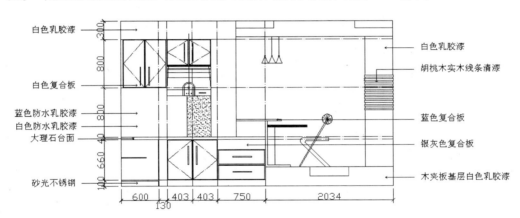

图13-96　绘制文字标注

13.3. 书房立面图

 光盘路径　│　视频文件：讲解视频\第13章\书房立面图.avi

📖 本节思路

　　首先绘制书房立面图的轴线，然后绘制书柜水平板和隔板，再绘制书脊，最后对所绘制的书房立面图进行尺寸标注和文字说明。

01 将0图层设置为当前图层，单击"绘图"工具栏中的"矩形"按钮 ⬜ ，绘图边界尺寸为4853×2550，如图
13-97所示。

02 将"轴线"图层设置为当前图层，单击"修改"工具栏中的"偏移"按钮 ⬰ ，绘制轴线，如图13-98所示。

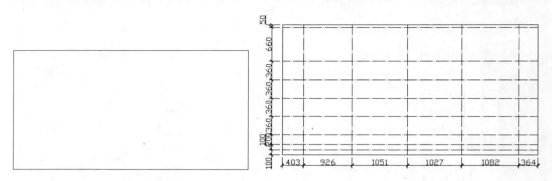

图13-97　绘制绘图边界　　　　　　　　　　　　图13-98　绘制轴线

03 将"陈设"图层设置为当前图层，沿轴线绘制书柜的边界和玻璃的分界线，如图13-99所示。

04 单击"绘图"工具栏中的"多段线"按钮 🔁 ，选取起点，在命令行中输入W，设置线宽为10，绘制书柜
的水平板及两侧边缘，如图13-100所示。命令行中的提示与操作如下。

```
命令：PLINE
指定起点：(选取起点)
当前线宽为 0.0000
指定下一个点或 [圆弧(A)/半宽(H)/长度(L)/放弃(U)/宽度(W)]：W
指定起点宽度<0.0000>：10（设置起点线宽为10）
指定端点宽度<10.0000>：10（设置端点线宽为10）
指定下一个点或[圆弧(A)/半宽(H)/长度(L)/放弃(U)/宽度(W)]：(单击下一点)
……
```

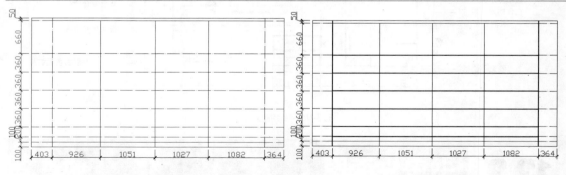

图13-99　绘制玻璃分界线　　　　　　　　　　　图13-100　绘制水平板

05 单击"绘图"工具栏中的"矩形"按钮 ⬜ ，绘制一个边长为50×2000的矩形，重复执行"矩形"命令，
在其上端绘制一个边长为100×10的矩形，如图13-101所示。

06 选择菜单栏中的"格式"→"多线样式"命令，打开"多线样式"对话框，新建多线样式，参照图13-102
进行设置。选择菜单栏中的"绘图"→"多线"命令，在隔挡中绘制多线，其中上部间距360，最下层间距-560，
如图13-103所示。将隔挡复制到书柜的竖线上，删除多余线段，如图13-104所示。

图13-101　绘制书柜隔挡

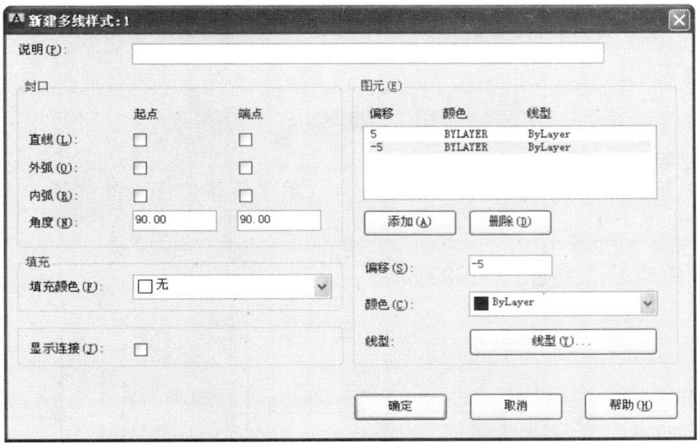

图13-102　设置多线

图13-103　绘制横线

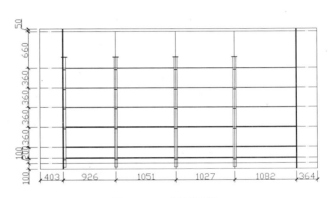

图13-104　复制隔挡

07 单击"绘图"工具栏中的"矩形"按钮□，在空白处绘制一个边长为500×300的矩形，单击"绘图"工具栏中的"直线"按钮，在其中绘制垂直直线进行分割，间距自己定义即可，如图13-105所示。

08 单击"绘图"工具栏中的"直线"按钮和"圆"按钮，绘制一条水平直线，下方绘制圆形代表书名，如图13-106所示。用同样方法绘制其他书造型，结果如图13-107所示。

09 单击"绘图"工具栏中的"直线"按钮，绘制斜向45°的直线。

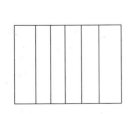

图13-105　绘制书造型

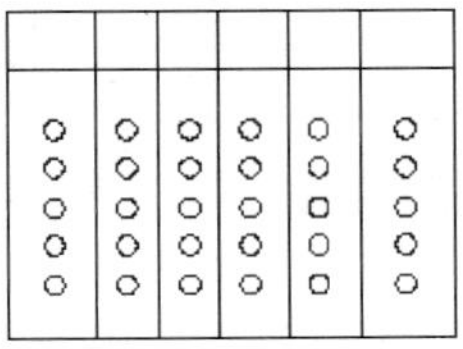

图13-106　书造型

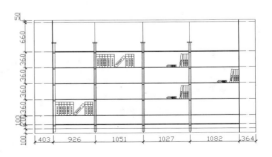

图13-107　插入图书造型

10 单击"修改"工具栏中的"修剪"按钮，将玻璃内轮廓外部和底部抽屉处的直线剪切掉，最终效果如图13-108所示。

11 单击"修改"工具栏中的"打断"按钮 ⬚，按照如下所示方法将图中的部分斜线打断。命令行中的提示与操作如下。

```
命令：_break
选择对象：(单击斜线上一点)
指定第二个打断点或[第一点(F)]：(单击同条斜线上的另外一点)
......
```

绘制完成后，如图13-109所示。

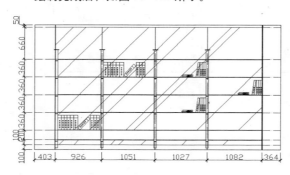

图13-108　修剪斜线　　　　　　　　　图13-109　绘制玻璃纹路

12 将"文字"图层设置为当前图层，为图形标注尺寸并添加文字标注，如图13-110所示。

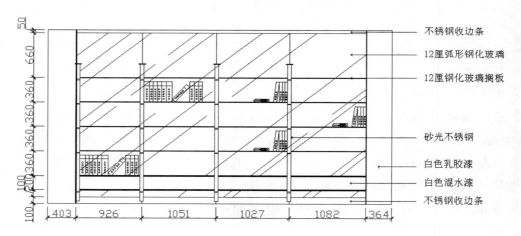

不锈钢收边条
12厘弧形钢化玻璃
12厘钢化玻璃搁板
砂光不锈钢
白色乳胶漆
白色混水漆
不锈钢收边条

图13-110　添加尺寸和文字标注

13.4. 上机实验

实验1　绘制居室立面图

绘制如图13-111所示的立面图。

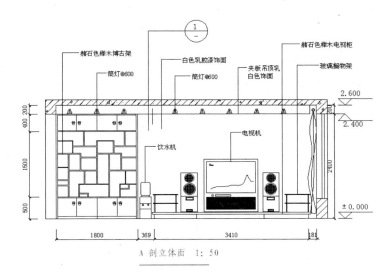

图13-111　居室立面图

操作提示：

（1）利用"直线"命令，绘制外部轮廓线。

（2）利用"阵列"命令，对立面图进行阵列。

（3）利用"图案填充"命令，对立面图进行填充。

（4）利用"多行文字"命令，为图形添加文字说明。

（5）利用"标注"命令，对立面图进行尺寸标注。

实验 2　绘制餐厅走廊立面图

绘制如图 13-112 所示的餐厅走廊立面图。

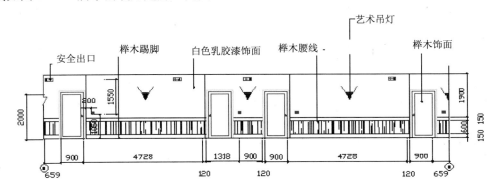

图13-112　餐厅走廊立面图

操作提示：

（1）利用"直线"命令，绘制外部轮廓线。

（2）利用"图案填充"命令，填充装饰。

（3）利用"多行文字"命令，为图形添加文字说明。

（4）利用"标注"命令，对立面图进行尺寸标注。

某别墅室内设计图的绘制

　　一般来说，室内设计图是指一整套与室内设计相关的图纸的集合，包括室内平面图、室内立面图、室内地坪图、顶棚图、电气系统图和节点大样图等。这些图纸分别表达室内设计某一方面的情况和数据，只有将它们组合起来，才能得到完整详尽的室内设计资料。本章将以别墅作为实例，依次介绍几种常用的室内设计图的绘制方法。

内容要点

◆ 客厅平面图

◆ 客厅立面图

◆ 别墅首层地坪图

◆ 别墅首层顶棚图

14.1 别墅首层平面图的绘制

📖 **本节思路**

首先绘制这栋别墅的定位轴线，接着在已有轴线的基础上绘出别墅的墙线，然后借助已有图库或图形模块绘制别墅的门窗和室内的家具、洁具，最后进行尺寸和文字标注。以下就按照这个思路绘制别墅的首层平面图（如图14-1所示）。

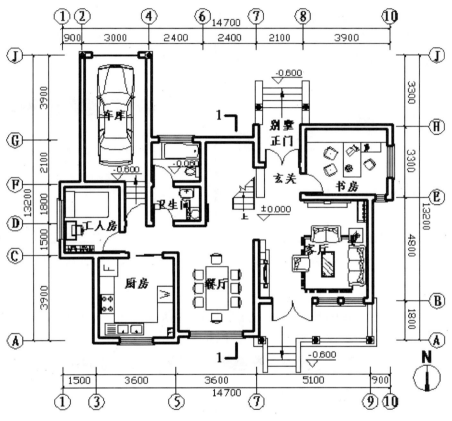

图14-1　别墅的首层平面图

14.1.1　设置绘图环境

1. 创建图形文件

双击AutoCAD 2013中文版的快捷图标，启动软件。选择菜单栏中的"格式"→"单位"命令，打开"图形单位"对话框，如图14-2所示。

（1）"精度"下拉列表框

指定测量长度与角度的单位及单位的精度。

（2）"插入时的缩放单位"下拉列表框

控制使用工具选项板（如 DesignCenter 或 i-drop）拖入当前图形的块的测量单位。如果块或图形创建时使用的单位与该选项指定的单位不同，则在插入这些块或图形时，对其按比例缩放。插入比例是源块或图形使用的单位与目标图形使用的单位之比。如果插入块时不按指定单位缩放，则选择"无单位"选项。

（3）"方向"按钮

单击该按钮，系统打开"方向控制"对话框，如图14-3所示。可以在该对话框中进行方向控制设置。

图14-2 "图形单位"对话框

图14-3 "方向控制"对话框

2．命名图形

单击"标准"工具栏中的"保存"按钮 ![save]，打开"图形另存为"对话框，如图14-4所示。在"文件名"文本框中输入图形名称"别墅首层平面图.dwg"，单击"保存"按钮，建立图形文件。

图14-4 命名图形

3. 设置图层

单击"图层"工具栏中的"图层特性管理器"按钮，打开"图层特性管理器"对话框，依次创建平面图中的基本图层，如轴线、墙线、楼梯、门窗、家具、地坪、标注和文字等，如图14-5所示。

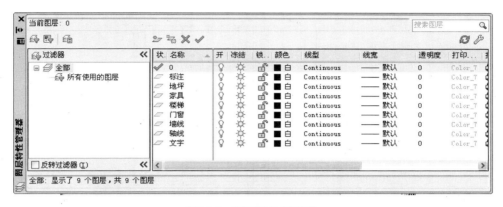

图14-5　图层特性管理器

注意

使用 AutoCAD 2013 绘图过程中，应经常性地保存已绘制的图形文件，以避免因软件系统的不稳定导致软件的瞬间关闭而无法及时保存文件，丢失大量已绘制的信息。AutoCAD 2013 软件有自动保存图形文件的功能，使用者只需在绘图时将该功能激活即可。设置方法如下。

选择菜单栏中的"工具"→"选项"命令，打开"选项"对话框。单击"打开和保存"选项卡，在"文件安全措施"选项组中勾选"自动保存"复选框，根据个人需要设置"保存间隔分钟数"，然后单击"确定"按钮，完成设置，如图 14-6 所示。

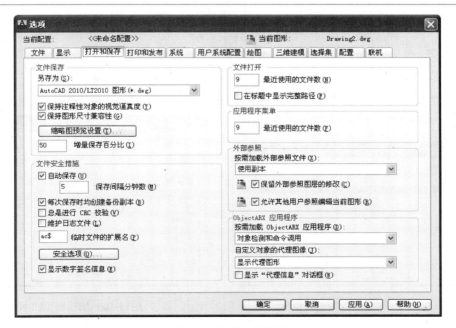

图14-6　自动保存设置

14.1.2 绘制建筑轴线

建筑轴线是在绘制建筑平面图时布置墙体和门窗的依据，同时也是建筑施工定位的重要依据。在轴线的绘制过程中，主要使用的绘图命令是"直线"命令和"偏移"命令。

如图14-7所示为绘制完成的别墅平面轴线。

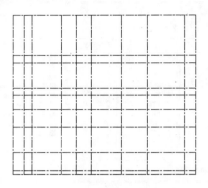

图14-7 别墅平面轴线

1. 设置"轴线"特性

01 在"图层"下拉列表中选择"轴线"图层，将其设置为当前图层，如图14-8所示。

图14-8 将"轴线"图层设为当前图层

02 加载线型。单击"图层"工具栏中的"图层特性管理器"按钮，打开"图层特性管理器"对话框。单击"轴线"栏中的"线型"，打开"选择线型"对话框，如图14-9所示。在该对话框中，单击"加载"按钮，打开"加载或重载线型"对话框，在"可用线型"列表框中选择线型CENTER进行加载，如图14-10所示。

图14-9 "选择线型"对话框

图14-10 加载线型CENTER

单击"确定"按钮，返回"选择线型"对话框，将线型CENTER设置为当前使用的线型。

03 设置线型比例。选择菜单栏中的"格式"→"线型"命令，打开"线型管理器"对话框。选择线型CENTER，单击"显示细节"按钮，将"全局比例因子"设置为20，单击"确定"按钮，完成对轴线线型的设置，如图14-11所示。

图14-11　设置线型比例

2．绘制横向轴线

01 绘制横向轴线基准线。单击"绘图"工具栏中的"直线"按钮 ，绘制一条横向基准轴线，长度为14700，如图14-12所示。

02 绘制其余横向轴线。单击"修改"工具栏中的"偏移"按钮 ，将横向基准轴线依次向下偏移，偏移量分别为3300、3900、6000、6600、7800、9300、11400、13200。如图14-13所示，依次完成横向轴线的绘制。

图14-12　绘制横向基准轴线　　　　　图14-13　利用"偏移"命令绘制横向轴线

3．绘制纵向轴线

01 绘制纵向轴线基准线。单击"绘图"工具栏中的"直线"按钮 ，以前面绘制的横向基准轴线的左端点为起点，垂直向下绘制一条纵向基准轴线，长度为13200，如图14-14所示。

02 绘制其余纵向轴线。单击"修改"工具栏中的"偏移"按钮 ，将纵向基准轴线依次向右偏移，偏移量分别为为900、1500、3900、5100、6300、8700、108 00、13800、14700。如图14-15所示，完成纵向轴线的绘制。

图14-14　绘制纵向基准轴线

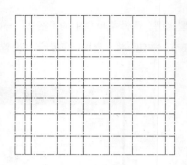

图14-15　利用"偏移"命令绘制纵向轴线

注意

在绘制建筑轴线时，一般选择建筑横向、纵向的最大长度为轴线长度。但当建筑物形体过于复杂时，太长的轴线往往会影响图形效果，因此也可以仅在一些需要轴线定位的建筑局部绘制轴线。

14.1.3　绘制墙体

在建筑平面图中，墙体用双线表示，一般采用轴线定位的方式。以轴线为中心，具有很强的对称关系，因此绘制墙线通常有 3 种方法。

- ◆　单击"修改"工具栏中的"偏移"按钮📇，直接偏移轴线。将轴线向两侧偏移一定距离，得到双线，然后将所得双线移至墙线图层。
- ◆　选择菜单栏中的"绘图"→"多线"命令，直接绘制墙线。
- ◆　当墙体要求填充成实体颜色时，也可以单击"绘图"工具栏中的"多段线"按钮⟲，直接绘制，将线宽设置为墙厚即可。

在本例中，笔者推荐选用第 2 种方法，即选择菜单栏中的"绘图"→"多线"命令，绘制墙线。如图 14-16 所示为绘制完成的别墅首层墙体平面。

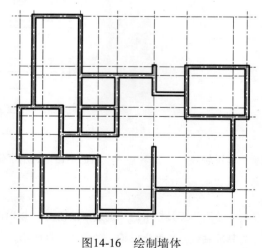

图14-16　绘制墙体

1．定义多线样式

选择菜单栏中的"绘图"→"多线"命令，绘制墙线前，应首先对多线样式进行设置。

01 选择菜单栏中的"格式"→"多线样式"命令，打开"多线样式"对话框，如图14-17所示。单击"新建"按钮，在打开的对话框中，输入新样式名"240墙"，如图14-18所示。

图14-17　"多线样式"对话框　　　　　图14-18　命名多线样式

02 单击"继续"按钮，打开新建多线样式对话框，如图14-19所示。在该对话框中进行以下设置："直线"起点和端点均封口，元素"偏移量"首行设为120，第二行设为-120。

03 单击"确定"按钮，返回"多线样式"对话框，在"样式"列表框中设置多线样式为"240墙"，并将其置为当前，如图14-20所示。

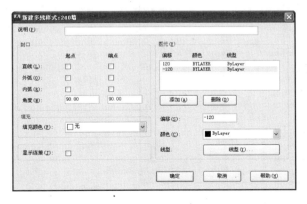

图14-19　设置多线样式　　　　　图14-20　将所建多线样式置为当前

2．绘制墙线

01 将"墙线"图层设置为当前图层，并且将该图层线宽设为0.30mm。

02 选择菜单栏中的"绘图"→"多线"命令，绘制墙线，结果如图14-21所示。命令行中的提示与操作如下。

```
命令: _mline
当前设置: 对正 = 上, 比例 = 20.00, 样式 = 240墙
指定起点或 [对正(J)/比例(S)/样式(ST)]:J ✓    (在命令行输入 J, 重新设置多线的对正方式)
输入对正类型 [上(T)/无(Z)/下(B)]<上>:Z ✓    (在命令行输入 Z, 选择"无"为当前对正方式)
当前设置: 对正 = 无, 比例 = 20.00, 样式 = 240墙
指定起点或 [对正(J)/比例(S)/样式(ST)]: S ✓   (在命令行输入 S, 重新设置多线比例)
输入多线比例 <20.00>: 1 ✓                    (在命令行输入 1, 作为当前多线比例)
当前设置: 对正 = 无, 比例 = 1.00, 样式 = 240墙
指定起点或 [对正(J)/比例(S)/样式(ST)]:        (捕捉左上部墙体轴线交点作为起点)
指定下一点:
······                                       (依次捕捉墙体轴线交点, 绘制墙线)
指定下一点或 [放弃(U)]: ✓                    (绘制完成后, 按 Enter 键结束命令)
```

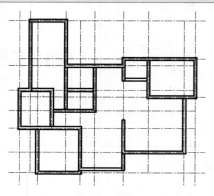

图14-21   用"多线"工具绘制墙线

3．编辑和修整墙线

01 选择菜单栏中的"修改"→"对象"→"多线"命令，打开"多线编辑工具"对话框，如图14-22所示。该对话框中提供了12种多线编辑工具，可以根据不同的多线交叉方式选择相应的工具进行编辑。

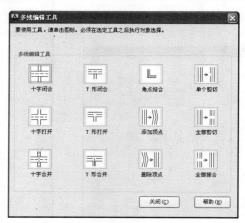

图14-22   "多线编辑工具"对话框

02 少数较复杂的墙线结合处无法找到相应的多线编辑工具进行编辑，可以单击"修改"工具栏中的"分解"按钮 ，将多线分解，单击"修改"工具栏中的"修剪"按钮 ，对该结合处的线条进行修整。另外，一些内部墙体并不在主要轴线上，可以添加辅助轴线，单击"修改"工具栏中的"修剪"按钮 或"延伸"按钮 ，进行绘制和修整。

经过编辑和修整后的墙线如图 14-16 所示。

14.1.4　绘制门窗

建筑平面图中门窗的绘制过程基本如下：首先在墙体相应位置绘制门窗洞口；接着使用直线、矩形和圆弧等工具绘制门窗基本图形，并根据所绘门窗的基本图形创建门窗图块；然后再在相应门窗洞口处插入门窗图块，并根据需要进行适当调整，进而完成平面图中所有门和窗的绘制。

1. 绘制门、窗洞口

在平面图中，门洞口与窗洞口基本形状相同，因此，在绘制过程中可以将它们一并绘制。

01 将"墙线"图层设置为当前图层。

02 绘制门、窗洞口基本图形。单击"绘图"工具栏中的"直线"按钮 ✏，绘制一条长度为240mm的垂直方向的线段；单击"修改"工具栏中的"偏移"按钮 ⎆，将线段向右偏移1000mm，即得到门、窗洞口基本图形，如图14-23所示。

图 14-23　门/窗洞口基本图形

03 绘制门洞。下面以正门门洞（1500mm×240mm）为例，介绍平面图中门洞的绘制方法。

单击"绘图"工具栏中的"创建块"按钮 ⊡，打开"块定义"对话框，如图14-24所示，在"名称"文本框中输入"门洞"；单击"选择对象"按钮，选中如图14-23所示的图形；单击"拾取点"按钮，选择左侧门洞线上端的端点为插入点；单击"确定"按钮，完成图块"门洞"的创建。

单击"绘图"工具栏中的"插入块"按钮 ⊞，打开"插入"对话框，如图14-25所示。在"名称"文本框中选择"门洞"，在"比例"选项组中将X方向的比例设置为1.5。

图14-24　"块定义"对话框

图14-25　"插入"对话框

单击"确定"按钮，在图中单击正门入口处左侧墙线交点作为基点，插入"门洞"图块，如图 14-26 所示。

单击"修改"工具栏中的"移动"按钮 ✛，在图中已插入的正门门洞图块，将其水平向右移动，距离为300mm，如图14-27所示。

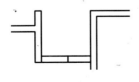

图14-26　插入正门门洞

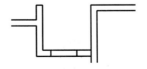

图14-27　移动门洞图块

单击"修改"工具栏中的"修剪"按钮 ，修剪洞口处多余的墙线完成正门门洞的绘制，如图14-28所示。

04 绘制窗洞。下面以卫生间窗户洞口 (1500mm×240mm) 为例，介绍如何绘制窗洞。

单击"绘图"工具栏中的"插入块"按钮 ，打开"插入"对话框，如图 14-29 所示。在"名称"文本框中选择"门洞"选项，将 X 方向的比例设置为 1.5（由于门窗洞口基本形状一致，因此没有必要创建新的窗洞图块，可以直接利用已有门洞图块进行绘制）。

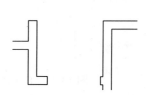

图14-28　修剪多余墙线　　　　　　　　　　图14-29　"插入"对话框

单击"确定"按钮，在图中选择左侧墙线交点作为基点，插入"门洞"图块（在本处为窗洞）。

单击"修改"工具栏中的"移动"按钮 ，在图中选择已插入的窗洞图块，将其向右移动，距离为480mm，如图14-30所示。

单击"修改"工具栏中的"修剪"按钮 ，修剪窗洞口处多余的墙线，完成卫生间窗洞的绘制，如图14-31所示。

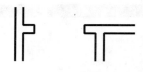

图14-30　插入窗洞图块　　　　　　　　　　图14-31　修剪多余墙线

2. 绘制平面门

从开启方式上看，门的常见形式主要有平开门、弹簧门、推拉门、折叠门、旋转门、升降门和卷帘门等。门的尺寸主要满足人流通行、交通疏散、家具搬运的要求，而且应符合建筑模数的有关规定。在平面图中，单扇门的宽度一般在 800~1000mm，双扇门则为 1200~1800mm。

门的绘制方法为：先画出门的基本图形，然后将其创建成图块，最后将门图块插入到已绘制好的相应门洞口位置。在插入门图块的同时，还应调整图块的比例和旋转角度，以适应平面图中不同宽度和角度的门洞口。

下面通过两个有代表性的实例来介绍别墅平面图中不同种类的门的绘制。

（1）单扇平开门：单扇平开门主要应用于卧室、书房和卫生间等私密性较强、来往人流较少的房间。下面以别墅首层书房的单扇门（宽 900mm）为例，介绍单扇平开门的绘制方法。

01 将"门窗"图层设置为当前图层。

02 单击"绘图"工具栏中的"矩形"按钮 ，绘制一个尺寸为40mm×900mm的矩形门扇，如图14-32所示。
单击"绘图"工具栏中的"圆弧"按钮 ，以矩形门扇右上角顶点为起点，右下角顶点为圆心，绘制一条圆心角为90°，半径为900mm的圆弧，绘制完成后得到如图14-33所示的单扇平开门图形。

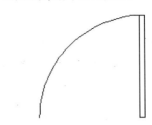

图14-32 矩形门扇　　　　　　　　　　　图14-33 900宽单扇平开门

03 单击"绘图"工具栏中的"创建块"按钮，打开"块定义"对话框，如图14-34所示，在"名称"文本框中输入"900宽单扇平开门"。单击"选择对象"按钮，选取如图14-33所示的单扇平开门的基本图形为块定义对象。单击"拾取点"按钮，选择矩形门扇右下角顶点为基点。最后单击"确定"按钮，完成"单扇平开门"图块的创建。

04 单击"修改"工具栏中的"复制"按钮，将单扇平开门图块复制到书房左侧适当位置。单击"绘图"工具栏中的"插入块"按钮，打开"插入"对话框，如图14-35所示，在"名称"下拉列表框中选择"900宽单扇平开门"选项，设置"旋转"角度为-90°。单击"确定"按钮，在平面图中选中书房门洞下侧墙线的中点作为插入点，插入门图块。单击"修改"工具栏中的"分解"按钮，将门洞图块分解。单击"修改"工具栏中的"移动"按钮，将分解的上边的墙线移动到适当位置。单击"修改"工具栏中的"修剪"按钮，将图形进行修剪，结果如图14-36所示，完成书房门的绘制。

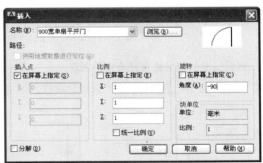

图14-34 "块定义"对话框　　　　　　　图14-35 "插入"对话框

　　（2）双扇平开门：在别墅平面图中，别墅正门以及客厅的阳台门均设计为双扇平开门。下面以别墅正门（宽1500mm）为例，介绍双扇平开门的绘制方法。

01 将"门窗"图层设置为当前图层。

02 参照上面所述单扇平开门画法，绘制宽度为750mm的单扇平开门。

03 单击"修改"工具栏中的"镜像"按钮，对已绘得的"750宽单扇平开门"进行水平方向的镜像操作，得到宽1500mm的双扇平开门，如图14-37所示。

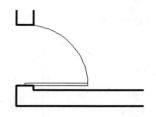

图14-36　绘制书房门

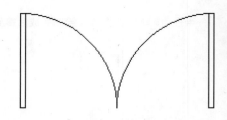

图14-37　1500宽双扇平开门

04 单击"绘图"工具栏中的"创建块"按钮，打开"块定义"对话框，在"名称"文本框中输入"1500宽双扇平开门"；单击"选择对象"按钮，选取如图14-37所示的双扇平开门的基本图形为块定义对象；单击"拾取点"按钮，选择右侧矩形门扇右下角顶点为基点；单击"确定"按钮，完成"1500宽双扇平开门"图块的创建。

05 单击"绘图"工具栏中的"创建块"按钮，打开"插入"对话框，在"名称"下拉列表框中选择"1500宽双扇平开门"选项，单击"确定"按钮，在图中选中正门门洞右侧墙线的中点作为插入点，插入门图块，如图14-38所示，完成别墅正门的绘制。

3. 绘制平面窗

从开启方式上看，窗的常见形式主要有固定窗、平开窗、横式旋窗、立式转窗和推拉窗等。窗洞口的宽度和高度尺寸均为300mm的扩大模数；在平面图中，一般平开窗的窗扇宽度为400~600mm，固定窗和推拉窗的尺寸可以更大一些。

窗的绘制步骤与门的绘制方法基本相同，即先画出窗体的基本形状，然后将其创建成图块，最后将图块插入到已绘制好的相应窗洞位置。在插入窗图块时，可以调整图块的比例和旋转角度，以适应不同宽度和角度的窗洞口。

下面以餐厅外窗（宽 2400mm）为例，介绍平面窗的绘制方法。

01 将"门窗"图层设置其为当前图层。

02 单击"绘图"工具栏中的"直线"按钮，绘制第一条水平窗线，长度为1000mm，如图14-39所示。

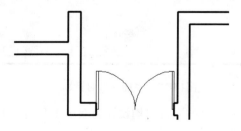

图14-38　绘制别墅正门

图14-39　绘制第一条窗线

03 单击"修改"工具栏中的"矩形阵列"按钮，选中上一步所绘窗线进行阵列，设置"行数"为4、"列数"为1、"行间距"为80、"列间距"为0，最后完成窗的基本图形的绘制，如图14-40所示。

04 单击"绘图"工具栏中的"创建块"按钮，打开"块定义"对话框，在"名称"文本框中输入"窗"。单击"选择对象"按钮，选取如图14-40所示的窗的基本图形为"块定义对象"。单击"拾取点"按钮，选择第一条窗线左端点为基点，单击"确定"按钮，完成"窗"图块的创建。

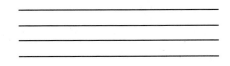

图14-40　窗的基本图形

05 将"墙线"图层设置为当前图层。单击"绘图"工具栏中的"直线"按钮 ✐，绘制竖直直线。单击"修改"工具栏中的"偏移"按钮 ◳，将绘制的竖直直线向左偏移2400mm，餐厅门洞绘制完成。将"门窗"图层设置为当前图层。单击"绘图"工具栏中的"插入块"按钮 ▣，打开"插入"对话框，在"名称"下拉列表框中选择"窗"选项，将X方向的比例设置为2.4；单击"确定"按钮，在图中选中餐厅窗洞左侧墙线的上端点作为插入点，插入窗图块，如图14-41所示。

06 绘制窗台：单击"绘图"工具栏中的"矩形"按钮 ▢，绘制尺寸为1000mm×100mm的矩形。

07 单击"绘图"工具栏中的"创建块"按钮 ▣，将所绘矩形定义为"窗台"图块，将矩形上侧长边的中点设置为图块基点。

08 单击"绘图"工具栏中的"插入块"按钮 ▣，打开"插入"对话框，在"名称"下拉列表框中选择"窗台"选项，并将X方向的比例设置为2.6。

09 单击"确定"按钮，选中餐厅窗最外侧窗线中点作为插入点，插入"窗台"图块，如图14-42所示。

图14-41　绘制餐厅外窗　　　　　　　　　　　图14-42　绘制窗台

4．绘制其他门和窗

根据以上介绍的平面门窗绘制方法，利用已经创建的门窗图块，完成别墅首层平面所有门和窗的绘制，如图 14-43 所示。

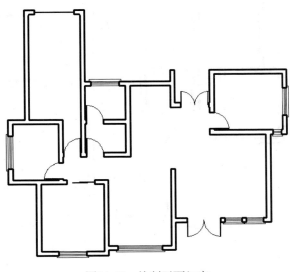

图14-43　绘制平面门窗

以上所讲的是 AutoCAD 2013 中最基本的门、窗绘制方法，下面介绍另外两种绘制门窗的方法。

（1）在建筑设计中，门和窗的样式、尺寸随着房间功能和开间的变化而不同。逐个绘制每一扇门和每一扇窗是既费时又费力的事。因此，绘图者常常选择借助图库来绘制门窗。通常来说，在图库中有多种不同样式和大小的门、窗可供选择和调用，这给设计者和绘图者提供了很大的方便。在本例中，笔者推荐使用门窗图库。在本例别墅的首层平面图中，共有 8 扇门，其中 4 扇为 900mm 宽的单扇平开门，两扇为 1500mm 宽的双扇平开门，一扇为推拉门，还有一扇为车库升降门。

AutoCAD 2013 图库的使用方法很简单，主要步骤如下。

01 打开图库文件，选择所需的图形模块，并将选中对象进行复制。

02 将复制的图形模块粘贴到所要绘制的图纸中。

03 根据实际情况的需要，利用 "旋转" 命令、 "镜像" 命令或 "比例缩放" 命令等对图形模块进行适当的修改和调整。

（2）在 AutoCAD 2013 中，还可以借助 "工具选项板" 中 "建筑" 选项卡提供的 "公制样例" 选项来绘制门窗。利用这种方法添加门窗时，可以根据需要直接对门窗的尺度和角度进行设置和调整，使用起来比较方便。然而，需要注意的是，"工具选项板" 中仅提供普通平开门的绘制，而且利用其所绘制的平面窗中玻璃为单线形式，而非建筑平面图中常用的双线形式，因此，不推荐初学者使用这种方法绘制门窗。

14.1.5 绘制楼梯和台阶

楼梯和台阶都是建筑的重要组成部分，是人们在室内和室外进行垂直交通的必要建筑构件。在本例别墅的首层平面中，共有 1 处楼梯和 3 处台阶，如图 14-44 所示。

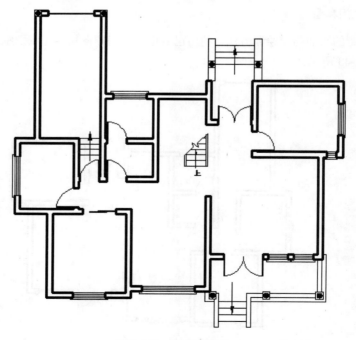

图14-44 楼梯和台阶

1．绘制楼梯

楼梯是上下楼层之间的交通通道，通常由楼梯段、休息平台和栏杆（或栏板）组成。在本例别墅中，楼梯为常见的双跑式。楼梯宽度为900mm，踏步宽为260mm，高175mm；楼梯平台净宽960mm。本节只介绍首层楼梯平面画法。二层楼梯画法将在后面进行介绍。

首层楼梯平面的绘制过程分为 3 个阶段：首先绘制楼梯踏步线；然后在踏步线两侧（或一侧）绘制楼梯扶手；最后绘制楼梯剖断线，以及用来标识方向的带箭头引线和文字，进而完成楼梯平面的绘制。如图14-45 所示为首层楼梯平面图。

图 14-45　首层楼梯平面图

具体绘制方法如下。

01 将"楼梯"图层设置为当前图层。

02 绘制楼梯踏步线。单击"绘图"工具栏中的"直线"按钮 ✎，以平面图上相应位置点作为起点（通过计算得到的第一级踏步的位置），绘制长度为1020mm的水平踏步线。

单击"修改"工具栏中的"矩形阵列"按钮 ▦，设置"行数"为6、"列数"为1、"行间距"为260、"列间距"为0，选择已绘制的第一条踏步线进行阵列，完成踏步线的绘制，如图14-46所示。

图 14-46　绘制楼梯踏步线

03 绘制楼梯扶手。单击"绘图"工具栏中的"直线"按钮 ✎，以楼梯第一条踏步线两侧端点作为起点，分别向上绘制垂直方向线段，长度为1500mm。

单击"修改"工具栏中的"偏移"按钮 ⬚，将所绘两线段向梯段中央偏移，偏移量为60mm（即扶手宽度），如图14-47所示。

04 绘制剖断线：单击"绘图"工具栏中的"构造线"按钮 ✎，设置角度为45°，绘制剖断线并使其通过楼梯右侧栏杆线的上端点。

单击"绘图"工具栏中的"直线"按钮 ✎，绘制Z字形折断线；单击"修改"工具栏中的"修剪"按钮 ⊹，修剪楼梯踏步线和栏杆线，如图14-48所示。

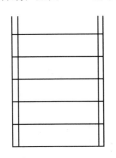

图14-47　绘制楼梯踏步边线

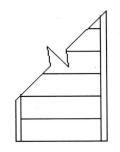

图14-48　绘制楼梯剖断线

05 绘制带箭头引线：输入QLEADER命令，在命令行中输入S，设置引线样式。打开"引线设置"对话框，进行如下设置：在"引线和箭头"选项卡中，设置"引线"为"直线"、"箭头"为"实心闭合"，如图14-49所示。在"注释"选项卡中，设置"注释类型"为"无"，如图14-50所示。

图14-49 "引线和箭头"选项卡 图14-50 "注释"选项卡

以第一条楼梯踏步线中点为起点，垂直向上绘制长度为750mm的带箭头引线；单击"修改"工具栏中的"移动"按钮 ，将引线垂直向下移动60mm，如图14-51所示。

06 标注文字：单击"绘图"工具栏中的"多行文字"按钮 A ，设置文字高度为300，在引线下端输入文字为"上"，如图14-51所示。

> **注意**
>
> 楼梯平面图是距地面1m以上位置，用一个假想的剖切平面，沿水平方向剖开（尽量剖到楼梯间的门窗），然后向下做投影得到的投影图。楼梯平面一般是分层绘制的，在绘制时，按其特点可以分为底层平面、标准层平面和顶层平面。
>
> 在楼梯平面图中，各层被剖切到的楼梯，按国标规定，均在平面图中以一根45°的折断线表示。在每一梯段处画有一个长箭头，并注写"上"或"下"字标明方向。
>
> 楼梯的底层平面图中，只有一个被剖切的梯段及栏板，和一个注有"上"字的长箭头。

2．绘制台阶

本例中有3处台阶，其中室内台阶1处，室外台阶两处。下面以正门处台阶为例，介绍台阶的绘制方法。

台阶的绘制思路与前面介绍的楼梯平面绘制思路基本相似，因此，可以参考楼梯画法进行绘制。如图14-52所示为别墅正门处台阶平面图。

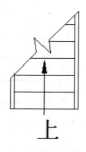 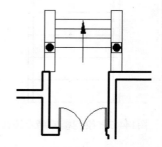

图14-51 添加箭头和文字 图14-52 正门处台阶平面图

01 单击"图层"工具栏中的"图层特性管理器"按钮 ，打开"图层特性管理器"对话框。创建新图层，命名为"台阶"，并将其设置为当前图层。

02 单击"绘图"工具栏中的"直线"按钮 ✎，以别墅正门中点为起点，垂直向上绘制一条长度为3600mm的辅助线段；重复"直线"命令，以辅助线段的上端点为中点，绘制一条长度为1770mm的水平线段，此线段则为台阶第一条踏步线。

03 单击"修改"工具栏中的"矩形阵列"按钮 ▦，进行以下设置："行数"为4、"列数"为1、"行间距"为300，"列间距"为0。在绘图区域选择第一条踏步线进行阵列，完成第二、三、四条踏步线的绘制，如图14-53所示。

04 单击"绘图"工具栏中的"矩形"按钮 ▭，在踏步线的左、右两侧分别绘制两个尺寸为340mm×1980mm的矩形，作为两侧条石平面。

05 绘制方向箭头。输入QLEADER命令，在台阶踏步的中间位置绘制带箭头的引线，标示踏步方向，如图14-54所示。

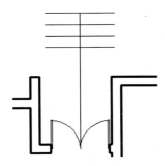

图14-53　绘制台阶踏步线

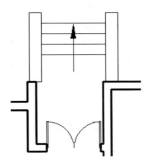

图14-54　添加方向箭头

06 绘制立柱：在本例中，两个室外台阶处均有立柱，其平面形状为圆形，内部填充为实心，下面为方形基座。由于立柱的形状、大小基本相同，可以将其做成图块，再把图块插入各相应点即可。具体绘制方法如下：

单击"图层"工具栏中的"图层特性管理器"按钮 ▤，打开"图层特性管理器"对话框，创建新图层，命名为"立柱"，并将其设置为当前图层。

单击"绘图"工具栏中的"矩形"按钮 ▭，绘制边长为340mm的正方形基座。

单击"绘图"工具栏中的"圆"按钮 ⊘，绘制直径为240mm的圆形柱身平面。

单击"绘图"工具栏中的"图案填充"按钮 ▨，打开"图案填充和渐变色"对话框，如图14-55所示。

设置填充类型为"预定义"、图案为SOLID，在"边界"选项组单击"添加：选择对象"按钮，在

图14-55　"图案填充和渐变色"对话框

绘图区域选择已绘的圆形柱身为填充对象，如图14-56所示。

单击"绘图"工具栏中的"创建块"按钮 ，将如图14-56所示的图形定义为"立柱"图块。

单击"绘图"工具栏中的"插入块"按钮 ，将定义好的"立柱"图块插入到平面图中相应位置，如图14-52所示，完成正门处台阶平面的绘制。

图14-56 绘制立柱平面

14.1.6 绘制家具

在建筑平面图中，通常要绘制室内家具，以增强平面方案的视觉效果。在本例别墅的首层平面中，共有7种不同功能的房间，分别是客厅、工人休息室、厨房、餐厅、书房、卫生间和车库。不同功能种类的房间内，所布置的家具也有所不同，对于这些种类和尺寸都不尽相同的室内家具，如果利用"直线"、"偏移"等简单的二维线条编辑工具一一绘制，不仅绘制过程烦琐、容易出错，而且浪费绘图者的时间和精力。因此，笔者推荐借助 AutoCAD 2013 图库来完成平面家具的绘制。

AutoCAD 2013 图库的使用方法，在前面介绍门窗画法的时候曾有所提及。下面将结合首层客厅家具和卫生间洁具的绘制实例，详细讲述一下 AutoCAD 2013 图库的用法。

1．绘制客厅家具

客厅是主人会客和休闲的空间，因此，在客厅里通常会布置沙发、茶几、电视柜等家具，如图14-57所示。

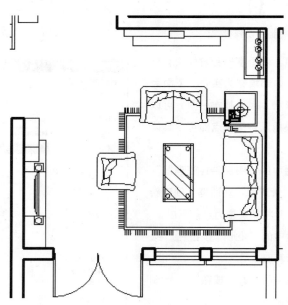

图14-57 客厅平面家具

01 单击"标准"工具栏中的"打开"按钮 ，在打开的"选择文件"对话框中，选择"光盘：\图库"路径，如图14-58所示，找到"CAD图库.dwg"文件并将其打开。

02 在 "沙发和茶几"栏中，选择"组合沙发—002 P"图形模块，如图14-59所示，选中该图形模块右击，在弹出的快捷菜单中选择"复制"命令。

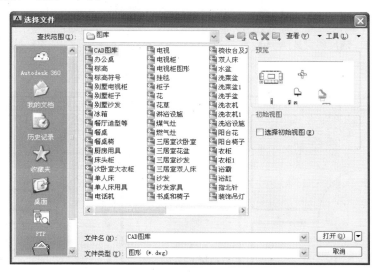

图14-58　打开图库文件

03 返回"别墅首层平面图"绘图界面，打开"编辑"菜单，选择"粘贴为块"命令，将复制的组合沙发图形，插入客厅平面相应位置。

04 在图库"灯具和电器"栏中，选择"电视柜P"图块，如图14-60所示，将其复制并粘贴到首层平面图中；单击"修改"工具栏中的"旋转"按钮 ○，使该图形模块以自身中心点为基点旋转90°，并将其插入客厅相应位置。

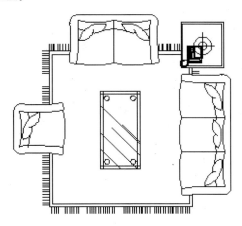

图14-59　组合沙发模块

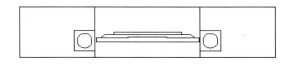

图14-60　电视柜模块

05 按照同样方法，在图库中选择"电视墙P"、"文化墙P"、"柜子—01 P"和"射灯组P"图形模块分别进行复制，并在客厅平面内依次插入这些家具模块，绘制结果如图14-57所示。

2．绘制卫生间洁具

卫生间主要是供主人盥洗和沐浴的房间，因此，卫生间内应设置浴盆、马桶、洗手池和洗衣机等设施。如图14-61所示的卫生间由两部分组成。在家具安排上，外间设置洗手盆和洗衣机；内间则设置浴盆和马桶。下面介绍一下卫生间洁具的绘制步骤。

01 将"家具"图层设置为当前图层。

02 打开图库,在"洁具和厨具"栏中,选择适合的洁具模块,进行复制后,依次粘贴到平面图中的相应位置,绘制结果如图14-62所示。

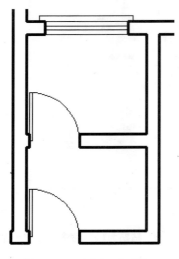
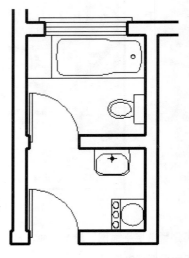

图14-61 卫生间平面图 图14-62 绘制卫生间洁具

注意

在图库中,图形模块的名称经常很简要,除汉字外,还经常包含英文字母或数字,通常这些名称都是用来表明该家具的特性或尺寸的。例如,前面使用过的图形模块"组合沙发—004 P",其名称中"组合沙发"表示家具的性质,"004 "表示该家具模块是同类型家具中的第四个,字母P则表示这是该家具的平面图形;一个床模块名称为"单人床9×20",表示该单人床宽度为900mm、长度为2000mm。有了这些简单又明了的名称,绘图者就可以依据自己的实际需要快捷地选择有用的图形模块,而无须费神地辨认、测量了。

14.1.7 平面标注

在别墅的首层平面图中,标注主要包括4部分,即轴线编号、平面标高、尺寸标注和文字标注。完成标注后的首层平面图,如图14-63所示。下面将依次介绍这4种标注方式的绘制方法。

1. 轴线编号

在平面形状较简单或对称的房屋中,平面图的轴线编号一般标注在图形的下方及左侧。对于较复杂或不对称的房屋,图形上方和右侧也可以标注。在本例中,由于平面形状不对称,因此需要在上、下、左、右 4 个方向均标注轴线编号。

01 单击"图层"工具栏中的"图层特性管理器"按钮 ,打开"图层特性管理器"对话框,打开"轴线"图层,使其保持可见。创建新图层,将新图层命名为"轴线编号",并将其设置为当前图层。

02 单击平面图上左侧第一根纵轴线,将十字光标移动至轴线下端点处单击,将夹点激活(此时,夹点成红色),鼠标向下移动,在命令行中输入3000后,按Enter键,完成第一条轴线延长线的绘制。

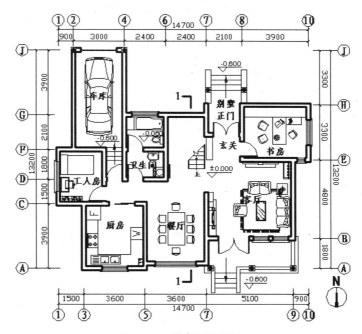

图14-63　首层平面标注

03 单击"绘图"工具栏中的"圆"按钮 ⊘，以已绘的轴线延长线端点作为圆心，绘制半径为350mm的圆。单击"修改"工具栏中的"移动"按钮 ✛，向下移动所绘圆，移动距离为350mm，如图14-64所示。

图14-64　绘制第一条轴线的延长线及编号圆

04 重复上述步骤，完成其他轴线延长线及编号圆的绘制。

05 单击"绘图"工具栏中的"多行文字"按钮 A，设置"样式"为"仿宋_GB2312"，"高度"为300；在每个轴线端点处的圆内输入相应的轴线编号，如图14-65所示。

> **⁘· 注意**
>
> 平面图上水平方向的轴线编号用阿拉伯数字，从左向右依次编写；垂直方向的编号用大写英文字母，自下而上顺次编写。I、O及Z这3个字母不得作轴线编号，以免与数字1、0及2混淆。
>
> 如果两条相邻轴线间距较小而导致它们的编号有重叠时，可以通过"移动"命令将这两条轴线的编号分别向两侧移动少许距离。

2．平面标高

建筑物中的某一部分与所确定的标准基点的高度差称为该部位的标高，在图纸中通常用标高符号结合数字来表示。建筑制图标准规定，标高符号应以直角等腰三角形表示，如图 14-66 所示。

01 将"标注"图层设置为当前图层。

02 单击"绘图"工具栏中的"多边形"按钮⬠，绘制边长为350mm的正方形。

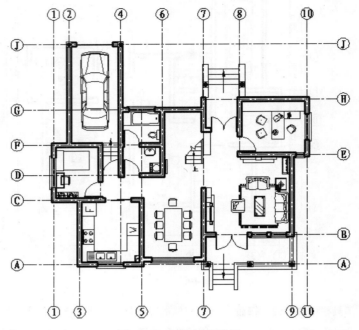

图14-65 添加轴线编号

03 单击"修改"工具栏中的"旋转"按钮⟳，将正方形旋转45°；单击"绘图"工具栏中的"直线"按钮✎，连接正方形左右两个端点，绘制水平对角线。

04 单击水平对角线，将十字光标移动到其右端点处单击，将夹点激活（此时夹点成红色），然后鼠标向右移动，在命令行中输入600后，按Enter键，完成绘制。

05 单击"绘图"工具栏中的"创建块"按钮🖳，将如图14-66所示的标高符号定义为图块。

06 单击"绘图"工具栏中的"插入块"按钮🖳，将已创建的图块插入到平面图中需要标高的位置。

07 单击"绘图"工具栏中的"多行文字"按钮**A**，设置字体为"仿宋_GB2312"、"高度"为300，在标高符号的长直线上方添加具体的标注数值。

如图 14-67 所示为台阶处室外地面标高。

图14-66 标高符号

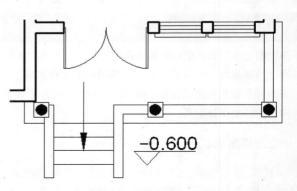

图14-67 台阶处室外标高

注意

一般来说，在平面图上绘制的标高反映的是相对标高，而不是绝对标高。绝对标高指的是以我国青岛市附近的黄海海平面作为零点面测定的高度尺寸。

通常情况下，室内标高要高于室外标高，主要使用房间标高要高于卫生间、阳台标高。在绘图中，常见的是将建筑首层室内地面的高度设为零点，标作"±0.000"；低于此高度的建筑部位标高值为负值，在标高数字前加"－"号；高于此高度的部位标高值为正值，标高数字前不加任何符号。

3. 尺寸标注

本例中采用的尺寸标注分两道：一道为各轴线之间的距离，另一道为平面总长度或总宽度。

01 将"标注"图层设置为当前图层。

02 设置标注样式。单击"格式"工具栏中的"标注样式"按钮，打开"标注样式管理器"对话框，如图14-68所示。单击"新建"按钮，打开"创建新标注样式"对话框，在"新样式名"文本框中输入"平面标注"，如图14-69所示。

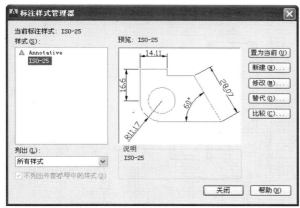

图14-68　"标注样式管理器"对话框　　　图14-69　"创建新标注样式"对话框

单击"继续"按钮，打开"新建标注样式：平面标注"对话框，进行以下设置。

切换到"符号和箭头"选项卡，在"箭头"选项组的"第一项"和"第二个"下拉列表框中均选择"建筑标记"选项，在"引线"下拉列表框中选择"实心闭合"选项，在"箭头大小"文本框中输入100，如图14-70所示。

切换到"文字"选项卡，在"文字外观"选项组的"文字高度"文本框中输入300，如图14-71所示。

单击"确定"按钮，回到"标注样式管理器"对话框。在"样式"列表中激活"平面标注"标注样式，单击"置为当前"按钮，如图14-72所示。单击"关闭"按钮，完成标注样式的设置。

03 单击"标注"工具栏中的"线性标注"按钮和"连续标注"按钮，标注相邻两轴线之间的距离。

04 单击"标注"工具栏中的"线性标注"按钮，在已绘制的尺寸标注的外侧，对建筑平面横向和纵向的总长度进行尺寸标注。

05 完成尺寸标注后，单击"图层"工具栏中的"图层特性管理器"按钮，打开"图层特性管理器"对话框，关闭"轴线"图层，如图14-73所示。

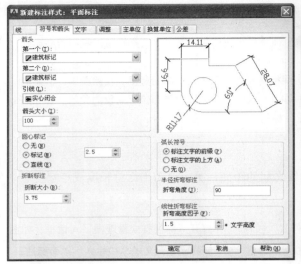

图14-70 "符号和箭头"选项卡　　　　图14-71 "文字"选项卡

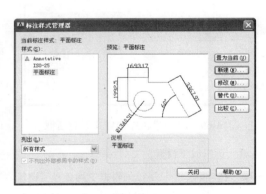

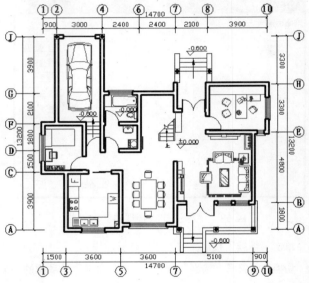

图14-72 "标注样式管理器"对话框　　　　图14-73 添加尺寸标注

4．文字标注

在平面图中，各房间的功能和用途可以用文字进行标识。下面以首层平面中的厨房为例，介绍文字标注的具体方法。

01 将"文字"图层设置为当前图层。

02 单击"绘图"工具栏中的"多行文字"按钮 **A**，在平面图中指定文字插入位置后，打开"文字格式"工具栏，如图14-74所示。在对话框中设置文字样式为Standard、字体为"仿宋_GB2312"、文字高度为300。

03 在文字编辑框中输入文字"厨房"，并拖动宽度控制滑块来调整文本框的宽度，单击"确定"按钮，完成该处的文字标注。

文字标注结果如图14-75所示。

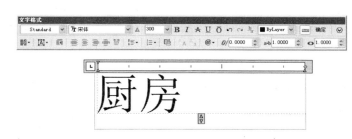

图14-74　"文字格式"工具栏　　　　　　　　　　图14-75　标注厨房文字

14.1.8　绘制指北针和剖切符号

在建筑首层平面图中，应绘制指北针以标明建筑方位；如果需要绘制建筑的剖面图，则还应在首层平面图中画出剖切符号，以标明剖面剖切位置。

下面将分别介绍平面图中指北针和剖切符号的绘制方法。

1．绘制指北针

01 单击"图层"工具栏中的"图层特性管理器"按钮，打开"图层特性管理器"对话框，创建新图层，并命名为"指北针与剖切符号"，将其设置为当前图层。

02 单击"绘图"工具栏中的"圆"按钮，绘制直径为1200mm的圆。

03 单击"绘图"工具栏中的"直线"按钮，绘制圆的垂直方向，以直径作为辅助线。

04 单击"修改"工具栏中的"偏移"按钮，将辅助线分别向左、右两侧偏移，偏移量均为75mm。

05 单击"绘图"工具栏中的"直线"按钮，将两条偏移线与圆的下方交点同辅助线上端点连接起来。单击"修改"工具栏中的"删除"按钮，删除三条辅助线（原有辅助线及两条偏移线），得到一个等腰三角形，如图14-76所示。

06 单击"绘图"工具栏中的"图案填充"按钮，打开"图案填充和渐变色"对话框，设置"填充类型"为"预定义"、图案为SOLID，对所绘的等腰三角形进行填充。

07 单击"绘图"工具栏中的"多行文字"按钮 A，设置文字高度为500mm，在等腰三角形上端顶点的正上方书写大写的英文字母N，标示平面图的正北方向，如图14-77所示。

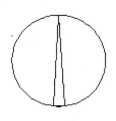

图14-76　圆与三角形　　　　　　　　　　图14-77　指北针

2. 绘制剖切符号

01 单击"绘图"工具栏中的"直线"按钮 ，在平面图中绘制剖切面的定位线，并使该定位线两端伸出被剖切外墙面的距离均为1000mm，如图14-78所示。

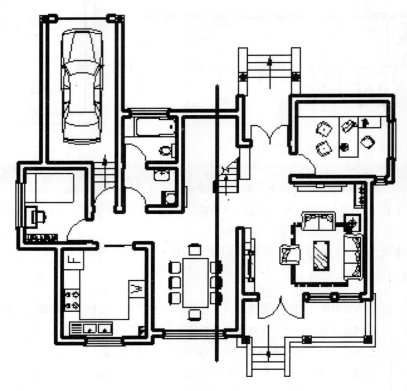

图14-78　绘制剖切面定位线

02 单击"绘图"工具栏中的"直线"按钮 ，分别以剖切面定位线的两端点为起点，向剖面图投影方向绘制剖视方向线，长度为500mm。

03 单击"绘图"工具栏中的"圆"按钮 ，分别以定位线两端点为圆心，绘制两个半径为700mm的圆。

04 单击"修改"工具栏中的"修剪"按钮 ，修剪两圆之间的投影线条；然后删除两圆，得到两条剖切位置线。

05 将剖切位置线和剖视方向线的线宽都设置为0.30mm。

06 单击"绘图"工具栏中的"多行文字"按钮 ，设置文字高度为300mm。在平面图两侧剖视方向线的端部书写剖面剖切符号的编号为1，如图14-79所示，完成首层平面图中剖切符号的绘制。

> **:::· 注意**
>
> 剖面的剖切符号，应由剖切位置线及剖视方向线组成，均应以粗实线绘制。剖视方向线应垂直于剖切位置线，长度应短于剖切位置线。绘图时，剖面剖切符号不宜与图面上的图线相接触。
> 剖面剖切符号的编号，宜采用阿拉伯数字，按顺序由左至右、由下至上连续编排，并应注写在剖视方向线的端部。

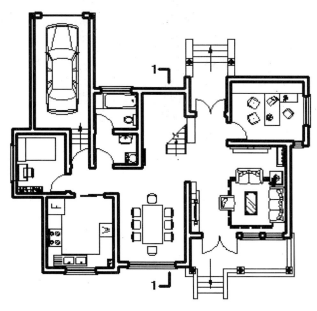

图14-79　绘制剖切符号

14.1.9　别墅二层平面图与屋顶平面图绘制

在本例别墅中，二层平面图与首层平面图在设计中有很多相同之处，两层平面的基本轴线关系是一致的，只有部分墙体形状和内部房间的设置存在着一些差别。因此，可以在首层平面图的基础上对已有图形元素进行修改和添加，进而完成别墅二层平面图的绘制，如图 14-80 所示。

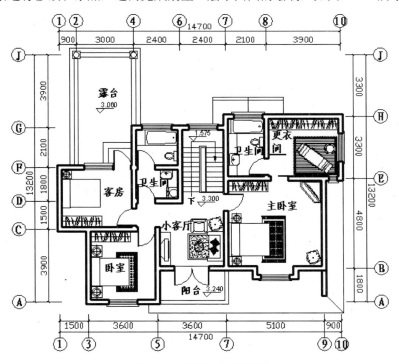

图14-80　别墅二层平面图

在本例中，别墅的屋顶设计为复合式坡顶，由几个不同大小、不同朝向的坡屋顶组合而成。因此在绘制过程中，应该认真分析它们之间的结合关系，并将这种结合关系准确地表现出来。

别墅屋顶平面图的主要绘制思路为：首先根据已有平面图绘制出外墙轮廓线，接着偏移外墙轮廓线得到屋顶檐线，并对屋顶的组成关系进行分析，确定屋脊线条；然后绘制烟囱平面和其他可见部分的平面投影，最后对屋顶平面进行尺寸和文字标注。下面就按照这个思路绘制别墅的屋顶平面图，如图 14-81 所示。

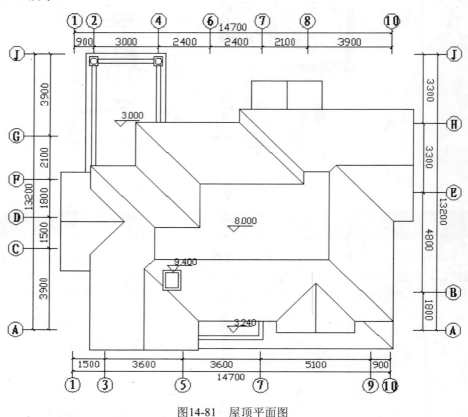

图14-81　屋顶平面图

14.2. 客厅平面布置图的绘制

 光盘路径 ｜ 视频文件：讲解视频\第 14 章\客厅平面布置图的绘制.avi

📖 **本节思路**

客厅平面布置图的主要绘制思路大致为：首先利用已绘制的首层平面图生成客厅平面图轮廓，然后在客厅平面中添加各种家具图形，最后对所绘制的客厅平面图进行尺寸标注，如有必要，还要添加室内方向索引符号进行方向标识。下面按照这个思路绘制别墅客厅的平面图，如图 14-82 所示。

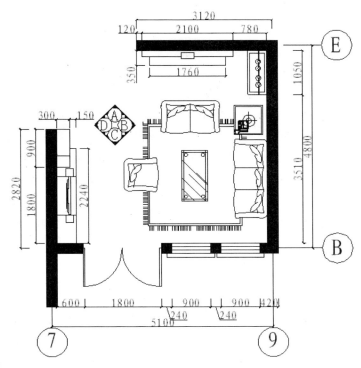

图14-82　别墅客厅平面布置图

14.2.1　设置绘图环境

1. 创建图形文件

打开"源文件\第 14 章\别墅首层平面图.dwg"文件，选择菜单栏中的"文件"→"另存为"命令，打开"图形另存为"对话框。在"文件名"文本框中输入新的图形文件名称为"客厅平面图.dwg"，如图 14-83 所示。单击"保存"按钮，建立图形文件。

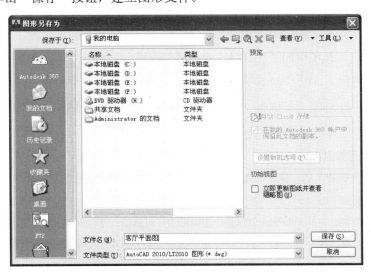

图14-83　"图形另存为"对话框

2. 清理图形元素

01 单击"修改"工具栏中的"删除"按钮 ✐ ，删除平面图中多余图形元素，仅保留客厅四周的墙线及门窗。

02 单击"绘图"工具栏中的"图案填充"按钮 ▦ ，在打开的"图案填充和渐变色"对话框中，设置填充图案为SOLID，填充客厅墙体，结果如图14-84所示。

14.2.2 绘制家具

客厅是别墅主人会客和休闲娱乐的场所。在客厅中，应设置的家具有沙发、茶几、电视柜等。除此之外，还可以设计和摆放一些可以体现主人个人品位和兴趣爱好的室内装饰物品。利用"插入块"命令，将上述家具插入到客厅，结果如图14-85所示。

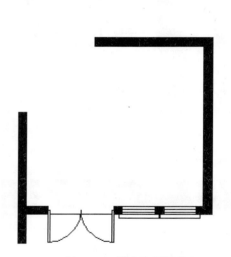

图14-84 填充客厅墙体

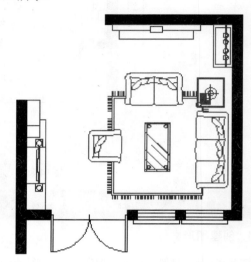

图14-85 绘制客厅家具

14.2.3 室内平面标注

1. 轴线标识

单击"图层"工具栏中的"图层特性管理器"按钮 ⬚ ，打开"图层特性管理器"对话框，选择"轴线"和"轴线编号"图层，并将它们打开。除保留客厅相关轴线与轴号外，删除所有多余的轴线和轴号图形。

2. 尺寸标注

01 将"标注"图层设置为当前图层。

02 单击"标注"工具栏中的"标注样式"按钮 ⬚ ，打开"标注样式管理器"对话框，创建新的标注样式，并将其命名为"室内标注"。

03 单击"继续"按钮，打开"新建标注样式：室内标注"对话框，进行以下设置：打开"符号和箭头"选项卡，在"箭头"选项组中的"第一项"和"第二个"下拉列表框中均选择"建筑标记"选项，在"引线"下拉列表框中选择"点"选项，在"箭头大小"文本框中输入50；打开"文字"选项卡，在"文字外观"选项组的"文字高度"文本框中输入150。

04 完成设置后，将新建的"室内标注"设为当前标注样式。

05 单击"标注"工具栏中的"线性"按钮 ，对客厅平面中的墙体尺寸、门窗位置和主要家具的平面尺寸进行标注。

06 标注结果如图14-86所示。

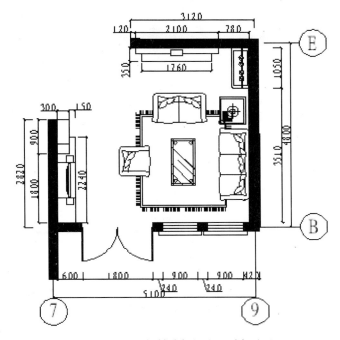

图14-86 添加轴线标识和尺寸标注

3. 方向索引

在绘制一组室内设计图纸时，为了统一室内方向标识，通常要在平面图中添加方向索引符号。

01 将"标注"图层设置为当前图层。

02 单击"绘图"工具栏中的"矩形"按钮 ，绘制一个边长为300mm的正方形。单击"绘图"工具栏中的"直线"按钮 ，绘制正方形对角线。单击"修改"工具栏中的"旋转"按钮 ，将所绘制的正方形旋转45°。

03 单击"绘图"工具栏中的"圆"按钮 ，以正方形对角线交点为圆心，绘制半径为150mm的圆，该圆与正方形内切。

04 单击"修改"工具栏中的"分解"按钮 ，将正方形进行分解，并删除正方形下半部的两条边和垂直方向的对角线，剩余图形为等腰直角三角形与圆。单击"修改"工具栏中的"修剪"按钮 ，结合已知圆，修剪正方形水平对角线。

05 单击"绘图"工具栏中的"图案填充"按钮 ，在打开的"图案填充和渐变色"对话框中，设置填充图案为SOLID，对等腰三角形中未与圆重叠的部分进行填充，得到如图14-87所示的索引符号。

06 单击"绘图"工具栏中的"创建块"按钮 ，将所绘索引符号定义为图块，命名为"室内索引符号"。

图14-87 绘制方向索引符号

07 单击"插入点"工具栏中的"插入块"按钮，在平面图中插入索引符号，并根据需要调整符号角度。

08 单击"绘图"工具栏中的"多行文字"按钮 **A**，在索引符号的圆内添加字母或数字进行标识。

14.3. 客厅立面图 A 的绘制

📖 本节思路

　　客厅立面图的主要绘制思路为：首先利用已绘制的客厅平面图生成墙体和楼板剖立面，然后利用图库中的图形模块绘制各种家具立面；最后对所绘制的客厅平面图进行尺寸标注和文字说明。下面按照这个思路绘制别墅客厅的立面图 A（如图 14-88 所示）。

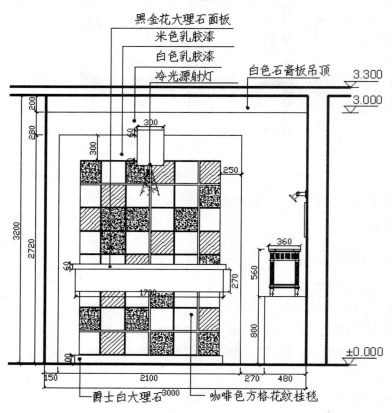

图14-88　客厅立面图A

14.3.1 设置绘图环境

1. 创建图形文件

　　打开已绘制的"客厅平面图.dwg"文件，选择菜单栏中的"文件"→"保存"命令，打开"图形另存为"对话框。在"文件名"文本框中输入新的图形文件名称"客厅立面图 A.dwg"，单击"保存"按钮，建立图形文件。

2. 清理图形元素

01 单击"图层"工具栏中的"图层特性管理器"按钮 🖳，打开"图层特性管理器"对话框，关闭与绘制对象相关不大的图层，如"轴线"、"轴线编号"图层等。

02 单击"修改"工具栏中的"修剪"按钮 ⁄￣，清理平面图中多余的家具和墙体线条。

03 清理后，所得平面图形如图14-89所示。

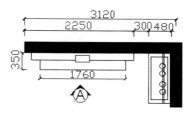

图14-89　清理后的平面图形

14.3.2　绘制地面、楼板与墙体

在室内立面图中，被剖切的墙线和楼板线都用粗实线表示。

1. 绘制室内地坪

01 单击"图层"工具栏中的"图层特性管理器"按钮 🖳，打开"图层特性管理器"对话框。创建新图层，将新图层命名为"粗实线"，设置该图层线宽为0.30mm，并将其设置为当前图层。

02 单击"绘图"工具栏中的"直线"按钮 ╱，在平面图上方绘制长度为4000mm的室内地坪线，其标高为±0.000。

2. 绘制楼板线和梁线

01 单击"修改"工具栏中的"偏移"按钮 ⟱，将室内地坪线连续向上偏移两次，偏移量依次为3200mm和100mm，得到楼板定位线。

02 单击"图层"工具栏中的"图层特性管理器"按钮 🖳，打开"图层特性管理器"对话框。创建新图层，将新图层命名为"细实线"，并将其设置为当前图层。

03 单击"修改"工具栏中的"偏移"按钮 ⟱，将室内地坪线向上偏移3000mm，得到梁底位置。

04 将所绘梁底定位线转移到"细实线"图层。

3. 绘制墙体

01 单击"绘图"工具栏中的"直线"按钮 ╱，由平面图中的墙体位置，生成立面图中的墙体定位线。

02 单击"绘图"工具栏中的"直线"按钮 ╱，对墙线、楼板线及梁底定位线进行修剪，如图14-90所示。

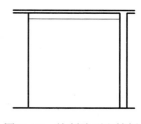

图14-90　绘制地面和楼板

14.3.3　绘制文化墙

1. 绘制墙体

01 单击"图层"工具栏中的"图层特性管理器"按钮 🖳，打开"图层特性管理器"对话框，创建新图层。将新图层命名为"文化墙"，并将其设置为当前图层。

02 单击"修改"工具栏中的"偏移"按钮 ⟱，将左侧墙线向右偏移150mm，得到文化墙左侧定位线。

03 单击"绘图"工具栏中的"矩形"按钮 ▭，以定位线与室内地坪线交点为左下角点绘制"矩形1"，尺寸为2100mm×2720mm；单击"修改"工具栏中的"删除"按钮 ✐，删除定位线。

04 单击"绘图"工具栏中的"矩形"按钮□，依次绘制"矩形2"、"矩形3"、"矩形4"、"矩形5"，各矩形尺寸依次为1600mm×2420mm、1700mm×100mm、300mm×420mm、1760mm×60mm和1700mm×270mm，使得各矩形底边中点均与"矩形1"底边中点重合。

05 单击"修改"工具栏中的"移动"按钮✛，依次向上移动"矩形4"、"矩形5"和"矩形6"，移动距离分别为2360mm、1120mm、850mm。

06 单击"修改"工具栏中的"修剪"按钮✂，修剪多余线条，如图14-91所示。

2. 绘制装饰挂毯

01 单击"标准"工具栏中的"打开"按钮🗁，在打开的"选择文件"对话框中，选择"光盘:\图库"路径，找到"CAD图库.dwg"文件并将其打开。

02 在"装饰"栏中，选择"挂毯"图形模块进行复制，如图14-92所示。返回"客厅立面图A"绘图界面，将复制的图形模块粘贴到立面图右侧空白区域。

03 由于"挂毯"模块尺寸为1140mm×840mm，小于铺放挂毯的矩形区域（1600mm×2320mm），因此，有必要对挂毯模块进行重新编辑。

　　单击"修改"工具栏中的"修剪"按钮✂，将"挂毯"图形模块进行分解。

　　单击"修改"工具栏中的"复制"按钮🗐，以挂毯中的方格图形为单元，复制并拼贴成新的挂毯图形。

　　将编辑后的挂毯图形填充到文化墙中央矩形区域，绘制结果如图14-93所示。

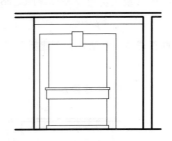
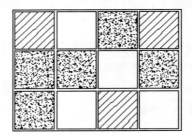
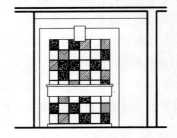

图14-91　绘制文化墙墙体　　　　图14-92　挂毯模块　　　　图14-93　绘制装饰挂毯

3. 绘制筒灯

01 单击"标准"工具栏中的"打开"按钮🗁，在打开的"选择文件"对话框中，选择"光盘:\图库"路径，找到"CAD图库.dwg"文件并将其打开。

02 在"灯具和电器"栏中，选择"筒灯L"模块，如图14-94所示。选中该图形右击，在弹出的快捷菜单中选择"带基点复制"命令，选择筒灯图形上端顶点作为基点。

03 返回"客厅立面图A"绘图界面，将复制的"筒灯L"模块，粘贴到文化墙中"矩形4"的下方，如图14-95所示。

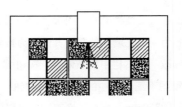

图14-94　筒灯L　　　　　　　　图14-95　绘制筒灯

14.3.4　绘制家具

1. 绘制柜子底座

01 将"家具"图层设置为当前图层。

02 单击"绘图"工具栏中的"矩形"按钮□，以右侧墙体的底部端点为矩形右下角点，绘制尺寸为480mm×800mm的矩形。

2. 绘制装饰柜

01 单击"标准"工具栏中的"打开"按钮▷，在打开的"选择文件"对话框中，选择"光盘:\图库"路径，找到"CAD图库.dwg"文件并将其打开。

02 在"柜子"栏中，选择"柜子—01 CL"模块，如图14-96所示。选中该图形，将其复制。

03 返回"客厅立面图A"绘图界面，将复制的图形粘贴到已绘制的柜子底座上方。

3. 绘制射灯组

01 单击"修改"工具栏中的"偏移"按钮▣，将室内地坪线向上偏移，偏移量为2000mm，得到射灯组定位线。

02 单击"标准"工具栏中的"打开"按钮▷，在打开的"选择文件"对话框中，选择"光盘:\图库"路径，找到"CAD图库.dwg"文件并将其打开。

03 在"灯具"栏中，选择"射灯组CL"模块，如图14-97所示。选中该图形后，在鼠标右键的快捷菜单中选择"复制"命令。

04 返回"客厅立面图A"绘图界面，将复制的"射灯组CL"模块，粘贴到已绘制的定位线处。

05 单击"修改"工具栏中的"删除"按钮✐，删除定位线。

4. 绘制装饰画

在装饰柜与射灯组之间的墙面上，挂有裱框装饰画一幅。从本图中，只看到画框侧面，其立面可以用相应大小的矩形表示。

01 单击"修改"工具栏中的"偏移"按钮▣，将室内地坪线向上偏移，偏移量为1500mm，得到画框底边定位线。

02 单击"绘图"工具栏中的"矩形"按钮□，以定位线与墙线交点作为矩形右下角点，绘制尺寸为30mm×420mm的画框侧面。

03 单击"修改"工具栏中的"删除"按钮✐，删除定位线。

如图14-98所示为以装饰柜为中心的家具组合立面。

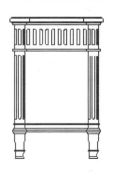 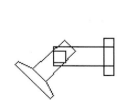 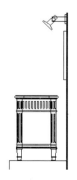

图14-96　"柜子—01 CL"图形模块　　图14-97　"射灯组CL"图形模块　　图14-98　以装饰柜为中心的家具组合

14.3.5 室内立面标注

1. 室内立面标高

01 将"标注"图层设置为当前图层。

02 单击"插入点"工具栏中的"插入块"按钮，在立面图中的地坪、楼板和梁位置插入标高符号。

03 单击"绘图"工具栏中的"多行文字"按钮 **A**，在标高符号的长直线上方添加标高数值。

2. 尺寸标注

在室内立面图中，对家具的尺寸和空间位置关系都要使用"线性标注"命令进行标注。

01 将"标注"图层设置为当前图层。

02 单击"标注"工具栏中的"标注样式"按钮，打开"标注样式管理器"对话框，选择"室内标注"作为当前标注样式。

03 单击"标注"工具栏中的"线性"按钮，对家具的尺寸和空间位置关系进行标注。

3. 文字说明

在室内立面图中，通常用文字说明来表达各部位表面的装饰材料和装修做法。

01 将"文字"图层设置为当前图层。

02 选择菜单栏中的"标注"→"引线"命令，绘制标注引线。

03 单击"绘图"工具栏中的"多行文字"按钮 **A**，设置字体为"仿宋_GB2312"，"高度"为100，在引线一端添加文字说明。

04 标注的结果如图14-99所示。

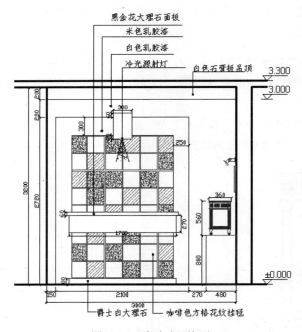

图14-99　室内立面标注

14.4. 客厅立面图 B 的绘制

📖 **本节思路**

　　客厅立面图 B 的主要绘制思路为：首先利用已绘制的客厅平面图生成墙体和楼板，然后利用图库中的图形模块绘制各种家具和墙面装饰，最后对所绘制的客厅平面图进行尺寸标注和文字说明。下面按照这个思路绘制别墅客厅的立面图 B，如图 14-100 所示。

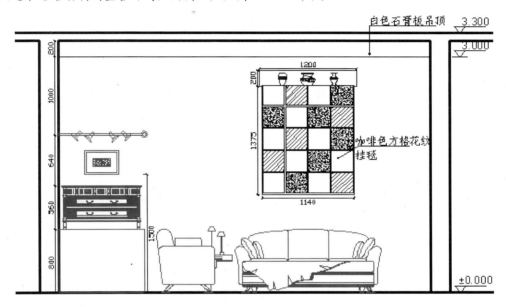

图14-100　客厅立面图B

14.4.1　设置绘图环境

1. 创建图形文件

　　打开"客厅平面图.dwg"文件，选择菜单栏中的"文件"→"另存为"命令，打开"图形另存为"对话框。在"文件名"文本框中输入新的图形文件名称为"客厅立面图 B.dwg"。单击"保存"按钮，建立图形文件。

2. 清理图形元素

01 单击"图层"工具栏中的"图层特性管理器"按钮，打开"图层特性管理器"对话框，关闭与绘制对象相关不大的图层，如"轴线"、"轴线编号"图层等。

02 单击"修改"工具栏中的"旋转"按钮，将平面图进行旋转，旋转角度为90°。

03 单击"修改"工具栏中的"删除"按钮和"修剪"按钮，清理平面图中多余的家具和墙体线条。

04 清理后，所得平面图形如图14-101所示。

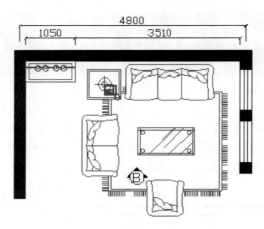

图14-101　清理后的平面图形

14.4.2　绘制地坪、楼板与墙体

1. 绘制室内地坪

01 单击"图层"工具栏中的"图层特性管理器"按钮 ，打开"图层特性管理器"对话框。创建新图层，图层名称为"粗实线"，设置图层线宽为0.30mm，并将其设置为当前图层。

02 单击"绘图"工具栏中"直线"按钮 ，在平面图上方绘制长度为6000mm的客厅室内地坪线，标高为±0.000。

2. 绘制楼板

01 单击"修改"工具栏中的"偏移"按钮 ，将室内地坪线连续向上偏移两次，偏移量依次为3200mm和100mm，得到楼板位置。

02 单击"图层"工具栏中的"图层特性管理器"按钮 ，打开"图层特性管理器"对话框。创建新图层，将新图层命名为"细实线"，并将其设置为当前图层。

03 单击"修改"工具栏中的"偏移"按钮 ，将室内地坪线向上偏移3000mm，得到梁底位置。

04 将偏移得到的梁底定位线转移到"细实线"图层。

3. 绘制墙体

01 单击"绘图"工具栏中的"直线"按钮 ，由平面图中的墙体位置，生成立面墙体定位线。

02 单击"修改"工具栏中的"修剪"按钮 ，对墙线和楼板线进行修剪，得到墙体、楼板和梁的轮廓线，如图14-102所示。

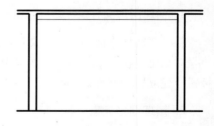

图14-102　绘制地面、楼板与梁的轮廓

14.4.3　绘制家具

在立面图B中，需要着重绘制的是两个家具装饰组合。第一个是以沙发为中心的家具组合，包括三人沙发、双人沙发、长茶几和位于沙发侧面用来摆放电话和台灯的小茶几。另外一个是位于左侧的、以装饰柜为中心的家具组合，包括装饰柜及其底座、裱框装饰画和射灯组。

下面就分别来介绍这些家具及组合的绘制方法。

1. 绘制沙发与茶几

01 将"家具"图层设置为当前图层。

02 单击"标准"工具栏中的"打开"按钮，在打开的"选择文件"对话框中，选择"光盘:\图库"路径，找到"CAD图库.dwg"文件并将其打开。

03 在"沙发和茶几"栏中，选择"沙发—002 B"、"沙发—002 C"和"茶几—03 L"和"小茶几与台灯"这四个图形模块，分别对它们进行复制。

04 返回"客厅立面图B"绘图界面，按照平面图中提供的各家具之间的位置关系，将复制的家具模块依次粘贴到立面图中相应位置，如图14-103所示。

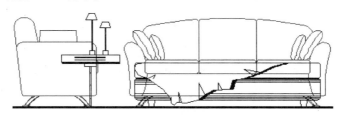

图14-103　粘贴沙发和茶几图形模块

05 由于各图形模块在此方向上的立面投影有交叉重合现象，因此有必要对这些家具进行重新组合。具体方法为：

单击"修改"工具栏中的"分解"按钮，将图中的沙发和茶几图形模块分别进行分解。

根据平面图中反映的各家具间的位置关系，删去家具模块中被遮挡的线条，仅保留立面投影中可见的部分。

将编辑后的图形组合定义为块。

06 如图14-104所示为绘制完成的以沙发为中心的家具组合。

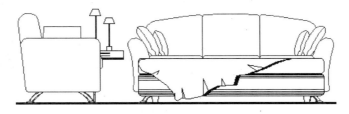

图14-104　重新组合家具图形模块

> **技巧**
>
> 在图库中，很多家具图形模块都是以个体为单元进行绘制的，因此，当多个家具模块被选取并插入到同一室内立面图中时，由于投影位置的重叠，不同家具模块间难免会出现互相重叠和相交的情况，线条变得繁多且杂乱。对于这种情况，可以采用重新编辑模块的方法进行绘制，具体步骤如下。
>
> 首先，利用"分解"命令，将相交或重叠的家具模块分别进行分解。
>
> 其次，利用"修剪"和"删除"命令，根据家具立面图投影的前后次序，清除图形中被遮挡的线条，仅保留家具立面投影的可见部分。
>
> 最后，将编辑后得到的图形定义为块，避免因分解后的线条过于繁杂而影响图形的绘制。

2. 绘制装饰柜

01 单击"绘图"工具栏中的"矩形"按钮 ▭，以左侧墙体的底部端点为矩形左下角点，绘制尺寸为1050mm ×800mm的矩形底座。

02 单击"标准"工具栏中的"打开"按钮 📂，在打开的"选择文件"对话框中，选择"光盘:\图库"路径，找到"CAD图库.dwg"文件并将其打开。

03 在"装饰"栏中，选择"柜子—01 ZL"模块，如图14-105所示。选中该图形模块进行复制。

04 返回"客厅立面图B"绘图界面，将复制的图形模块粘贴到已绘制的柜子底座上方。

3. 绘制射灯组与装饰画

01 单击"修改"工具栏中的"偏移"按钮 ᵃ，将室内地坪线向上偏移，偏移量为2000mm，得到射灯组定位线。

02 单击"标准"工具栏中的"打开"按钮 📂，在打开的"选择文件"对话框中，选择"光盘:\图库"路径，找到"CAD图库.dwg"文件并将其打开。

03 在"灯具和电器"栏中，选择"射灯组ZL"，如图14-106所示。选中该图形模块进行复制。

图14-105　装饰柜正立面　　　　　　　　　　图14-106　射灯组正立面

04 返回"客厅立面图B"绘图界面，将复制的模块粘贴到已绘制的定位线处。

05 单击"修改"工具栏中的"删除"按钮 ✐，删除定位线。

06 打开图库文件，在"装饰"栏中，选择"装饰画01"模块，如图14-107所示。对该模块进行"带基点复制"，设置复制基点为画框底边中点。

07 返回"客厅立面图B"绘图界面，以装饰柜底座的底边中点为插入点，将复制的模块粘贴到立面图中。

08 单击"修改"工具栏中的"移动"按钮 ✛，将装饰画模块垂直向上移动，移动距离为1500mm。

09 如图14-108所示为绘制完成的以装饰柜为中心的家具组合。

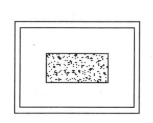

图14-107　装饰画正立面　　　　　　　图14-108　以装饰柜为中心的家具组合

14.4.4　绘制墙面装饰

1. 绘制条形壁龛

01 单击"图层"工具栏中的"图层特性管理器"按钮 🗐，打开"图层特性管理器"对话框。创建新图层，命名为"墙面装饰"，并将其设置为当前图层。

02 单击"修改"工具栏中的"偏移"按钮 📤，将梁底面投影线向下偏移180mm，得到"辅助线1"。重复"偏移"命令，将右侧墙线向左偏移900mm，得到"辅助线2"。

03 单击"绘图"工具栏中的"矩形"按钮 🗔，以"辅助线1"与"辅助线2"的交点为矩形右上角点，绘制尺寸为1200mm×200mm的矩形壁龛。

04 单击"修改"工具栏中的"删除"按钮 🖋，删除两条辅助线。

2. 绘制挂毯

在壁龛下方，垂挂一条咖啡色挂毯作为墙面装饰。此处挂毯与立面图 A 中文化墙内的挂毯均为同一花纹样式，不同的是此处挂毯面积较小。因此，可以继续利用前面章节中介绍过的挂毯图形模块进行绘制。

01 重新编辑挂毯模块。将挂毯模块进行分解，然后以挂毯表面花纹方格为单元重新编辑模块，得到规格为4×6的方格花纹挂毯模块（4、6分别指方格的列数与行数），如图14-109所示。

02 绘制挂毯垂挂效果。挂毯的垂挂方式是将挂毯上端伸入壁龛，用壁龛内侧的细木条将挂毯上端压实固定，并使其下端垂挂在壁龛下方墙面上。

单击"修改"工具栏中的"移动"按钮 ✛，将绘制好的新挂毯模块移动到条形壁龛下方，使其上侧边线中点与壁龛下侧边线中点重合。

单击"修改"工具栏中的"移动"按钮 ✛，将挂毯模块垂直向上移动40mm。

单击"修改"工具栏中的"偏移"按钮 📤，将壁龛下侧边线向上偏移，偏移量为10mm。

单击"修改"工具栏中的"分解"按钮 📳，将新挂毯模块进行分解。单击"修改"工具栏中的"修剪"按钮 ╱ 和"删除"按钮 🖋，以偏移线为边界，修剪并删除挂毯上端多余部分。

03 绘制结果如图14-110所示。

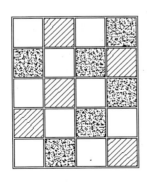

图14-109　重新编辑挂毯模块

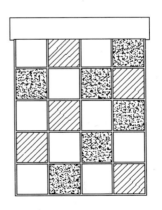

图14-110　垂挂的挂毯

3. 绘制瓷器

01 将"墙面装饰"图层设置为当前图层。

02 单击"标准"工具栏中的"打开"按钮，在打开的"选择文件"对话框中，选择"光盘:\图库"路径，找到"CAD图库.dwg"文件并将其打开。

03 在"装饰"栏中，选择"陈列品6"、"陈列品7"和"陈列品8"模块，对选中的图形模块进行复制，并将其粘贴到立面图B中。

04 根据壁龛的高度，分别对每个图形模块的尺寸比例进行适当调整，然后将它们依次插入壁龛中，如图14-111所示。

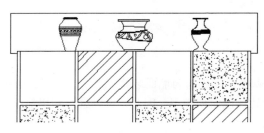

图14-111 绘制壁龛中的瓷器

14.4.5 立面标注

1. 室内立面标高

01 将"标注"图层设置为当前图层。

02 单击"插入"工具栏中的"插入块"按钮，在立面图中的地坪、楼板和梁位置插入标高符号。

03 单击"绘图"工具栏中的"多行文字"按钮 **A**，在标高符号的长直线上方添加标高数值。

2. 尺寸标注

在室内立面图中，对家具的尺寸和空间位置关系都要使用"线性标注"命令进行标注。

01 将"标注"图层设置为当前图层。

02 单击"标注"工具栏中的"标注样式"按钮，打开"标注样式管理器"对话框，选择"室内标注"作为当前标注样式。

03 单击"标注"工具栏中的"线性"按钮，对家具的尺寸和空间位置关系进行标注。

3. 文字说明

在室内立面图中，通常用文字说明来表达各部位表面的装饰材料和装修做法。

01 将"文字"图层设置为当前图层。

02 选择菜单栏中的"标注"→"引线"命令，绘制标注引线。

03 单击"绘图"工具栏中的"多行文字"按钮 **A**，设置字体为"仿宋_GB2312"，"高度"为100，在引线一端添加文字说明。

04 标注结果如图14-100所示。

14.5. 别墅首层地坪图的绘制

光盘路径	视频文件：讲解视频\第14章\别墅首层地坪图的绘制.avi

📖 **本节思路**

别墅首层地坪图的绘制思路为：首先由已知的首层平面图生成平面墙体轮廓；接着在各门窗洞口位置绘制投影线；然后根据各房间地面材料类型，选取适当的填充图案对各房间地面进行填充；最后添加尺寸和文字标注。下面就按照这个思路绘制别墅的首层地坪图，如图 14-112 所示。

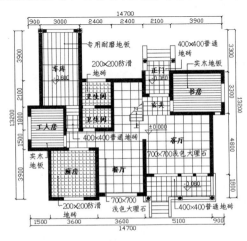

图14-112 别墅首层地坪图

14.5.1 设置绘图环境

1. 创建图形文件

打开已绘制的"别墅首层平面图.dwg"文件，选择菜单栏中"文件"→"另存为"命令，打开"图形另存为"对话框。在"文件名"框中输入新的图形名称为"别墅首层地坪图.dwg"。单击"保存"按钮，建立图形文件。

2. 清理图形元素

01 单击"图层"工具栏中的"图层特性管理器"按钮 ，打开"图层特性管理器"对话框，关闭"轴线"、"轴线编号"和"标注"图层。

02 单击"修改"工具栏中的"删除"按钮 ，删除首层平面图中所有的家具和门窗图形。

03 选择菜单栏中"文件"→"绘图实用程序"→"清理"命令，清理无用的图形元素。清理后，所得平面图如图14-113所示。

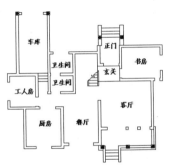

图14-113 清理后的平面图

14.5.2 补充平面元素

1. 填充平面墙体

01 将"墙体"图层设置为当前图层。

02 单击"绘图"工具栏中的"图案填充"按钮，打开"图案填充和渐变色"对话框。在对话框中选择填充图案为SOLID，在绘图区域中拾取墙体内部点，选择墙体作为填充对象进行填充。

2. 绘制门窗投影线

01 将"门窗"图层设置为当前图层。

02 单击"绘图"工具栏中的"直线"按钮，在门窗洞口处绘制洞口平面投影线，如图14-114所示。

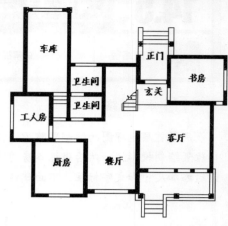

图14-114 补充平面元素

14.5.3 绘制地板

1. 绘制木地板

在首层平面中，铺装木地板的房间包括工人房和书房。

01 单击"图层"工具栏中的"图层特性管理器"按钮，打开"图层特性管理器"对话框。创建新图层，命名为"地坪"，并将其设置为当前图层。

02 单击"绘图"工具栏中的"图案填充"按钮，打开"图案填充和渐变色"对话框，在对话框中选择填充图案为LINE，并设置图案填充比例为60。在绘图区域中依次选择工人房和书房平面作为填充对象，进行地板图案填充。如图14-115所示，为书房地板绘制效果。

2. 绘制地砖

在本例中，使用的地砖种类主要有两种，即卫生间、厨房使用的防滑地砖和入口、阳台等处地面使用普通地砖。

01 绘制防滑地砖。在卫生间和厨房里，地面的铺装材料为200×200防滑地砖。

单击"绘图"工具栏中的"图案填充"按钮，打开"图案填充和渐变色"对话框，选择填充图案为ANGEL，并设置图案填充比例为30。

在绘图区域中依次选择卫生间和厨房平面作为填充对象，进行防滑地砖图案的填充。如图14-116所示，为卫生间地板绘制效果。

02 绘制普通地砖。在别墅的入口和外廊处，地面铺装材料为400×400的普通地砖。

单击"绘图"工具栏中的"图案填充"按钮，打开"图案填充和渐变色"对话框，选择填充图案为NET，并设置图案填充比例为120。在绘图区域中依次选择入口和外廊平面作为填充对象，进行普通地砖图案的填充。如图14-117所示，为主入口处地砖绘制效果。

图14-115　绘制书房木地板

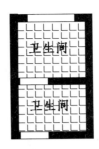

图14-116　绘制卫生间防滑地砖

3. 绘制大理石地面

通常客厅和餐厅的地面材料可以有很多种选择，如普通地砖、耐磨木地板等。在本例中，设计者选择在客厅、餐厅和走廊地面铺装浅色大理石材料，光亮、易清洁而且耐磨损。

01 单击"绘图"工具栏中的"图案填充"按钮，打开"图案填充和渐变色"对话框，在对话框中选择填充图案为NET，并设置图案填充比例为210。

02 在绘图区域中依次选择客厅、餐厅和走廊平面作为填充对象，进行大理石地面图案的填充。如图14-118所示，为客厅地板绘制效果。

图14-117　绘制入口地砖

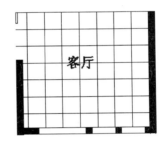

图14-118　绘制客厅大理石地板

4. 绘制车库地板

本例中车库地板材料采用的是车库专用耐磨地板。

01 单击"绘图"工具栏中的"图案填充"按钮，打开"图案填充和渐变色"对话框。在对话框中选择填充图案为GRATE、并设置图案填充角度为90°、比例为400。

02 在绘图区域中选择车库平面作为填充对象，进行车库地面图案的填充，如　图14-119所示。

图14-119　绘制车库地板面图案

14.5.4　尺寸标注与文字说明

1. 尺寸标注与标高

在本图中，尺寸标注和平面标高的内容及要求与平面图基本相同。由于本图是在已有首层平面图基础上绘制生成的，因此，本图中的尺寸标注可以直接沿用首层平面图的标注结果。

2. 文字说明

01 将"文字"图层设置为当前图层。

02 选择菜单栏中的"标注"→"引线"命令,并设置引线的箭头形式为"点",箭头大小为60。

03 单击"绘图"工具栏中的"多行文字"按钮**A**,设置字体为"仿宋_GB2312","高度"为300,在引线一端添加文字说明,标明该房间地面的铺装材料和做法。

14.6. 别墅首层顶棚图的绘制

光盘路径	视频文件:讲解视频\第14章\别墅首层顶棚图的绘制.avi

 本节思路

别墅首层顶棚图的主要绘制思路为:首先清理首层平面图,留下墙体轮廓,并在各门窗洞口位置绘制投影线;然后绘制吊顶并根据各房间选用的照明方式绘制灯具;最后进行文字说明和尺寸标注。下面按照这个思路绘制别墅首层顶棚平面图(如图14-120所示)。

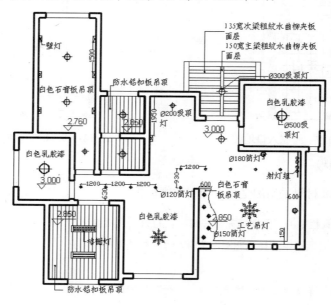

图14-120　别墅首层顶棚图

14.6.1　设置绘图环境

1. 创建图形文件

打开已绘制的"别墅首层平面图.dwg"文件,选择菜单栏中的"文件"→"另存为"命令,打开"图形另存为"对话框。在"文件名"下拉列表框中输入新的图形文件名称为"别墅首层顶棚平面图.dwg"。单击"保存"按钮,建立图形文件。

2. 清理图形元素

01 单击"图层"工具栏中的"图层特性管理器"按钮 🖳，打开"图层特性管理器"对话框，关闭"轴线"、"轴线编号"和"标注"图层。

02 单击"修改"工具栏中的"删除"按钮 🖊，删除首层平面图中的家具、门窗图形，以及所有文字。

03 选择菜单栏中的"文件"→"绘图实用程序"→"清理"命令，清理无用的图层和其他图形元素。清理后，所得平面图形如图14-121所示。

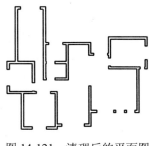

图 14-121　清理后的平面图

14.6.2　补绘平面轮廓

1. 绘制门窗投影线

01 将"门窗"图层设置为当前图层。

02 单击"绘图"工具栏中的"直线"按钮 ／，在门窗洞口处绘制洞口投影线。

2. 绘制入口雨篷轮廓

01 单击"图层"工具栏中的"图层特性管理器"按钮 🖳，打开"图层特性管理器"对话框。创建新图层，命名为"雨篷"，并将其设置为当前图层。

02 单击"绘图"工具栏中的"直线"按钮 ／，以正门外侧投影线中点为起点向上绘制长度为2700mm的雨篷中心线。以中心线的上侧端点为中点，绘制长度为3660mm的水平边线。

03 单击"修改"工具栏中的"偏移"按钮 🖳，将屋顶中心线分别向两侧偏移，偏移量均为1830mm，得到屋顶两侧边线。

04 单击"修改"工具栏中的"偏移"按钮 🖳，将所有边线均向内偏移240mm，得到入口雨篷轮廓线，如图14-122所示。

05 经过补绘后的平面图，如图14-123所示。

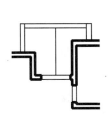

图14-122　绘制入口雨篷投影轮廓

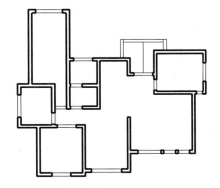

图14-123　补绘顶棚平面轮廓

14.6.3　绘制吊顶

在别墅首层平面中，有 3 处要做吊顶设计，即卫生间、厨房和客厅。其中，卫生间和厨房是出于防水或防油烟的需要，安装铝扣板吊顶；在客厅上方局部设计石膏板吊顶，既美观大方，又为各种装饰性灯具的设置和安装提供了方便。下面分别介绍这 3 处吊顶的绘制方法。

1. 绘制卫生间吊顶

基于卫生间使用过程中的防水要求，在卫生间顶部安装铝扣板吊顶。

01 单击"图层"工具栏中的"图层特性管理器"按钮，打开"图层特性管理器"对话框。创建新图层，命名为"吊顶"，并将其设置为当前图层。

02 单击"绘图"工具栏中的"图案填充"按钮，打开"图案填充和渐变色"对话框。在对话框中选择填充图案为LINE，并设置图案填充角度为45°、比例为60。

03 在绘图区域中选择卫生间顶棚平面作为填充对象，进行图案填充，如图14-124所示。

2. 绘制厨房吊顶

基于厨房使用过程中的防水和防油的要求，在厨房顶部安装铝扣板吊顶。

01 将"吊顶"图层设置为当前图层。

02 单击"绘图"工具栏中的"图案填充"按钮，打开"图案填充和渐变色"对话框。在对话框中选择填充图案为LINE，并设置图案填充角度为45°、比例为60。

03 在绘图区域中选择厨房顶棚平面作为填充对象，进行图案填充，如图14-125所示。

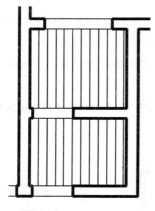
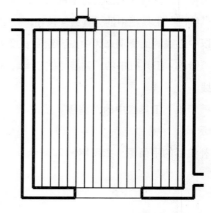

图14-124　绘制卫生间吊顶　　　　　　　　　图14-125　绘制厨房吊顶

3. 绘制客厅吊顶

客厅吊顶的方式为周边式，不同于前面介绍的卫生间和厨房所采用的完全式吊顶。客厅吊顶的重点部位在西面电视墙的上方。

01 单击"修改"工具栏中的"偏移"按钮，将客厅顶棚东、南两个方向轮廓线向内偏移，偏移量分别为600mm和100mm，得到"轮廓线1"和"轮廓线2"。

02 单击"绘图"工具栏中的"样条曲线"按钮，以客厅西侧墙线为基准线，绘制样条曲线，如图14-126所示。

03 单击"修改"工具栏中的"移动"按钮，将样条曲线水平向右移动，移动距离为600mm。

04 单击"绘图"工具栏中的"直线"按钮，连接样条曲线与墙线的端点。

05 单击"修改"工具栏中的"修剪"按钮 ，修剪吊顶轮廓线条，完成客厅吊顶的绘制，如图14-127所示。

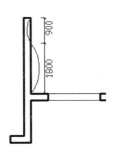

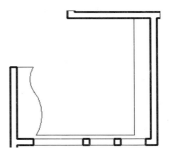

图14-126　绘制样条曲线　　　　　　　图14-127　客厅吊顶轮廓

14.6.4　绘制入口雨篷顶棚

别墅正门入口雨篷的顶棚由一条水平的主梁和两侧数条对称布置的次梁组成。

01 将"顶棚"图层设置为当前图层。

02 绘制主梁。单击"修改"工具栏中的"偏移"按钮 ，将雨篷中心线依次向左、右两侧进行偏移，偏移量均为75mm。单击"修改"工具栏中的"删除"按钮 ，将原有中心线删除。

03 绘制次梁。单击"绘图"工具栏中的"图案填充"按钮 ，打开"图案填充和渐变色"对话框。在对话框中选择填充图案为STEEL，并设置图案填充角度为135°、比例为135。

04 在绘图区域中选择中心线两侧矩形区域作为填充对象，进行图案填充，如图14-128所示。

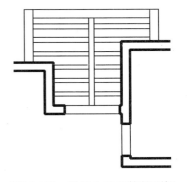

图14-128　绘制入口雨篷的顶棚

14.6.5　绘制灯具

不同种类的灯具由于材料和形状的差异，其平面图形也大有不同。在本别墅实例中，灯具种类主要包括工艺吊灯、吸顶灯、筒灯、射灯和壁灯等。在设计图纸中，并不需要详细描绘出各种灯具的具体式样，一般情况下，每种灯具都是用灯具图例来表示的。下面分别介绍几种灯具图例的绘制方法。

1. 绘制工艺吊灯

工艺吊灯仅在客厅和餐厅使用，与其他灯具相比，形状比较复杂。

01 单击"图层"工具栏中的"图层特性管理器"按钮 ，打开"图层特性管理器"对话框。创建新图层，命名为"灯具"，并将其设置为当前图层。

02 单击"绘图"工具栏中的"圆"按钮 ，绘制两个同心圆，它们的半径分别为150mm和200mm。

03 单击"绘图"工具栏中的"直线"按钮 ，以圆心为端点，向右绘制一条长度为400mm的水平线段。

04 单击"绘图"工具栏中的"圆"按钮 ，以线段右端点为圆心，绘制一个较小的圆，其半径为50mm。

05 单击"修改"工具栏中的"移动"按钮 ，水平向左移动小圆，移动距离为100mm，如图14-129所示。

06 单击"修改"工具栏中的"环形阵列"按钮 ⣿，设置"项目总数"为8、"填充角度"为360，选择同心圆圆心为阵列中心点，选择图14—131中的水平线段和右侧小圆为阵列对象。

07 生成工艺吊灯图例，如图14—130所示。

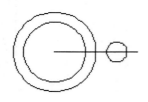
图14-129 绘制第一个吊灯单元

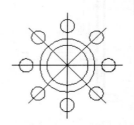
图14-130 工艺吊灯图例

2. 绘制吸顶灯

在别墅首层平面中，使用最广泛的灯具要算吸顶灯了。别墅入口、卫生间和卧室的房间都使用吸顶灯来进行照明。

常用的吸顶灯图例有圆形和矩形两种，在这里主要介绍圆形吸顶灯图例。

01 单击"绘图"工具栏中的"圆"按钮 ⊘，绘制两个同心圆，它们的半径分别为90mm和120mm。

02 单击"绘图"工具栏中的"直线"按钮 ✎，绘制两条互相垂直的直径；激活已绘直径的两端点，将直径向两侧分别拉伸，每个端点处拉伸量均为40mm，得到一个正交十字。

03 单击"绘图"工具栏中的"图案填充"按钮 ⊞，打开"图案填充和渐变色"对话框，选择填充图案为SOLID，对同心圆中的圆环部分进行填充。

04 如图14—131所示为绘制完成的吸顶灯图例。

3. 绘制格栅灯

在别墅中，格栅灯是专用于厨房的照明灯具。

01 单击"绘图"工具栏中的"矩形"按钮 ▭，绘制尺寸为1200mm×300mm的矩形格栅灯轮廓。

02 单击"修改"工具栏中的"分解"按钮 ⣿，将矩形分解。单击"修改"工具栏中的"偏移"按钮 ⬢，将矩形两条短边分别向内偏移，偏移量均为80mm。

03 单击"绘图"工具栏中的"矩形"按钮 ▭，绘制两个尺寸为1040mm×45mm的矩形灯管，两个灯管平行间距为70mm。

04 单击"绘图"工具栏中的"图案填充"按钮 ⊞，打开"图案填充和渐变色"对话框。在对话框中选择填充图案为ANSI32，并设置填充比例为10，对两矩形灯管区域进行填充。

05 如图14—132所示为绘制完成的格栅灯图例。

4. 绘制筒灯

筒灯体积较小，主要应用于室内装饰照明和走廊照明。

常见筒灯图例由两个同心圆和一个十字组成，绘制步骤如下。

图14-131　吸顶灯图例

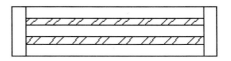

图14-132　格栅灯图例

01 单击"绘图"工具栏中的"圆"按钮⊙，绘制两个同心圆，它们的半径分别为45mm和60mm。

02 单击"绘图"工具栏中的"直线"按钮✎，绘制两条互相垂直的直径。

03 激活已绘两条直径的所有端点，将两条直径分别向其两端方向拉伸，每个方向拉伸量均为20mm，得到正交的十字。

04 如图14-133所示为绘制完成的筒灯图例。

5. 绘制壁灯

在别墅中，车库和楼梯侧墙面都通过设置壁灯来辅助照明。本图中使用的壁灯图例由矩形及两条对角线组成。

01 单击"绘图"工具栏中的"矩形"按钮▭，绘制尺寸为300mm×150mm的矩形。

02 单击"绘图"工具栏中的"直线"按钮✎，绘制矩形的两条对角线。

03 如图14-134所示为绘制完成的壁灯图例。

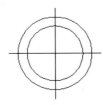

图14-133　筒灯图例

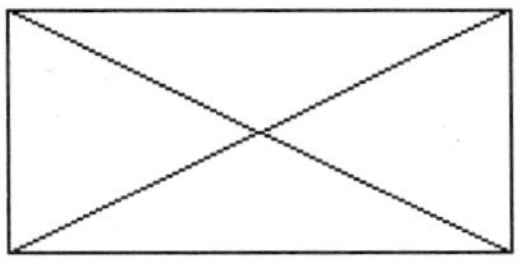

图14-134　壁灯图例

6. 绘制射灯组

射灯组的平面图例在绘制客厅平面图时已有介绍，具体绘制方法可参看前面章节内容。

7. 在顶棚图中插入灯具图例

01 单击"绘图"工具栏中的"创建块"按钮📥，将所绘制的各种灯具图例分别定义为图块。

02 单击"绘图"工具栏中的"插入块"按钮📥，根据各房间或空间的功能，选择适合的灯具图例并根据需要设置图块比例，然后将其插入到顶棚中相应位置。

03 如图14-135所示客厅顶棚灯具布置效果。

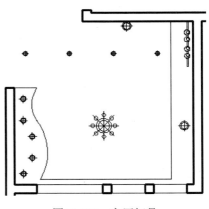

图14-135　客厅灯具

14.6.6　尺寸标注与文字说明

1. 尺寸标注

在顶棚图中，尺寸标注的内容主要包括灯具和吊顶的尺寸，以及它们的水平位置。这里的尺寸标注依然同前面一样，是通过"线性标注"命令来完成的。

01 将"标注"图层设置为当前图层。

02 单击"样式"工具栏中"标注样式"按钮，将"室内标注"设置为当前标注样式。

03 单击"标注"工具栏中的"线性"按钮，对顶棚图进行尺寸标注。

2. 标高标注

在顶棚图中，各房间顶棚的高度需要通过标高来表示。

01 单击"绘图"工具栏中的"插入块"按钮，将标高符号插入到各房间顶棚位置。

02 单击"绘图"工具栏中的"多行文字"按钮A，在标高符号的长直线上方添加相应的标高数值。

03 标注结果如图14-136所示。

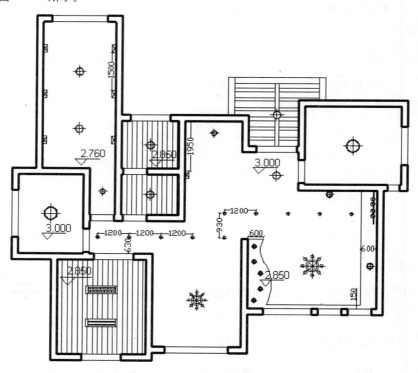

图14-136　添加尺寸标注与标高

3. 文字说明

在顶棚图中，各房间的顶棚材料做法和灯具的类型都要通过文字说明来表达。

01 将"文字"图层设置为当前图层。

02 选择菜单栏中的"标注"→"多重引线"命令，并设置引线箭头大小为60。

03 单击"绘图"工具栏中的"多行文字"按钮**A**，设置字体为"仿宋_GB2312"，　"高度"为300，在引线的一端添加文字说明。

14.7. 上机实验

实验 1　绘制别墅平面图

绘制如图 14-137 所示的平面图。

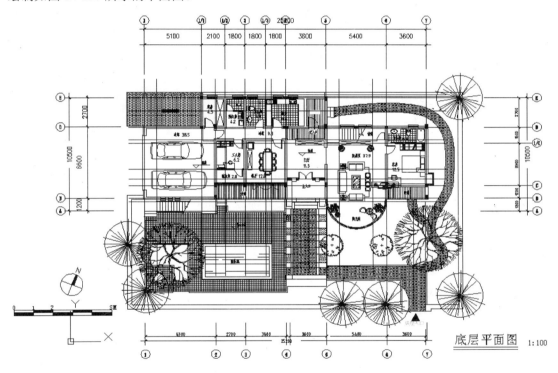

图14-137　底层平面图

 操作提示：

（1）利用"直线"命令，绘制轴线。

（2）利用"图案填充"命令，对平面图进行填充。

（3）利用"插入块"命令，对平面图进行布置。

（4）利用"标注"命令，对平面图进行尺寸标注。

实验 2　绘制别墅顶棚图

绘制如图 14-138 所示的顶棚图。

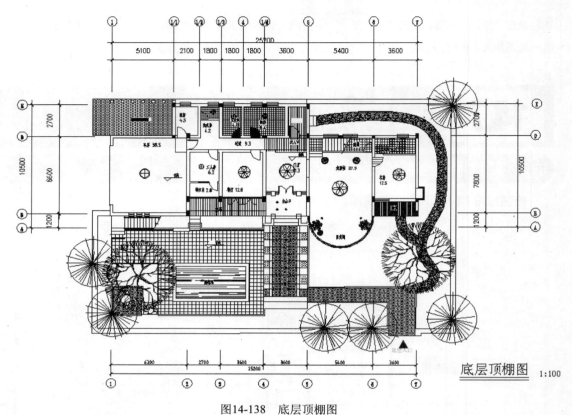

底层顶棚图 1:100

图14-138　底层顶棚图

操作提示：

(1) 利用"直线"命令，绘制轴线。

(2) 利用"图案填充"命令，对顶棚图进行填充。

(3) 利用"插入块"命令，对顶棚图进行布置。

(4) 利用"多行文字"命令，对顶棚图进行文字标注。

(5) 利用"标注"命令，对顶棚图进行尺寸标注。